普通高等教育“十三五”规划教材

吉首大学“十三五”精品教材

编译原理课程辅导

莫礼平　周恺卿　宋海龙　编著

北　京

冶 金 工 业 出 版 社

2023

内 容 提 要

本书分“理论”和“实验”两篇编写。“理论篇”依据清华大学王生原、董渊、张素琴等编著的《编译原理（第3版）》的结构和内容为主线编写而成，并对课程体系和教学内容进行了适当优化和补充，主要以程序设计语言编译器设计及实现的基本原理、基本方法和技术为核心，分十章进行编写。“实验篇”主要针对词法分析及语法分析核心算法的五个实验项目，分五章进行编写。

本书针对性强、选题范围广、难易适当，能够为读者熟练掌握编译原理知识、抓住重点、突破难点提供有益的帮助。

本书既可作为高等院校计算机科学与技术、软件工程、网络工程等本科专业编译原理课程的教学参考书，又可作为上述专业学生进行编译原理课程学习和实验的辅导书，也可供参加计算机相关专业硕士研究生复试或计算机技术与软件专业技术资格（水平）考试的读者使用。

图书在版编目(CIP)数据

编译原理课程辅导/莫礼平等编著.—北京：冶金工业出版社，2019.7(2023.6重印)

普通高等教育“十三五”规划教材

ISBN 978-7-5024-8143-8

Ⅰ.①编… Ⅱ.①莫… Ⅲ.①编译程序—程序设计—高等学校—教材 Ⅳ.①TP314

中国版本图书馆CIP数据核字(2019)第144430号

编译原理课程辅导

出版发行 冶金工业出版社 **电　话** (010)64027926

地　址 北京市东城区嵩祝院北巷39号 **邮　编** 100009

网　址 www.mip1953.com **电子信箱** service@mip1953.com

责任编辑 宋 良 任咏玉 美术编辑 吕欣童 版式设计 孙跃红

责任校对 郑 娟 责任印制 禹 蕊

北京富资园科技发展有限公司印刷

2019年7月第1版，2023年6月第2次印刷

787mm×1092mm 1/16；18.75印张；450千字；289页

定价 39.00 元

投稿电话 (010)64027932 投稿信箱 tougao@cnmip.com.cn

营销中心电话 (010)64044283

冶金工业出版社天猫旗舰店 yjgycbs.tmall.com

(本书如有印装质量问题，本社营销中心负责退换)

前　言

本书是根据培养新时代大学生对教学提出的新要求，在总结学生学习难点的基础上，根据学生实际需要，精心编著而成的辅助教材，旨在帮助学生正确理解编译系统相关概念和原理，把握重点和难点，掌握解题技巧，进而达到使学生深刻理解程序设计语言的设计及实现原理和技术，真正了解程序设计语言相关理论，在宏观上把握程序设计语言精髓的目标。

书中“理论篇”的十章内容均按知识结构、知识要点、例题分析、习题与习题解答五个部分来编写。知识结构部分，按照清华大学王生原等编著的《编译原理（第3版）》教材中对教学内容的安排，给出了知识结构图。知识要点部分，简明扼要地归纳了各章的主要内容和需要重点掌握的知识点，着重理清其中的概念、原理和方法，将教材中抽象理论、复杂算法以通俗易懂的语言进行解释，为学生理解和掌握课程内容提供指导。例题分析部分，主要针对那些重要原理和算法，特别是针对学生在学习中遇到的重点和疑难问题，以例题形式进行了详尽的分析和解释，并给出了一些简便的解题方法，以帮助学生拓宽思路，加深对课程内容的理解，提高分析问题和解决问题的能力。习题与解答部分，针对各章重点选编了适当数量的各类习题，提供给读者练习，所有习题均给出了参考解答。“实验篇”的五章内容分别针对五个实验项目，按实验指南和实验参考源代码两部分来指导学生进行实验操作。实验指南部分，从实验目的、实验内容、实验要求、运行结果示例、实验提示、总结分析与讨论等方面为学生提供详细的实验指导。实验参考源代码部分，提供了基于C/C++或Java语言编写的源程序代码清单。

编者的初衷，是通过对本书的阅读，能够让读者把握编译原理理论课程和实验课程的主线，加深对基本概念和原理的理解，掌握解题的思路与方法，以及编程实践的技能，帮助读者融会贯通、举一反三，以增强分析问题、解决问题的能力。

本书既是编者多年来从事编译原理课程教学实践的工作积累，也得益于参考了多种编译原理教科书和全国计算机技术与软件专业技术资格（水平）考试历届试题。同时，感谢我们的学生，是他们强烈的求知欲望和勤学好问、认真学习的态度，给了我们编著教材的动力。

由于编者水平所限，书中不妥之处，诚请读者批评指正。

编　者
2019 年 3 月

目　录

理论篇

实验篇

理论篇

LILUN PIAN

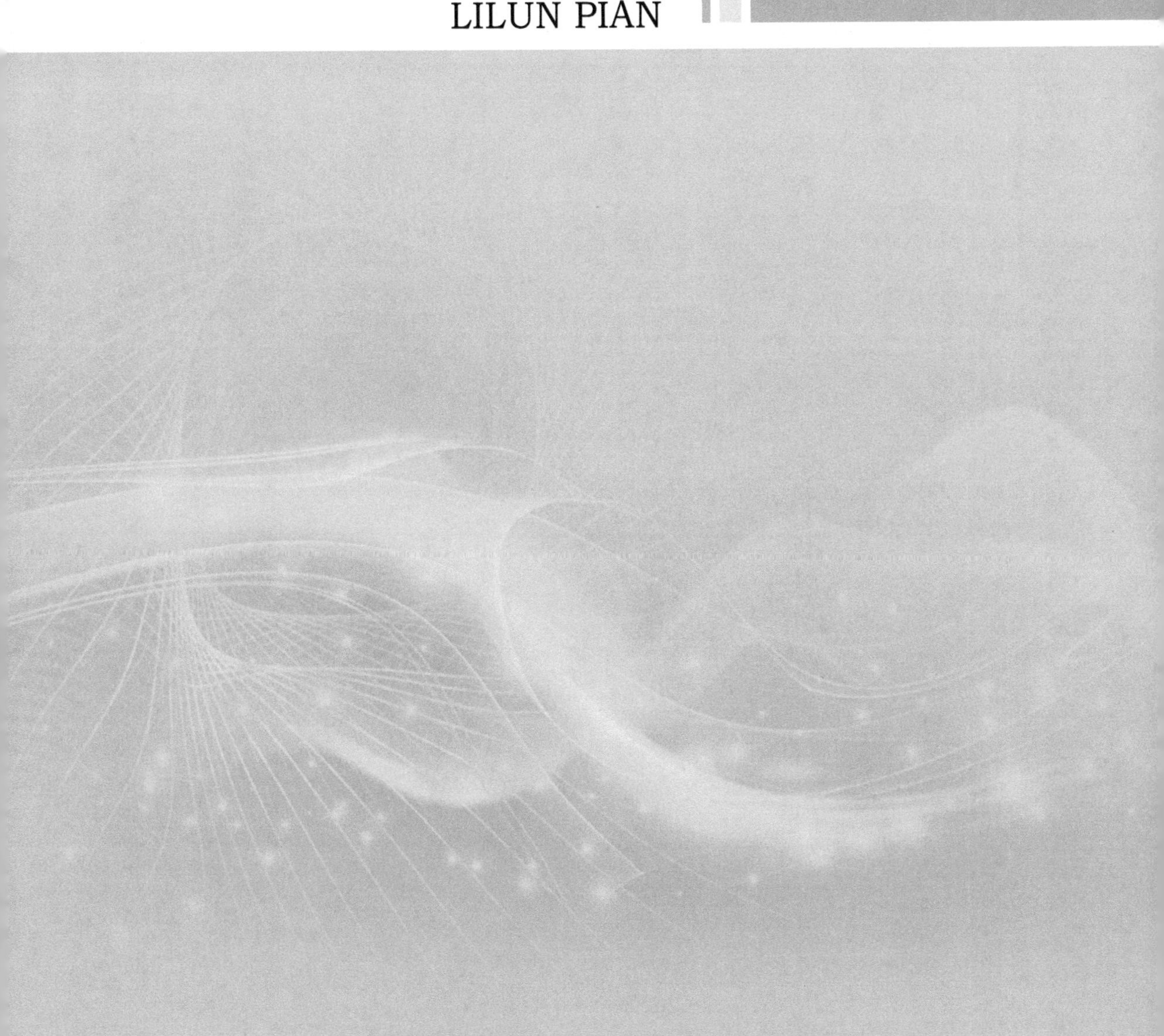

1 引　论

1.1 知识结构

本章的知识结构如图 1-1 所示。

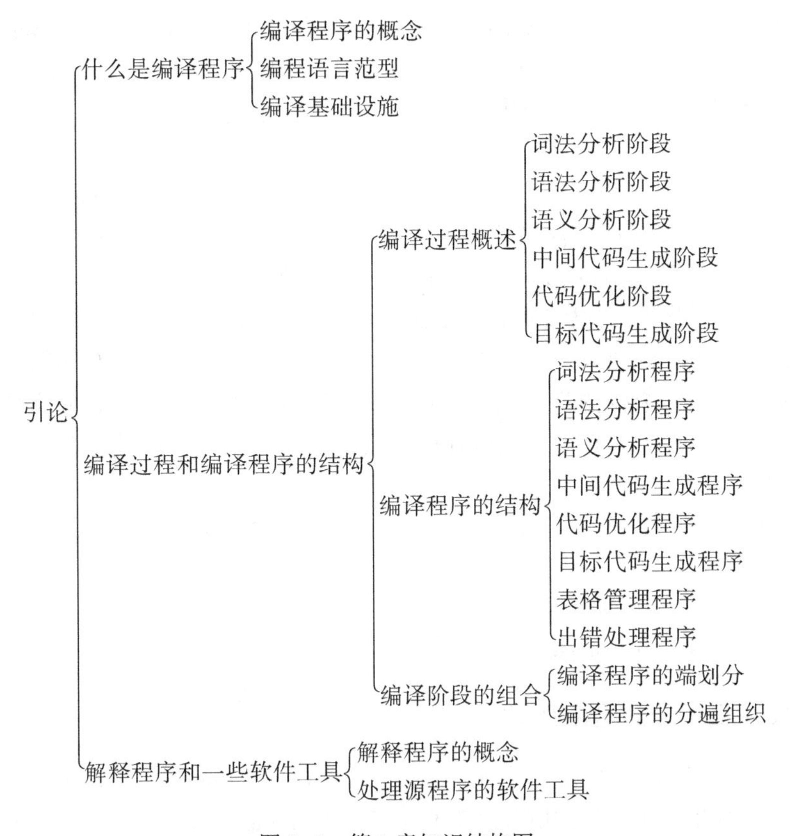

图 1-1　第 1 章知识结构图

1.2 知识要点

本章的知识要点主要包括以下内容：

【知识要点 1】编译程序

（1）从基本功能来看，编译程序（Compiler）是一种较为复杂的语言翻译程序（Translator）。它通过对源程序进行分析（Analysis），识别源程序的语法结构信息，理解源程序的语义信息，反馈相应的出错信息，并根据分析结果及目标信息进行综合（Synthesis），生成语义上等价于源程序的目标程序。

（2）传统编译程序的源语言通常为高级语言（例如 Fortran、Algol、C、Pascal、Ada、C++、Java、Lisp、Prolog、Python），目标语言通常为机器级语言（例如汇编语言、机器语言）或较低级的虚拟机语言（例如 Java 虚拟机语言 ByteCode）。

（3）编译程序是现代计算机系统的基本组成部分之一，通常由词法分析程序、语法分析程序、语义分析程序、中间代码生成程序、目标代码生成程序、代码优化程序、表格管理程序和出错处理程序等成分构成。

【知识要点 2】编程语言的主要范型

（1）强制命令式语言（Imperative Languages），即过程式语言，如 Fortran、Algol、Cobol、C、C++、Pascal、Basic、Java、C#等。该型语言中，一个过程可看做是一系列动作，其动作由命令驱动，以语句形式表示，一个语句接一个语句地执行。本课程介绍的编译技术针对这型语言。

（2）面向对象语言（Object-Oriented Languages），如 Smalltalk、Simula6、Java、C++、C#等。该型语言的主要特点是提供抽象数据类型，支持封装性、继承性和多态性。

（3）陈述式语言（Declarative Languages）。该型语言包括 Lisp、Scheme、Haskell、ML、Caml 等函数式语言，以及 Prolog、YACC、BNF 等逻辑型语言。函数式语言即应用式语言。该型语言注重程序所表示的功能，程序的开发过程是从前面已有函数出发构造出更加复杂的函数，对初始数据集进行操作，直到最后形成的函数可以得到最终结果。逻辑型语言即基于产生式的语言。该型语言程序的执行过程是检查一定的使能条件，满足时，则执行适当的动作。

（4）并发语言（Concurrent Languages），如并发 Pascal、Ada、Java、Linda、HPF、OpenMP 等。

（5）其他语言，如 Signal、Lustre 等同步语言（Synchronous Languages），Perl、PHP 等脚本语言（Scripting Languages）。

【知识要点 3】编译基础设施

（1）共享的编译程序研究/开发平台。例如，SUIF（Stanford），Zephyr（Virginia and Princeton），IMPACT，LLVM(UIUC)，GCC（GNU Compiler Collection），Open64（SGI、中科院计算所、Intel、HP、Delaware 等）。

（2）多源语言多目标机体系结构。例如，GCC 有 C、C++、Objective C、Fortran、Ada、Java 等诸多前端，以及支持 30 多类体系结构、上百种平台的后端。

（3）多级别的中间表示。例如，Open64 的中间表示语言 WHIRL 分 5 个级别设计。

【知识要点 4】编译过程

一般编译程序的工作过程按阶段进行，每个阶段将源程序从一种表示形式转换成另一种表示形式。典型的阶段划分方法是将整个编译过程分为如下六个阶段：

（1）词法分析。该阶段的任务是对构成源程序的字符串进行扫描和分解，扫描源程序字符流，识别出有词法意义的单词，返回单词的类别和单词的值，或词法错误信息。所谓单词，是指逻辑上紧密相连的一组字符。这些字符具有集体含义，比如，标识符是由字母字符开头，后跟字母、数字字符的字符序列组成的一种单词，用于表示变量名、常量名、函数名、过程名等。此外还有保留字（关键字或基本字）、常量、运算符、界符等单词。该阶段输入构成源程序的字符串，输出单词符号序列。

（2）语法分析。该阶段的任务是根据语言的语法产生式，对单词符号串（符号序列）进行语法分析，识别出各类语法短语（能够表示成语法树的语法单位），判断输入串在语法上是否正确。该阶段输入单词序列，输出可表示成语法树的语法单位的单词序列。

（3）语义分析。该阶段的任务是按语义产生式，对语法分析所得到的语法单位进行语义分析，审查有无语义错误，为代码生成阶段收集类型信息，并进行类型审查以及违背语言规范的报错处理。该阶段输入语法分析后的单词序列，输出语义分析后带语义信息的单词序列。

（4）中间代码生成（并非所有的编译程序都包含此阶段）。该阶段的任务是将语义分析得到的源程序，变成一种结构简单、含义明确、易生成、易翻译成目标代码的内在代码形式。常用的中间代码是形如“（算符，运算对象 1，运算对象 2，结果）”的 TAC 代码（即三地址指令代码，又称四元式）。该阶段输入语义分析后的单词序列，输出中间代码。

（5）代码优化（也可以放到目标代码生成阶段之后）。该阶段的任务是对中间代码或目标代码进行等价的变换改造等优化处理，使生成的代码更高效。该阶段输入中间代码或目标代码，输出优化后的中间代码或目标代码。

（6）目标代码生成。该阶段的任务是将语义分析后的单词序列或中间代码生成特定机器上的绝对或可重定位的指令代码或汇编指令代码。该阶段输入语义分析后的单词序列或优化后的中间代码，输出特定机器上的目标代码。

【知识要点 5】编译程序结构

（1）编译程序的构成部分。编译过程的六个阶段的任务，再加上表格管理和出错处理的工作，可分成几个模块或程序完成，分别称为词法分析程序、语法分析程序、语义分析程序、中间代码生成程序、代码优化程序、目标代码生成程序、表格管理程序和出错处理程序。其中，出错处理包括检查错误并报告出错信息，以及排除错误并恢复编译工作。

（2）编译程序结构图。一个典型的编译程序结构框图如图 1-2 所示。

【知识要点 6】编译阶段的组合与分遍

（1）编译程序中与源语言相关而与目标机无关的部分（第 1~4 阶段）称为编译前端，与目标机相关而与源语言无关的部分（第 6 阶段）称为编译后端。第 5 阶段置前端或后端都可以。基于前后端的编译程序组合方式如下：

①同一源语言的编译前端+不同后端=不同机器上同一源语言的编译程序。

②不同源语言的编译前端生成同一种中间语言+共同后端=同一机器上不同语言的编译程序。

（2）对源程序或源程序的中间结果从头到尾扫描一次称为一遍。每一遍扫视完成一个或几个阶段的工作。一个编译程序可由一遍或多遍完成。

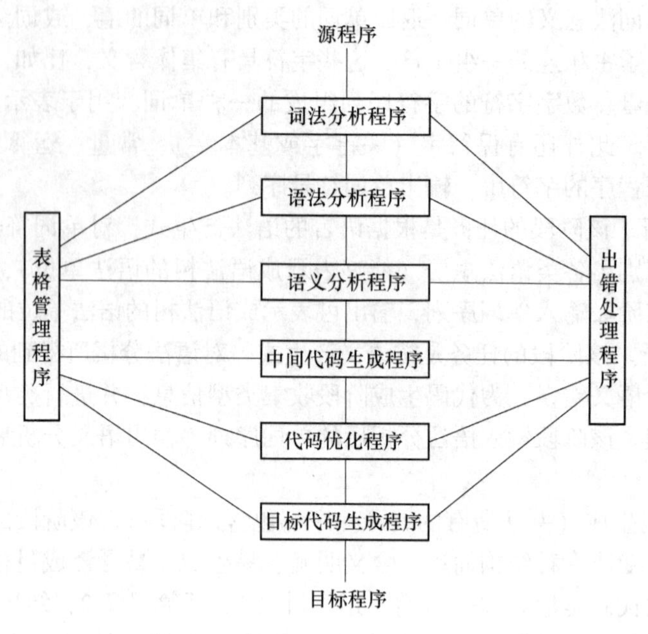

图 1-2　典型的编译程序结构框图

（3）编译阶段前后端的组合、实际编译程序分遍的主要参考因素都是源语言与目标机器的特征。

【知识要点 7】解释程序

（1）解释程序的概念。在计算机上运行高级语言的程序主要有两个途径：一是把该程序翻译为这个计算机的指令代码序列，这就是编译过程；二是编写一个程序，它解释所遇到的高级语言程序中的语句并且完成这些语句的动作，这样的程序就是解释程序。

（2）解释程序的特点。解释程序不产生目标程序文件，不区别翻译阶段和执行阶段，翻译源程序的每条语句后直接执行，程序执行期间一直有解释程序守候，常用于实现虚拟机。从功能上说，解释程序能够让计算机直接执行高级语言。它每遇到一个语句，就要对这个语句进行分析以决定语句的含义，并执行相应的动作，不需要生成目标代码。

【知识要点 8】编译方式与解释方式的区别

（1）编译方式对应的源语言是高级语言，目标语言是低级语言（汇编或机器语言）的翻译程序；解释方式接受所输入的源语言程序后，不生成目标代码，就直接解释执行源程序。

（2）基于解释执行的程序可以动态修改自身；而基于编译执行的程序则需要动态编译技术，难度较大。

（3）解释方式有利于人机交互。

（4）解释方式的执行速度通常要比编译方式慢。

（5）编译产生的目标代码所占用的空间通常要多于解释方式。

（6）编译方式与解释方式的根本区别在于是否生成目标代码。

【知识要点 9】兼有编译程序和解释程序的语言

（1）BASIC、LISP、PASCAL 等语言，既有编译程序，又有解释程序。Java 语言的处理环境也是既有编译程序，又有解释程序。

（2）Java 编译器把 Java 代码翻译成独立于机器的 Java“字节代码”。运行时，目标装置中的校验器分析这些字节代码，以确保代码的安全执行。在目标装置中，内置一个 JVM（Java 虚拟机）。该虚拟机用一个解释器或一个 JIT（适时）编译器把字节代码翻译成目标处理器能够识别的机器语言代码。

1.3 例题分析

【例题 1-1】 写出编译程序对如下 C 语言源程序片段进行处理时六个编译阶段的返回结果。

$Sum=Data_1+Data_2*100;$

分析与解答：

（1）词法分析。该阶段的任务是对构成源程序的字符串进行扫描和分解，扫描源程序字符流，识别出有词法意义的单词，返回单词的类别和单词的值，或词法错误信息。所谓单词，是指逻辑上紧密相连的一组字符。这些字符具有集体含义，比如，标识符是由字母字符开头，后跟字母、数字字符的字符序列组成的一种单词，用于表示变量名、常量名、函数名、过程名等。此外，还有保留字（关键字或基本字）、常量、运算符、界符等单词。该阶段输入构成源程序的字符串，输出单词符号序列。本题中的 C 语言源程序片段经词法分析后返回：

标识符　Sum
运算符　=
标识符　$Data_1$
运算符　+
标识符　$Data_2$
运算符　*
常数　100
界符　;

（2）语法分析阶段。该阶段的任务是在词法分析的基础上将单词序列分解成各类语法短语，如“程序”“语句”“表达式”等等。一般这种语法短语也称语法单位，可表示成语法树。语法分析的功能依据语法产生式（即描述程序结构的产生式）进行层次分析，把源程序的单词序列组成语法短语（表示成语法树），确定整个输入串是否构成一个语法上正确的程序。经语法分析得知，上述 C 语言源程序片段中的单词序列是 C 语言的“赋值语句”，可表示成图 1-3 所示的三叉树或图 1-4 所示的二叉树语法树形式。

（3）语义分析阶段。该阶段的任务是审查语法上正确的源程序有无语义错误。例如，源程序中有些语法成分（比如，使用了没有声明的变量，或给一个过程名赋值，或调用函

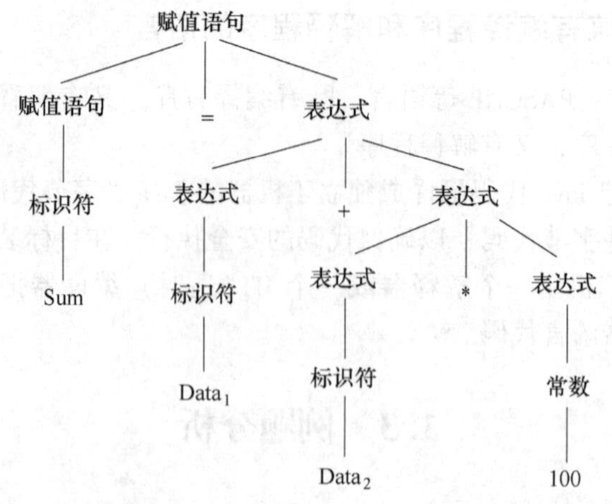

图 1-3 赋值语句 $Sum=Data_1+Data_2*100$ 的三叉语法树

数时参数类型不合适，或者参加运算的两个变量类型不匹配等)，按照语法产生式去判断，它是正确的，但它不符合语义产生式。这些都属于语义错误。题中 C 语言源程序片段语法正确，在编译程序进行语义分析阶段的类型审查之后，会将整型量转换为实型量。语义分析的结果可以体现在语法分析所得到的分析树上。在语法树上增加一个单目运算符结点(结点的名称为 inttoreal)，表示进行将整型量变成实型量的语义处理。那么，语义分析后的语法树变成图 1-5 所示结果。

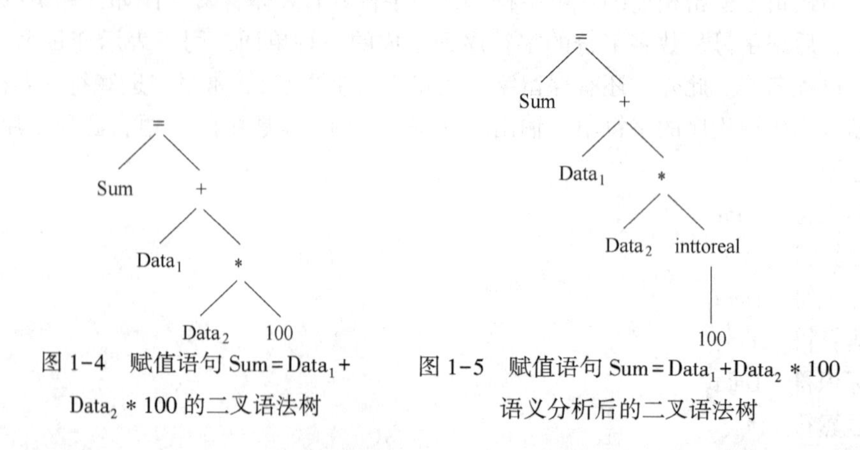

图 1-4 赋值语句 $Sum=Data_1+Data_2*100$ 的二叉语法树

图 1-5 赋值语句 $Sum=Data_1+Data_2*100$ 语义分析后的二叉语法树

（4）中间代码生成阶段。在语义分析之后，大部分编译程序将源程序变成一种称为中间语言或中间代码的内部表示形式。中间代码是一种结构简单、含义明确的记号系统。这种记号系统可以设计为多种多样的形式，重要的设计原则有两点：一是容易生成；二是容易将它翻译成目标代码。很多编译程序采用了一种近似“三地址指令”的“TAC”中间代码，形式为：(运算符，运算对象 1，运算对象 2，结果)。题中 C 语言源程序片段转换为如下所示的四个 TAC 形式的中间代码：

$(inttoreal, 100, \_, t_1)$

$(*, Data_2, t_1, t_2)$

$(+, Data_1, t_2, t_3)$

$(=, t_3, \_, Sum)$

(5) 代码优化阶段。该阶段的任务是对前一阶段产生的中间代码，通过删除公共子表达式、强度削弱、循环优化等优化技术进行等价变换或改造，使生成的目标代码更为高效，既省时间又省空间。通常，代码优化工作会降低编译程序的编译速度，因此，编译优化阶段常常作为编译过程的可选阶段，编译程序具有控制机制以允许用户在编译速度和目标代码的质量间进行权衡。本题中，可以先进行将 100 转换成实型数的代码优化掉；同时，因生成 t_3 的 TAC 只起到传值作用，也可以被优化掉。故上述中间代码优化后变换为如下的两个 TAC：

($*$, $Data_2$, 100.0, t_1)
(+, $Data_1$, t_1, Sum)

(6) 目标代码生成阶段：该阶段的任务是把中间代码变换成特定机器上的绝对指令代码或可重定位的指令代码或汇编指令代码。这是编译的最后阶段，它的工作与硬件系统结构和指令含义有关，涉及硬件系统功能部件的运用、机器指令的选择、各种数据类型变量的存储空间分配以及寄存器和后缓寄存器的调度等。本题中，可使用两个寄存器（R_1 和 R_2）将优化后的中间代码生成如下形式的某种汇编代码：

```
MOVF   Data2   R2
MOLF   #100.0   R2
MOVF   Data1   R1
ADDF   R1   R2
MOVF   R1   Sum
```

上面的第一条指令将 $Data_2$ 的内容送至寄存器 R_2，第二条指令将 R_2 中的值与实常数 100.0 相乘（这里用#表示将 100.0 作为常数处理，第三条指令将 $Data_1$ 移至寄存器 R_1，第四条指令将 R_1 加上前面计算得到的 R_2 中的值，第五条指令将寄存器 R_1 的值移至 Sum 对应的地址单元中。

1.4 习 题

1-1 解释程序与编译程序都是一种语言________程序。两者的区别在于：前者接受源程序后立即运行源程序，不生成________，直接就输出结果。BASIC、LISP、PASCAL 等语言，既有编译程序，又有解释程序。Java 语言的处理环境也是既有编译程序，又有解释程序。Java ________器把 Java 代码翻译成独立于机器的 Java “字节代码”。

1-2 编译过程六个阶段的任务分别由六个子程序模块来完成。一个完整的编译程序还应包括________管理和________处理程序。因此，在典型编译程序框图中，从一个源程序翻译成目标程序，要涉及________个子程序模块的调用。

1-3 编译阶段按________可分为编译前端和编译后端。其中，与目标机有关的阶段一般属于________，而与源语言相关的阶段一般属于________。

1-4 典型高级程序设计语言编译系统的工作过程常分为六个阶段，即词法分析、语法分析、语义分析、中间代码生成、________、目标代码生成。编译阶段的两种组合方式是________组合法和按遍组合法，进行组合的主要参考因素都是源语言和

________的特征。

1-5 编译阶段按遍组合时，对源程序或源程序的中间结果从头到尾扫描一次称为________。每一遍扫视完成一个或几个阶段的工作。一个编译程序可由________完成。实际编译程序分遍的主要参考因素是________与目标机器的特征。

1-6 从功能上看，一个编译程序就是一个________程序。其________程序是高级语言程序，其________程序是低级语言程序。

1-7 典型高级程序设计语言编译系统的编译阶段按前后端方法进行组合时，编译前端主要包括词法分析、语法分析等与________有关而与目标机无关的阶段，编译后端主要是指与目标机相关的阶段即________阶段。而________阶段放到编译前或后端都可以。

1-8 编译阶段按前后端方法组合时，同一源语言的________使用不同的后端，得到________机器上同一源语言的编译程序。不同源语言的编译前端生成同一种中间语言后，使用共同后端，即可得到________机器上不同语言的编译程序。

1-9 简述典型编译程序在各个工作阶段所完成的任务。

1-10 简述典型编译程序在六个工作阶段的输入和输出内容。

1.5 习题解答

1-1 翻译；目标代码；编译。

1-2 表格；出错；八。

1-3 前后端组合；后端；前端。

1-4 代码优化；前后端；目标机。

1-5 一遍；一遍或多遍；源语言。

1-6 语言翻译；源；目标。

1-7 源语言；目标代码生成；代码优化。

1-8 编译前端；不同；同一。

1-9 典型编译程序在各个工作阶段所完成的任务如下：

(1) 词法分析阶段。该阶段对构成源程序的字符串进行扫描和分解，识别出单词(如标识符等）符号。

(2) 语法分析阶段。该阶段根据语言的语法产生式对单词符号串（符号序列）进行语法分析，识别出各类语法短语（可表示成语法树的语法单位)，判断输入串在语法上是否正确。

(3) 语义分析阶段。该阶段按语义产生式对语法分析器归约出的语法单位进行语义分析，审查有无语义错误，为代码生成阶段收集类型信息，并进行类型审查和违背语言规范的报错处理。

(4) 中间代码生成阶段。该阶段将语义分析得到的源程序变成一种结构简单、含义明确、容易生成、容易翻译成目标代码的内在代码形式。

(5) 代码优化阶段（也可放到目标代码生成阶段后)。该阶段对中间代码或目标代码进行变换改造等优化处理，使生成的代码更高效。

（6）目标代码生成阶段。该阶段将中间代码生成特定机器上的绝对或可重定位的指令代码或汇编指令代码。

1-10 典型编译程序在各个工作阶段的输入和输出内容如下：

（1）词法分析阶段：以源程序为输入，输出内容为单词序列。

（2）语法分析阶段：以单词序列为输入，输出内容为语法分析后的单词序列。

（3）语义分析阶段：以语法分析后的单词序列为输入，输出内容为语义分析后带语义信息的单词序列。

（4）中间代码生成阶段：以语义分析后的单词序列为输入，输出内容为中间代码。

（5）代码优化阶段：以中间代码或目标代码为输入，输出内容为优化后的中间代码或目标代码。

（6）目标代码生成阶段：以语义分析后的单词序列或优化后的中间代码为输入，输出内容为目标代码。

文法和语言

2.1 知识结构

本章的知识结构如图 2-1 所示。

- 文法和语言
  - 文法的直观概念
  - 符号和符号串
    - 符号、符号串、符号串集的相关定义
    - 符号串的运算
    - 符号串集的运算
  - 文法和语言的形式定义
    - 产生式（规则）、文法的形式定义
    - 推导（归约）的概念
    - 句型、句子、语言的形式定义
    - 文法的等价
  - 文法的类型
    - 0 型文法（短语结构文法）
    - 1 型文法（上下文相关文法）
    - 2 型文法（上下文无关文法）
    - 3 型文法（正规文法）
  - 上下文无关文法及其语法树
    - 语法树及其构造
    - 最左（右）推导
    - 规范推导
    - 规范句型（右句型）
  - 句型的分析
    - 自上而下的分析方法
    - 自下而上的分析方法
    - 句型分析的有关问题（短语、直接短语、句柄的概念）
  - 有关文法实际应用的一些说明
    - 有关文法的实用限制
    - 上下文无关文法中的 ε 规则

图 2-1 第 2 章知识结构图

2.2 知识要点

本章的知识要点主要包括以下内容：

【知识要点 1】符号及符号串相关概念与运算

（1）字母表 Σ：符号（元素）的非空有穷集合。

（2）符号：可以相互区别的记号（元素）。

（3）符号串：由字母表Σ中的符号组成的任何有穷序列都称为该字母表上的符号串。其中，不含任何符号的符号串也是Σ上的符号串，称为空串ε；若x是Σ上的符号串，a是Σ中的元素，则xa也是Σ上的符号串；y是Σ上的符号串，当且仅当它可以由ε和x导出。

（4）符号串的长度：符号串中符号的个数。符号串x的长度记为$|x|$。如果某符号串x中有m个符号，则称其长度为m。空符号串ε的长度为0，即$|\varepsilon|=0$。

（5）符号串的头尾，固有头和固有尾：如果$z=xy$是一个符号串，那么x是z的头，y是z的尾；如果x是非空，那么y是z的固有尾；同样，如果y非空，那么x是z的固有头。

（6）符号串的连接：符号串x、y的连接，就是把y的符号写在x的符号之后得到符号串xy。如果$x=ab$，$y=cd$则$xy=abcd$。特别地，$\varepsilon a=a\varepsilon$。

（7）符号串集合：若集合A中的一切元素都是某字母表Σ上的符号串，则称A为字母表Σ上的符号串集合。两个符号串集合A和B的乘积定义为$AB=\{xy \mid x\in A$ 且 $y\in B\}$，即AB是满足x属于A，y属于B的所有符号串xy所组成的集合。

（8）符号串的方幂：设x是符号串，把x自身连接n次（即把符号串x相继地重复写n次）得到的符号串z(即$z=xx\cdots xx$）称为符号串x的n次方幂，写作$z=x^n$。特别地，$x^0=\varepsilon$。

（9）闭包和正闭包：Σ^*称为Σ的闭包，表示Σ上的一切符号串（包括ε）组成的集合。Σ^+称为Σ的正闭包，表示Σ上除ε外的所有符号串组成的集合。

【知识要点2】文法

文法G定义为四元组（V_N，V_T，P，S）。其中，V_N为非空有穷的非终结符号（或语法实体，或变量）集合；V_T为非空有穷的终结符号集合；P为非空有穷的产生式（也称重写产生式、规则或生成式）集合；S是一个非终结符，称作识别符号或开始符号，至少要在一条产生式中作为左部出现。V_N和V_T不含公共的元素，即$V_N\cap V_T=\Phi$。如果用V表示$V_N\cup V_T$，则称V为文法G的字母表或字汇表。P中的产生式是形如$\alpha\to\beta$或$\alpha::=\beta$的（α，β）有序对，其中的α称为产生式的左部，是字母表V的正闭包V^+中的一个元素；β称为产生式的右部，是V^*中的一个元素。

【知识要点3】推导与归约

（1）如果$\alpha\to\beta$是文法$G=(V_N, V_T, P, S)$的产生式（或者说是P中的一条产生式），γ和δ是V^*中的任意符号串，若有符号串v，w满足：$v=\gamma\alpha\delta$，$w=\gamma\beta\delta$，则说v（应用产生式$\alpha\to\beta$）直接产生w，或者说w是v的直接推导；也可以说w直接归约到v，记作$v\Rightarrow w$。

（2）如果存在直接推导的序列：$v=w_0\Rightarrow w_1\Rightarrow w_2\cdots\Rightarrow w_n=w$，$(n>0)$，则称v推导出（产生）w(推导长度为n)，或称w归约到v，记作$v=^+>w$。

（3）若有$v=^+>w$，或$v=w$，则记作$v=^*>w$。

注意：直接推导符号“⇒”是表示一步推导，只代表用一条产生式一次。

【知识要点4】句型、句子、语言

（1）设G[S]是一文法，如果符号串x是从识别符号推导出来的，即有$S=^*>x$，则称x是文法G[S]的句型。若x仅由终结符号组成，即$S=^*>x$，且$x \in V_T^*$，则称x为G[S]的句子。

（2）文法G[S]的语言是G[S]的一切句子构成的集合。可用L(G)表示该集合，即$L(G)=\{x \mid S=^*>x$，其中S为文法识别符号，且$x \in V_T^*\}$。

（3）若$L(G_1)=L(G_2)$，则称文法G_1和G_2是等价的。

【知识要点5】文法分类

Chomsky根据产生式的不同形式，将文法分为如下四类：

（1）0型文法（又称短语结构文法）。如果文法G的所有产生式$\alpha \to \beta$都满足$\alpha \in (V_N \cup V_T)^*$，且α至少含有一个非终结符号，$\beta \in (V_N \cup V_T)^*$，则称G为0型文法。

（2）1型文法（又称上下文有关文法）。如果0型文法G的所有产生式$\alpha \to \beta$都满足$|\beta| \geqslant |\alpha|$（仅当$\beta=\varepsilon$时例外），则称此文法G是1型文法。

（3）2型文法（又称上下文无关文法）。如果一个1型文法G的所有产生式$\alpha \to \beta$都满足$\alpha \in V_N$，则称其为2型文法。或者说，2型文法的所有产生式都形如$A \to \beta$。

（4）3型文法（又称正则文法、正规文法或右线性文法）。如果一个2型文法G的所有产生式都形如$A \to a$或$A \to aB$，其中，$A、B \in V_N$，$a \in V_T^*$（通常取$a \in V_T$或ε），则称G为3型文法。

编译程序所涉及的主要是2型与3型文法，分别用于语法分析与词法分析。2型文法有足够的能力描述现今各种程序设计语言的语法结构。

【知识要点6】语法树

给定文法G[S]，对于文法G的任何句型都能构造与之关联的语法树（推导树、语法分析树、分析树）。该树满足下列4个条件：

（1）每个结点都用字母表V中的一个符号作标记。

（2）根的标记是开始符号S。

（3）若一结点n至少有一个子孙，可将其标记为$A(A \in V_N)$。

（4）如果结点n的直接子孙从左到右的排列次序是结点n_1，n_2，…，n_k，且这些子孙结点的标记分别为A_1，A_2，…，A_k，那么$A \to A_1A_2 \cdots A_k$一定是产生式集合P中的一个产生式。

【知识要点7】最左（最右）推导

（1）给定句型α和β，如果推导过程中的任何一步$\alpha \Rightarrow \beta$，都是对α中的最左（最右）非终结符进行替换，则称这种推导为最左（最右）推导。在形式语言中，最右推导常被称为规范推导。由规范推导所得的句型称为规范句型，也即右句型。

（2）一个句型可能对应着多棵语法树，即一个句型对应的语法树不一定唯一。

（3）一个句型对应的最左（右）推导也不一定唯一。

（4）同一棵语法树只对应唯一的最左（右）推导。

【知识要点 8】二义性文法

(1) 如果一个文法存在某个句子对应着两棵不同的语法树，或者说一个文法的某个句子对应两个不同的最左（右）推导，则称此文法是二义的。

(2) 不存在一种算法能在有限步骤内判断一个 2 型文法是否是二义的。

(3) 文法的二义性和语言的二义性是两个不同的概念。因为可能有两个不同的文法 G 和 G′，其中 G 是二义的，G′是非二义的，但却有 L(G)=L(G′)。

【知识要点 9】短语、直接短语、句柄

令 G[S] 是一个文法，αβδ 是文法 G 的一个右句型，如果有：$S\overset{*}{\Rightarrow}\alpha A\delta$，且 $A\overset{+}{\Rightarrow}\beta$，则称 β 是句型 αβδ 相对于非终结符 A 的短语；如果有 A⇒β，则称 β 是 αβδ 相对于非终结符 A 或相对于产生式 A→β 的直接短语（也叫简单短语）。一个句型的最左直接短语称为该句型的句柄。

【知识要点 10】句型分析

句型的分析就是识别一个符号串是否为某文法的一个句型的过程，亦即识别一个输入符号串是否为语法上正确的程序成分的过程。

【知识要点 11】实用文法的规定

(1) 文法中不得含形如 U→U 的有害产生式。有害产生式会引起文法的二义性。

(2) 文法中不得含文法的任何句子推导都用不到的多余产生式。多余产生式的左部非终结符分为不可到达非终结符和不可终止非终结符两类。

①文法中的某些非终结符，如果不在任何产生式的右部出现，则称该非终结符为不可到达的非终结符。

②文法中的某些非终结符，如果由该非终结符不能推出终结符号串，则称该非终结符为不可终止的非终结符。

(3) 限制使用右部为 ε 的产生式。

2.3 例题分析

【例题 2-1】 判定下列文法 G[S] 是否为 0 型文法、1 型文法、2 型文法、3 型文法。

G[S]:

S→AB

A→bS

A→a

B→cA

分析与解答:

Chomsky 根据产生式的不同形式，将文法分为如下四类：

（1）0型文法（又称短语结构文法）。如果文法G的所有产生式$\alpha \to \beta$都满足$\alpha \in (V_N \cup V_T)^*$，且至少含有一非终结符号，$\beta \in (V_N \cup V_T)^*$，则称G为0型文法。

（2）1型文法（又称上下文有关文法）。如果0型文法G的所有产生式$\alpha \to \beta$都满足$|\beta| \geq |\alpha|$（仅当$\beta = \varepsilon$时例外），则称此文法G是1型文法。

（3）2型文法（又称上下文无关文法）。如果一个1型文法G的所有产生式都满足$\alpha \in V_N$，则称其为2型文法。或者说，2型文法的所有产生式都形如$A \to \beta$。

（4）3型文法（又称正则文法、正规文法或右线性文法）。如果一个2型文法G的所有产生式都形如$A \to a$或$A \to aB$，其中，A、$B \in V_N$，$a \in V_T^*$（通常取$a \in V_T$或ε），则称G为3型文法。

显然，题中G[S]的所有产生式都满足0型、1型和2型文法的定义，但是G[S]的第一条产生式$S \to AB$不满足3型文法的定义。故G[S]是0型文法、1型文法、2型文法，但不是3型文法。

【例题2-2】设文法G[S]的产生式为：

$S \to a|\wedge|(T)$

$T \to T,S|S$

（1）给出句子(a，(a，a))的最左和最右推导。

（2）给出句子(((a，a)，∧，(a))，a)的最右推导及规范归约时每一步的句柄。

分析与解答：

自底向上构造推导树的过程是最右推导（规范推导）的逆过程。这一过程正是自底向上句法分析的过程，其要点是找句柄进行归约。

本题参考答案如下：

（1）句子(a，(a，a))的最左推导序列为：

$S \Rightarrow (T) \Rightarrow (T,S) \Rightarrow (S,S) \Rightarrow (a,S) \Rightarrow (a,(T)) \Rightarrow (a,(T,S)) \Rightarrow (a,(S,S)) \Rightarrow (a,(a,S)) \Rightarrow (a,(a,a))$

最右推导序列为：

$S \Rightarrow (T) \Rightarrow (T,S) \Rightarrow (T,(T)) \Rightarrow (T,(T,S)) \Rightarrow (T,(T,a)) \Rightarrow (T,(S,a)) \Rightarrow (T,(a,a)) \Rightarrow (S,(a,a)) \Rightarrow (a,(a,a))$

（2）句子(((a，a)，∧，(a))，a)的最右推导及每一步归约的句柄，见表2-1。

表2-1　(((a，a)，∧，(a))，a)的最右推导及各步归约的句柄

最右推导	每一步规范归约时的句柄
S⇒(T)	(T)
⇒(T，S)	T，S
⇒(T，a)	a
⇒(S，a)	S
⇒((T)，a)	(T)
⇒((T，S)，a)	T，S
⇒((T，(T))，a)	(T)

续表 2-1

最右推导	每一步规范归约时的句柄
⇒ ((T, (S)), a)	S
⇒ ((T, (a)), a)	a
⇒ ((T, S, (a)), a)	T, S
⇒ ((T, ∧, (a)), a)	∧
⇒ ((S, ∧, (a)), a)	S
⇒ (((T), ∧, (a)), a)	(T)
⇒ (((T, S), ∧ (, (a)), a)	T, S
⇒ (((T, a), ∧, (a)), a)	a
⇒ (((S, a), ∧, (a)), a)	S
⇒ (((a, a), ∧, (a)), a)	a

【例题 2-3】 文法 G[S] 的产生式为：

S→a|b|(R)
R→T
T→ScT|S

通过构造语法树，判断串（bcScT）、串（S）和串 ScT 是否是文法 G[S] 的句型。若是，请指出该句型的所有短语、简单短语、句柄。

分析与解答：

如果从给定文法的开始符出发，使用文法的产生式能够推导出给定串来，就证明该串是给定文法的一个句型。句型分析可依据语法树进行。在句型（句子）的语法树中，从一个内部结点对应的非终结符所发出的全部叶结点（叶结点可以是终结符或非终结符）对应符号构成的串，就是该句型（句子）相对于该内部结点非终结符的短语。如果一个短语和该内部结点是父子关系，那么，这个短语就是简单短语（直接短语）。位于语法树最左边的简单短语就是句柄。

本题参考答案如下：

（1）因为存在推导序列：S⇒(R)⇒(T)⇒(ScT)⇒(bcT)⇒(bcScT)，故串（bcScT）是文法 G[S] 的句型。句型（bcScT）的语法语法树如图 2-2 所示。

句型（bcScT）相对于 S 的短语为：b、（bcScT）；相对于 R 的短语为：bcScT；相对于 T 的短语为：bcScT、ScT；相对于 S 的简单短语为：b；相对于 T 的简单短语为：ScT。句型（bcScT）的句柄为 b。

（2）因为从开始符号 S 能够推导出串（S）来，故串（S）是文法 G[S] 的句型。句型（S）的语法树如图 2-3 所示。

句型（S）相对于 S 的短语为：(S)；相对于 R、T 的短语为：S；相对于 T 的简单短语为：S。句型（S）的句柄为 S。

（3）因为从开始符号 S 推导不出串 ScT 来，故串 ScT 不是文法 G[S] 的句型。

图 2-2 句型（bcScT）的语法树　　图 2-3 句型（S）的语法树

【例题 2-4】试证下面文法 G[S] 是二义性文法。

S→A|a

A→if(E)S|if(E)S else S

E→0|1

分析与解答：

要证明文法 G[S] 是二义性文法，只需找出文法 G[S] 的一个能够构造两棵不同语法树的二义性句子即可。

考虑 G[S] 的句子 if(0) if(1) a else a。该句子有如图 2-4 所示的两棵不同的语法树。因此，它是二义性句子，文法 G[S] 是二义性文法。

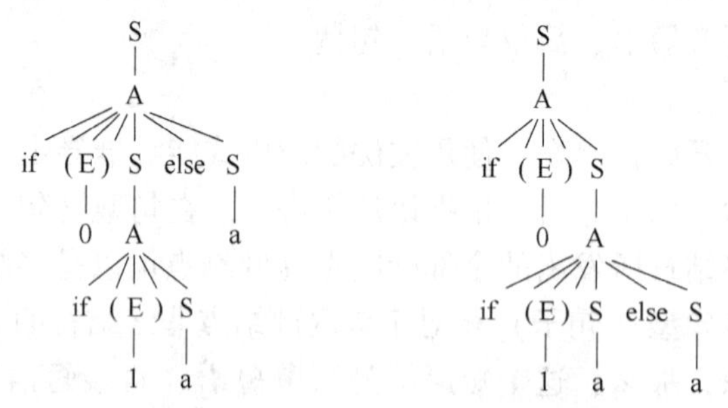

图 2-4 句子 if(0) if(1) a else a 的两棵不同语法树

【例题 2-5】给定文法 G[E]：

E→T+E|T

T→T * F|F

F→(E)|i

（1）证明 T+T * F+i 是文法的一个句型。

（2）构造句型 T+T * F+i 的语法树。

（3）指出该句型的所有短语、直接短语、句柄。

（4）指出该句型的所有素短语和最左素短语（* *第 5 章内容* *）。

分析与解答：

如果从给定文法的开始符出发，使用文法的产生式能够推导出给定串来，就证明该串是给定文法的一个句型。句型分析可依据语法树进行。在句型（句子）的语法树中，从一个内部结点对应的非终结符所发出的全部叶结点（叶结点可以是终结符或非终结符）对应符号构成的串，就是该句型（句子）相对于该内部结点非终结符的短语。如果一个短语和该内部结点是父子关系，那么，这个短语就是简单短语（直接短语）。位于语法树最左边的简单短语就是句柄。

如果 $S=^{*}>\alpha A\beta$ 且 $A=^{+}>\gamma$，其中 γ 至少含一个终结符，且不含更小的含终结符的短语，则称 γ 是句型 $\alpha\gamma\beta$ 的相对于变量 A 的素短语（也即句型的至少含一个终结符且不含其他素短语的短语）。最左边的素短语称为最左素短语。

本题参考答案如下：

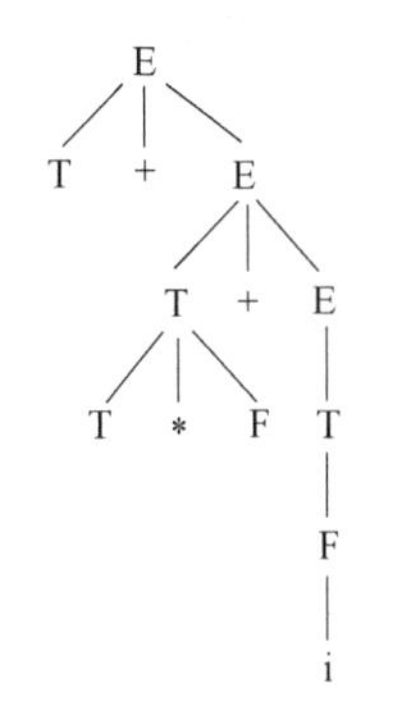

图 2-5 句型 T+T * F+i 的语法树

（1）证明：因为存在推导序列：$E\Rightarrow T+E\Rightarrow T+T+E\Rightarrow T+T*F+E\Rightarrow T+T*F+T\Rightarrow T+T*F+F\Rightarrow T+T*F+i$，即有 $E=^{*}>T+T*F+i$ 成立，故 T+T * F+i 是文法的一个句型。

（2）该句型的语法树如图 2-5 所示。

（3）对 T+T * F+i 进行句型分析如下：

该句型相对于 E 的短语有：T+T * F+i、T * F+i 和 i；相对于 T 的短语有：T * F 和 i；相对于 F 的短语有：i；相对于 T→T * F 的直接短语有：T * F；相对于 F→i 的直接短语有：i。该句型的句柄为 T * F。

（4）该句型的所有素短语为：T * F 和 i。其中，T * F 为该句型的最左素短语。

【例题 2-6】 令文法 G[E] 为：

E→T|EaT|EbT

T→F|TcF|TdF

F→f|e

证明 eaf 是它的一个句子，画出语法树，并找出这个句子的所有短语、直接短语和句柄。

分析与解答：

如果从给定文法的开始符出发，使用文法的产生式能够推导出给定串来，就证明该串是给定文法的一个句型。句型分析可依据语法树进行。在句型（句子）的语法树中，从一个内部结点对应的非终结符所发出的全部叶结点（叶结点可以是终结符或非终结符）对应符号构成的串，就是该句型（句子）相对于该内部结点非终结符的短语。如果一个短语和该内部结点是父子关系，那么，这个短语就是简单短语（直接短语）。位于语法树最左边的简单短语就是句柄。

本题参考答案如下：

（1）因为存在推导序列 $E\Rightarrow EaT\Rightarrow TaT\Rightarrow FaT\Rightarrow eaT\Rightarrow eaF\Rightarrow eaf$，且 $eaf\in V_T^{*}$。所以，eaf 是文法 G[E] 的一个句子。

（2）句子 eaf 的语法树如图 2-6 所示。

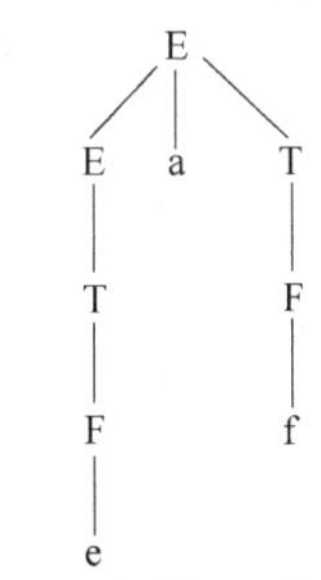

图 2-6 句子 eaf 的语法树

（3）该句子相对于 E 的短语有：e、eaf；相对于 T 的短语有：e、f；相对于 F 的短语有：e、f；相对于 F→f

的直接短语有：f；相对于 F→e 的直接短语有：e。该句子的句柄为：e。

【例题 2-7】判断以下文法是 0 型、1 型、2 型和 3 型四型文法中的哪型文法。

$G_1[S]$：

S→SA|aA

aA→a

$G_2[S]$：

S→SaA

AB→aB|AbB

B→cB|(S)|d|e

$G_3[S]$：

S→aT

T→bT|cT|b|c

$G_4[S]$：

S→aB|c

B→Ad

A→cS

分析与解答：

Chomsky 按照文法所表示的语言的表达能力的高低，由高往低将文法分为如下四类：

（1）0 型文法。若文法 G 的所有产生式 α→β 都满足 $\alpha \in (V_N \cup V_T)^*$，且至少含有一个非终结符号，$\beta \in (V_N \cup V_T)^*$，则称 G 为 0 型文法，又称为短语结构文法。

（2）1 型文法（又称上下文有关文法）。如果 0 型文法 G 的所有产生式 α→β 都满足 $|\beta| \geqslant |\alpha|$（仅当 $\beta = \varepsilon$ 时例外），则称此文法 G 是 1 型文法。

（3）2 型文法（又称上下文无关文法）。如果一个 1 型文法 G 的所有产生式 α→β 都满足 $\alpha \in V_N$，则称其为 2 型文法。或者说，2 型文法的所有产生式都形如 A→β。

（4）3 型文法。一个 2 型文法 G，如果产生式全都形如 A→a 或 A→aB，其中 A、$B \in V_N$，$a \in V_T^*$，则 G 为 3 型文法。3 型文法也称正规文法。

根据以上定义可知，题中的 $G_1[S]$ 中的产生式 aA→a 不满足 1 型文法左部串长不大于右部串长的要求，故 $G_1[S]$ 为 0 型文法；$G_2[S]$ 中的产生式 AB→aB| AbB 不满足 2 型文法左部为单个非终结符的要求，故 $G_2[S]$ 为 1 型文法；$G_3[S]$ 中的所有产生式都满足 3 型文法右部以终结符开头或终结符后紧跟一个非终结符的要求，故 $G_3[S]$ 为 3 型文法；$G_4[S]$ 中的产生式 B→Ad 不满足 3 型文法右部以终结符开头或终结符后紧跟一个非终结符的要求，但所有产生式都满足 2 型文法左部为单个非终结符的要求，故 $G_4[S]$ 为 2 型文法。

【例题 2-8】写出能生成非 0 开头的正偶数集合的文法 G[S]。

分析与解答：

G[S] 的句子中，由单个符号组成的符号串是 2、4、6、8 中的任一个符号；两个符号组成的符号串中，左边起第一个符号可以是 1 至 9 中的某一个，第二个符号是 0、2、4、6、8 中的某一个；三个及三个以上符号组成的串，最左边的符号与两个符号组成的符号串的第一个符号相同，最右边的符号与两个符号组成的符号串的第二个符号相同，而中间的符号可以是 0~9 中的任何一个。掌握了此规律，则可给出满足条件的文法如下：

G[S]：

S→ABC|2|4|6|8

A→1|2|3|4|5|6|7|8|9

B→BA|B0|ε

C→0|2|4|6|8

【例题 2-9】 为下面两个语言构造两个（或两个以上的）等价文法。

（1）$L_1=\{a^{2n}b \mid n\geqslant 1\}$

（2）$L_2=\{a^ib^jc^k \mid i, j, k\geqslant 1\}$

分析与解答：

对给定的一个文法，可唯一地确定其所接受的语言，而对给定的语言却可能为其构造出多个不同的文法，通常这些文法是等价的。

本题（1）中语言 L_1 要求其每个句子具有 2n 个 a 与 1 个 b(n≥1)；（2）中语言 L_2 要求其每个句子具有 i 个 a，j 个 b，k 个 c(i，j，k≥1)。根据该特点，可得出：

（1）对语言 L_1 构造文法 G_1[S] 为：

S→Ab

A→aAa

A→aa

及文法 G_2[S]：

S→Ab

A→aaA

A→aa

（2）对语言 L_2 构造文法 G_3[S]：

S→ABC

A→aA|a

B→bB|b

C→cC|c

及文法 G_4 [S]：

S→Sc|Bc

B→Bb|Ab

A→Aa|a

显然，G_1 与 G_2 等价，G_3 与 G_4 等价。

2.4 习　　题

2-1 写出一个文法，使其语言是不允许以 0 开头的奇正整数的集合。

2-2 证明下述文法 G[<表达式>] 是二义的。

<表达式>→a | （<表达式>） | <表达式><运算符><表达式>

<运算符>→+ | - | * | /

2-3 令文法 G[E] 为：

E→T|E+T|E-T

T→F|T*F|T/F

F→(E)|i

证明 E+T*F 是它的一个右句型，指出这个句型的所有短语、直接短语和句柄。

2-4 给出生成下述语言的上下文无关文法：

（1）$\{a^nb^na^mb^m \mid n, m \geq 0\}$

（2）$\{1^n0^m1^m0^n \mid n, m \geq 0\}$

2-5 给出生成下述语言的三型文法：

$L(G) = \{a^nb^mc^k \mid n, m, k \geq 0\}$

2-6 给出下述文法所对应的正规式：

S→0A|1B

A→1S|1

B→0S|0

2-7 构造一个文法，使其定义的语言是由算符+、*、(、) 和运算对象 a 构成的算术表达式的集合。

2-8 下列文法 G[N] 的描述的语言是什么？

N→D|ND

D→0|1|2|3|4|5|6|7|8|9|

2-9 考虑下面上下文无关文法 G[S]：

S→SS*|SS+|a

（1）写出生成串 aa+a* 的推导过程，并为该串构造推导树。

（2）该文法生成的语言是什么？

2-10 现有文法 G[S]：

S→SaA|SbA|A

A→AdB|AeB|B

B→m|(S)

（1）证明 SbBd(m) 是文法 G[S] 的一个句型。

（2）构造句型 SbBd(m) 的语法推导树。

（3）指出该句型所有短语、直接短语和句柄。

2-11 一个上下文无关文法生成句子 abbaa 的推导树如图 2-7所示。

（1）给出该句子的最左推导和最右推导。

（2）列出该文法产生式集合 P 中可能包含的所有

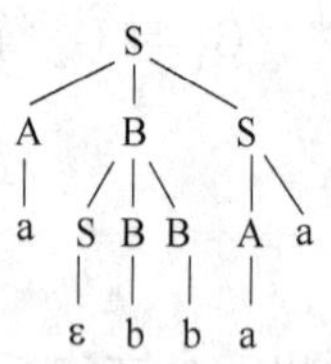

图 2-7 句子 abbaa 的推导树

元素。

(3) 找出该句子的所有短语、简单短语和句柄。

2-12　给出生成下述语言的三型文法:

$L(G)=\{a^n b^m \mid n,m\geq 1\}$

2-13　已知下列文法 G[A],试写出它定义的语言描述。

G[A]:

A→0B|1C

B→1|1A|0BB

C→0|0A|1CC

2-14　现有文法 G[S]:

S→SaA|A

A→B|AbB

B→cB|(S)|d|e

(1) 给出句型 cBacBbce 的最左推导。

(2) 构造句型 cBacBbce 的语法树。

(3) 对句型 cBaAbcd 进行句型分析,指出该句型的所有短语、直接短语、句柄。

2-15　直观地说,文法就是这样一些产生式的________集合,它是以有穷的________集合来刻划无穷________集合的工具。

2-16　文法的四元组表示 G=(V_N, V_T, P, S)中,元素 V_N, V_T 分别是非空有限的________集和________集,且两者交集为 Φ;P 为产生式集,是文法的核心部分;$S\in V_N$,是文法的开始符号(或识别符),它至少要在一条产生式中作为________出现。

2-17　由给定文法 G[E],由推导序列 E⇒E+T⇒T+T⇒i+T⇒i+i 可知,该推导为________推导,从该推导序列可得到________个句型,其中的________同时也是句子。

2-18　由给定文法 G[S] 的推导序列 S⇒AaB⇒Aab⇒aab 可知,该推导为________推导,也称为规范推导。从该推导序列可得到________个句型,其中的________同时也是句子。

2-19　设 α→β 是文法 G=(V_N, V_T, P, S) 的产生式,γ, $\delta\in(V_N\cup V_T)^*$,若有符号串 v, w 满足 v=γαδ, w=γβδ,则称 w 是 v 的________,或称 v 是 w 的________,记作________。

2-20　设 G[S] 是一个文法,若有________,则称 x 是文法 G[S] 的句型。若 x 是 G[S] 的句型,且________,则称 x 是 G[S] 的句子。文法 G[S] 的语言是 G[S] 的所有________构成的集合。

2-21　给定文法 G[S]:

S→MVD

M→小王|小张

V→是|不是

D→大学生

则文法 G[S] 表示的________定义为句子的集合，可表示为 L(G)={小王是大学生，________，小张是大学生，小张不是大学生}。MVD、M 是 D、M 是大学生等均是 G[S] 的________。

2-22 给定文法 G[S]：

S→AB

A→a|aB

B→b|d

则文法 G[S] 表示的语言可表示为 L(G)={ab,________,abb,________,add,adb}。S、AB、aBB 等均是 G[S] 的________。

2-23 语法分析方法分为自顶向下分析与自底向上分析两类。前者主要包括递归子程序分析法和________分析方法；而后者主要包括________分析方法和________分析方法。

2-24 设 V_N、V_T 分别是非空有限的非终结符集和终结符集，$V=V_N \cup V_T$，$V_N \cap V_T=\Phi$。所谓产生式是一个序偶对（α，β），其中 β∈________，通常表示为________或________。产生式也称规则、重写产生式或生成式。

2-25 若 A、B 均为 Σ 上的符号串集合，则 AB={________|x∈A,y∈B}。设 A={ab,cd},B={ef,jh}，则 AB={abef,abjh,cdef,cdjh}。A{ε}=________，ΦA=AΦ=________。

2-26 设文法 G=(V_N，V_T，P，S)，若其元素________中的每一个产生式 α→β 都满足________且 $\beta \in (V_N \cup V_T)^*$，则称此文法为 2 型文法，也称为________文法。

2-27 对文法 G=(V_N，V_T，P，S) 的所有产生式 α→β，其中 $\alpha \in (V_N \cup V_T)^*$ 且至少含有一个________符号，β∈________。则称 G 为________型文法，又称短语结构文法。

2-28 如果文法 G=(V_N，V_T，P，S) 的所有产生式 α→β 满足________，仅当________时例外，则称此文法 G 是 1 型文法，也称上下文有关文法。一个 1 型文法如果满足________，则称为 2 型文法，也称上下文无关文法。

2-29 Chomsky 将文法按其所表示语言的表达能力，由高往低分为四类：0 型，1 型，2 型，3 型文法。其中，________也称上下文无关文法，它的所有产生式 α→β 都满足：$\alpha \in V_N$，$\beta \in (V_N \cup V_T)^*$ 且 |α| ________ |β|，仅当________时例外。

2-30 一个________型文法 G，如果它的产生式全部都形如________或________，其中 A、B∈V_N，$a \in V_T^*$，则 G 为 3 型文法。3 型文法也称正则文法或正规文法或右线性文法。

2-31 文法 G[E] 的产生式集为 P={E→0EA|AE,A→AA|E}，则 G[E] 按 Chomsky 分类法是________型文法；如果 P={E0E→A|1E,E1→AA|ε}，则 G[E] 是________型文法；如果 P={E→A|1E,E1→AA|ε}，则 G[E] 是________型文法。

2-32 文法 G[S] 的产生式集为 P={S→aSYZ,S→aYZ,aY→ay,yY→yy}，则 G[S] 按 Chomsky 分类法是________型文法；如果 P={S→aT,T→bT|cT|b|c}，则 G[S] 是

________型文法；如果 $P=\{S\rightarrow aB\mid c, B\rightarrow Az, A\rightarrow cS\}$，则 G[S] 是________型文法。

2-33 令 G[S] 是一个文法，$\alpha\beta\delta$ 是 G 的一个________，如果有：$S\overset{*}{\Rightarrow}\alpha A\delta$，且 $A\overset{+}{\Rightarrow}\beta$，则称 β 是句型 $\alpha\beta\delta$ 相对于非终结符 A 的短语；如有________，则称 β 是 $\alpha\beta\delta$ 相对于非终结符 A 或相对于产生式 $A\rightarrow\beta$ 的直接短语（也叫简单短语）。一个句型的最左直接短语就称为该句型的________。

2-34 语法树也称推导树，给定文法 $G=(V_N, V_T, P, S)$，对于文法 G 的任意一个句型都存在一个相应的语法树，它满足：

（1）树中每一个结点都有一个标记，此标记是 $V=(V_N U V_T)$ 中的一个符号；

（2）________的标记是 S；

（3）若树的一结点 A 至少有一个子女，则 $A\in$________；

（4）如结点 A 的子女结点从左到右次序为 $B_1, B_2, \cdots, B_n$，则必有产生式________。

2-35 在句型推导时，如果每一步直接推导 $\alpha\Rightarrow\beta$ 中都是对句型________中最左边的非终结符进行替换，则称之为最左推导。如果每一都是对最右边的非终结符进行替换，则称之为最右推导。________推导称为规范推导，由规范推导所得的句型称为________句型。

2-36 如果一个文法存在某个句子对应着两棵不同的语法树，则称此文法是________文法。到目前为止，尚________（填“存在”或“不存在”）一种算法能够在有限步骤内判断一个上下文文法是否是二义的。实际应用中，常找出一组无二义性的充分条件来构造无二义性文法。

2-37 在实用时，文法中不得含________产生式或________产生式，并限制使用________产生式。

2-38 形如________的产生式称为有害产生式。由不可达的非终结符或________的非终结符作为左部的产生式，称为多余产生式。在实用文法中，一般不允许含有这两类产生式。形如 $A\rightarrow\varepsilon$ 的产生式称为________产生式，它会使有关文法的证明和讨论变得复杂，在实用文法中要限制使用。

2-39 令 G[S] 是一个文法，$\alpha\beta\delta$ 是 G 的一个句型，如果有________且 $A\overset{+}{\Rightarrow}\beta$，则称 β 是句型 $\alpha\beta\delta$ 相对于非终结符 A 的短语；如果有________，则称 β 是 $\alpha\beta\delta$ 相对于非终结符 A 或相对于产生式 $A\rightarrow\beta$ 的直接短语（也叫简单短语）。一个句型的________短语称为该句型的句柄。

2-40 由给定文法 G[S]，由推导序列 $S\Rightarrow AeB\Rightarrow AebB\Rightarrow AebD\Rightarrow Aebd\Rightarrow aebd$ 可知：该推导为最右推导，也称为________推导，推导序列中用到的产生式集 P=________。从该推导序列可得到________个句子。

2-41 给定文法 G[S] 的一个推导序列 $S\Rightarrow aSB\Rightarrow aAB\Rightarrow aaAB\Rightarrow aaaB\Rightarrow aaaD$。由此可知，该推导为____推导，推导序列中用到的产生式集 P=________。从该推导序列可得到________个句型。

2-42 给定文法 G[S]：

S→ND

N→小方|小红|小刚

D→________

则文法 G[S] 表示的语言可表示为 L(G)={小方认真，小红认真，小刚认真，小方不认真，小红不认真，小刚不认真}。小刚 D ________（填是或不是）G[S] 的句型，小刚 D ________（填“是”或“不是”）G[S] 的句子。

2-43 给定文法 G[E]：

E→MN
N→nQ|M
M→m，
Q→q

则文法 G[E] 表示的语言可表示为 L(G)= ________。mnQ 是 G[E] 的一个________，其最右推导序列为________。

2-44 文法 G[E] 的产生式集为 P={E→abc | adF，F→aE | f | ε}，则 G[E] 按 Chomsky 分类法是________型文法；如果 P={fE→abE | adF，E→bbE | ε}，则 G[E] 是________型文法；如果 P={EefE→a | eE，E→ε}，则 G[E] 是________型文法。

2-45 文法 G[A] 的产生式集 P={A→A * A, A→A+A, A→a}，文法 G[B] 的产生式集 P={B→B(b)B, B→ε}，文法 G[C] 的产生式集 P={C→a(d), D→d}。则 G[A] ________（填“是”或“不是”）二义性文法；G[B] ________（填“是”或“不是”）二义性文法；G[C] ________（填“是”或“不是”）二义性文法。

2-46 令 G[S] 是一个文法，αβδ 是 G 的一个句型，如果有 $S \overset{*}{\Rightarrow}$ ________，且 $A \overset{+}{\Rightarrow} \beta$，则称 β 是句型 αβδ 相对于非终结符 A 的短语；如有 A⇒β，则称 β 是 αβδ 相对于非终结符 A 或相对于产生式________的直接短语（也叫简单短语）。一个句型的________直接短语（或简单短语）称为该句型的句柄。

2-47 简述文法、句型、句子和语言的形式定义。

2.5 习题解答

2-1 不允许 0 开头的奇正整数集合的文法 G[S]：

S→ABC|C
A→1|2|3|4|5|6|7|8|9
B→BA|B0|ε
C→1|3|5|7|9

2-2 因为文法 G[<表达式>] 的句子 a+a * a 能构造如下两个不同的最右推导，所以文法 G[<表达式>] 是二义的。

最右推导 1：<表达式>⇒<表达式><运算符><表达式>

⇒<表达式><运算符>a

⇒<表达式> * a

⇒<表达式><运算符><表达式> * a

⇒<表达式><运算符>a * a

⇒<表达式>+a * a⇒a+a * a

最右推导 2：<表达式>⇒<表达式><运算符><表达式>

⇒<表达式><运算符><表达式><运算符><表达式>

⇒<表达式><运算符><表达式><运算符>a

⇒<表达式><运算符><表达式> * a

⇒<表达式><运算符>a * a

⇒<表达式>+a * a

⇒a+a * a

2-3 因为存在最右推导序列：E⇒E+T⇒E+T * F，故 E+T * F 是文法 G[E] 的一个右句型。

句型 E+T * F 相对于 E 的短语有：E+T * F。句型 E+T * F 相对于 T 的短语有：T * F。

句型 E+T * F 相对于 T→T * F 的直接短语有：T * F。句型 E+T * F 句柄为：T * F。

2-4 （1）语言 $\{a^nb^na^mb^m \mid n, m \geq 0\}$ 可用如下的上下文无关文法 G[S] 描述：

G[S]：

S→AA

A→aAb|ε

（2）语言 $\{1^n0^m1^m0^n \mid n, m \geq 0\}$ 可用如下的上下文无关文法 G[S] 描述：

G[S]：

S→1S0|A

A→0A1|ε

2-5 生成语言 $\{a^nb^mc^k \mid n, m, k \geq 0\}$ 的三型文法可描述如下：

G[S]：

S→aA|B

B→bB|C

C→cC|ε

2-6 R=(01|10)(01|10)*

2-7 下列两个文法均可表示由算符+、*、(、)和运算对象 a 构成的算术表达式的集合。

G[E]：

E→E+T|T

T→T*F|F

F→(E)|a

或 G[E]：

E→E+E|E*E|(E)|a

2-8 L(G[N])={0, 1, 3, 4, 5, 6, 7, 8, 9}+

2-9 （1）串 aa+a* 的推导过程：S⇒SS*⇒SS+S*⇒aS+S*⇒aa+S*⇒aa+a*

串 aa+a* 的推导树如图 2-8 所示。

（2）该文法生成的语言由 +、*、a 组成的后缀形式的算术表达式（即逆波兰式）。

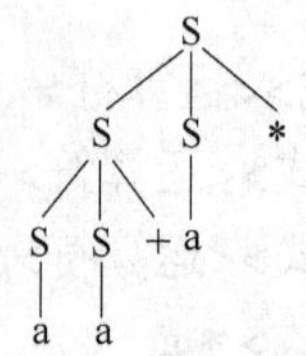

图 2-8 串 aa+a* 的推导树

2-10 （1）证明：因为 S⇒SbA⇒SbAdB⇒SbBdB⇒SbBd(S)⇒SbBd(A)⇒SbBd(B)⇒SbBd(m)，即有 S=*>SbBd(m) 成立，故 SbBd(m) 是文法的一个句型。

（2）句型 SbBd(m) 的语法树如图 2-9 所示。

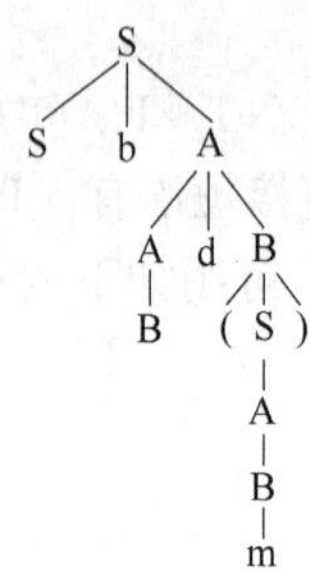

图 2-9 句型 SbBd(m) 的语法树

（3）该句型相对于 S 的短语有：SbBd(m)、m，相对于 A 的短语有：Bd(m)、B、m，相对于 B 的短语有：(m)、m，相对于 A→B 的直接短语有：B，相对于 B→m 的直接短语有：m。句型 SbBd(m) 的句柄为：B。

2-11 （1）最左推导如下所示：

S⇒ABS⇒aBS⇒aSBBS⇒aBBS⇒abBS⇒abbS⇒abbAa⇒abbaa

最右推导如下所示：

S⇒ABS⇒ABAa⇒ABaa⇒ASBBaa⇒ASBbaa⇒ASbbaa⇒Abbaa⇒abbaa

（2）该文法的产生式集合 P 可能有以下元素：

S→ABS | Aa | ε

B→SBB | b

A→a

（3）为方便叙述，将句型 abbaa 写作 $a_1b_1b_2a_2a_3$。该句子相对于 S 的短语有：$a_1b_1b_2a_2a_3$、ε 、a_2a_3；相对于 A 的短语有：a_1、a_2；相对于 B 的短语有：b_1、b_2、b_1b_2；相对于 S→ε 的直接短语有：ε ；相对于 A→a 的直接短语有：a_1、a_2；相对于 B→b 的直接短语有：b_1、b_2。该句子的句柄为：a_1。

2-12 该语言的三型文法为：

G[S]:

S→aB

B→aB|C

C→bC|b

或 G[S]：

S→AB

A→aA|a

B→bB|b

2-13 G[A] 定义的语言，是由个数相同的0和1组成的所有符号串的集合。

2-14 (1) 句型cBacBbce的最左推导序列为：S⇒SaA⇒AaA⇒BaA⇒cBaA⇒cBaAbB⇒cBaBbB⇒cBacBbB⇒cBacBbcB⇒cBacBbce。

(2) 句型cBacBbce的语法树如图2-10 (a) 所示。

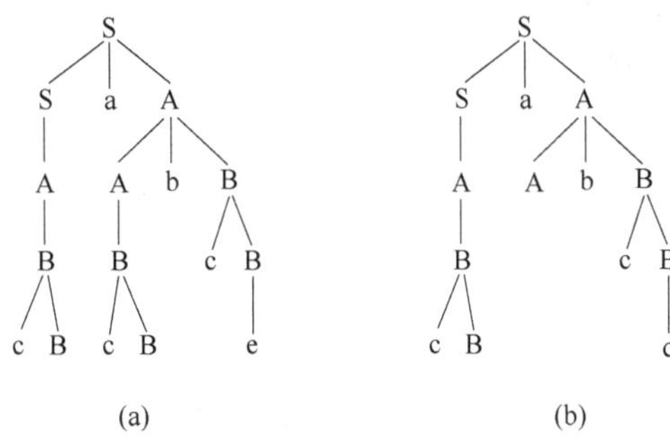

图2-10 句型cBacBbce和句型cBaAbcd的语法树

(3) 句型cBaAbcd的语法树如图2-10(b) 所示。该句型相对于S的短语有：cBaAbcd和cB，相对于A的短语有：cB和Abcd，相对于B的短语有cB、cd和d；相对于B→cB的直接短语：cB，相对于B→d的直接短语：d。该句型的句柄为：cB。

2-15 有穷；产生式；句子。

2-16 非终结符；终结符；左部。

2-17 最左；5；i+i。

2-18 最右；4；aab。

2-19 直接推导；直接归约；v⇒w。

2-20 $S \overset{*}{=}> x$；$x \in V_T^*$（或x是终结符号串）；句子。

2-21 语言；小王不是大学生；句型。

2-22 ad；abd；句型。

2-23 预测；算符优先；LR。

2-24 V^*；$\alpha \to \beta$；$\alpha ::= \beta$。

2-25 xy；A；Φ。

2-26 P；$\alpha \in V_N$；上下文无关。

2-27 非终结；$(V_N \cup V_T)^*$；0。

2-28 $|\beta| \geqslant |\alpha|$；$\beta = \varepsilon$；$\alpha \in V_N$。

2-29 2型文法；⩽（或不大于）；$\beta = \varepsilon$。

2-30 2；A→a；A→aB。

2-31 2；0；1。

2-32 1；3；2。

2-33 句型；$A \Rightarrow \beta$；句柄。

2-34 根；V_N；$A \rightarrow B_1B_2\cdots B_n$。

2-35 α；最右；规范。

2-36 二义性；不存在；无关。

2-37 有害；多余；ε。

2-38 $U \rightarrow U$，不可终止；ε（或空）。

2-39 $S \stackrel{*}{=}> \alpha A\delta$；$A \Rightarrow \beta$；最左直接。

2-40 规范；{S→AeB，B→bB，B→D，D→d，A→a}；1。

2-41 最左；{S→aSB，S→A，A→aA，A→a，B→D}；6。

2-42 认真|不认真；是；不是。

2-43 {mm，mnq}；句型；$E \Rightarrow MN \Rightarrow MnQ \Rightarrow mnQ$。

2-44 3；1；0。

2-45 是；是；不是。

2-46 $\alpha A\delta$；$A \rightarrow \beta$；最左。

2-47 （1）文法G定义为一个四元组$G=(V_N, V_T, P, S)$。其中：V_N，V_T分别是非空有穷的非终结符集和终结符集，且两者交集为Φ；P为非空有穷的产生式集；$S \in V_N$，是文法的开始符号（或识别符），是一个非终结符，至少要在一条产生式中作为左部出现。

（2）句型和句子：设G[S]是一文法，如有$S \stackrel{*}{=}> x$，则称x是文法G[S]的句型；若x是G[S]的句型，且$x \in V_T^*$，则称x是G[S]的句子。

（3）语言：文法G[S]的语言是G[S]的所有句子构成的集合。即$L(G)=\{x \mid S \stackrel{*}{=}> x, 且\ x \in V_T^*\}$。

词法分析

3.1 知识结构

本章的知识结构如图 3-1 所示。

- 词法分析
  - 词法分析程序的设计
    - 词法分析程序和语法分析程序的接口方式
    - 词法分析程序的输出
    - 将词法分析工作分离的考虑
    - 词法分析程序中如何识别单词
  - 单词的形式化描述工具
    - 正规文法
    - 正规式
    - 正规文法和正规式的等价性
  - 有穷自动机
    - 确定的有穷自动机（DFA）
    - 不确定的有穷自动机（NFA）
    - NFA 转换为等价的 DFA
    - 确定有穷自动机的化简
  - 正规式和有穷自动机的等价性
  - 正规文法和有穷自动机的等价性
  - 词法分析程序的自动构造工具
    - LEX 描述文件中使用的正规表达式
    - LEX 描述文件的格式
    - LEX 的使用
    - LEX 与 YACC 的接口约定

图 3-1　第 3 章知识结构图

3.2 知识要点

本章的知识要点主要包括以下内容：

【知识要点 1】词法分析程序的输出

（1）词法分析程序的功能是读入源程序，输出单词符号。

（2）单词符号是一个程序设计语言的基本语法符号。程序设计语言的单词符号一般可分成下列 5 种：

①保留字，也称关键字，如 PASCAL 语言中的 begin，end，if，while 和 var 等。

②标识符，用来表示各种名字，如常量名、变量名和过程名等。

③常数，各种类型的常数，如25，3.1415，TRUE和“ABC”等。

④运算符，如+，*，≤等。

⑤界符，如逗点，分号，括号等。

（3）单词的二元式表示设计成如下形式：（标识符，指向该标识符所在符号表中位置的指针）。

【知识要点2】将词法分析工作从语法分析中分离出来的原因

（1）词法也是语法的一部分，词法描述完全可以归并到语法描述中去，只不过词法规则更简单些。

（2）把编译过程的分析工作划分成词法分析和语法分析两个阶段考虑主要的因素为：

① 能够使得整个编译程序的结构更为简洁、清晰和条理化。

② 有利于提高编译程序的效率。

③ 有利于增强编译程序的可移植性。

【知识要点3】正规式和正规集

（1）正规表达式（Regular Expression），也称正则表达式或正规式，是说明单词的模式（Pattern）的一种重要的表示方法（记号），是定义正规集的工具。

（2）正规式和它所表示的正规集的递归定义如下：

设字母表为Σ，辅助字母表Σ={Φ,ε ,|,·,*,(,)}。

①ε和Φ都是Σ上的正规式，它们所表示的正规集分别为{ε}和{}。

②任何a∈Σ，都有a是Σ上的一个正规式，它所表示的正规集为{a}。

③假定e_1和e_2都是Σ上的正规式，它们所表示的正规集分别为$L(e_1)$和$L(e_2)$。那么，(e_1)，$e_1 | e_2$，$e_1 \cdot e_2$，$e_1{}^*$也都是正规式，它们所表示的正规集分别为$L(e_1)$，$L(e_1) \cup L(e_2)$，$L(e_1)$ $L(e_2)$和$(L(e_1))^*$。

④仅由有限次使用上述三个步骤而定义的表达式才是Σ上的正规式，仅由这些正规式所表示的符号串集才是Σ上的正规集。

【知识要点4】正规式到正规文法的等价转换

任意一个正规语言既可以由正规式定义，也可由正规文法来定义。正规式和正规文法之间可进行等价转换。将$\Sigma = V_T$上的正规式r转换为等价正规文法G =(V_N，VT，P，S)的方法如下：

（1）令S→r。

（2）对形如A→xy的产生式，将其分解成A→xB和B→y；对形如A→x^*y的产生式，将其分解成为A→xA和A→y；对形如A→x | y的产生式，将其分解为A→x和A→y。

（3）反复利用上述方法分解各个产生式右部，直至所有产生式的右部最多只含一个终结符为止。

【知识要点5】正规文法到正规式的等价转换

任意一个正规语言既可以由正规式定义，也可由正规文法来定义。正规式和正规文法之间可进行等价转换。将正规文法 G =(V_N, VT, P, S 转换为) $\Sigma = V_T$ 上的等价正规式 r 的方法如下：

(1) 将产生式“$A \to xB$，$B \to y$”合写为“$A = xy$”；将产生式“$A \to xA$，$A \to y$”合写为“$A = x^* y$”；将产生式“$A \to x$，$A \to y$”合写为“$A = x \mid y$”。

(2) 反复利用上述方法合写各个产生式，直至只剩下一个由开始符定义的产生式，且该产生式的右部不含任何非终结符为止。此时，则该产生式的右部串即为所求的正规式 r。

【知识要点 6】有穷自动机及分类

有穷自动机（也称有限自动机）是一种能准确地识别正规集的装置。引入有穷自动机理论，正是为了给词法分析程序的自动构造寻找特殊的方法和工具。

有穷自动机分为两类：确定的有穷自动机（Deterministic Finite Automata）和不确定的有穷自动机（Nondeterministic Finite Automata）。

【知识要点 7】确定的有穷自动机 DFA

(1) DFA 定义。一个确定的有穷自动机（DFA）M 定义为一个五元组 $M = (K, \Sigma, f, S, Z)$。其中：

①K 是一个有穷集，它的每个元素称为一个状态。

②Σ 是一个有穷字母表，它的每个元素称为一个输入符号，Σ 也称为输入符号表。

③f 是转换函数，是 $K \times \Sigma \to K$ 上的映像，即如果 $f(k_i, a) = k_j$(其中，$k_i \in K$，$k_j \in K$) 就意味着，当前状态为 k_i 且输入字符为 a 时，将转换到下一个状态 k_j。此时，k_j 称为 k_i 的一个后继状态。

④$S \in K$，是唯一的一个初态。

⑤Z 为终态集，是 K 的子集。终态也称为可接受状态或结束状态。

(2) DFA 的表示。一个 DFA 可以表示成一个状态图（或称状态转换图）。假定 DFA M 含有 m 个状态，n 个输入字符，那么这个状态图含有 m 个结点，每个结点最多有 n 个弧射出。整个图含有唯一一个初态结点和若干个终态结点，初态结点冠以双箭头“⇒”或标以“-”，终态结点用双圈表示或标以“+”。若 $f(k_i, a) = k_j$,则从状态结点 k_i 到状态结点 k_j 画标记为“a”的弧。

(3) DFA 的确定性。DFA 的确定性表现在转换函数 $f: K \times \Sigma \to K$ 是一个单值函数，也就是说，对任何状态 $k \in K$ 和输入符号 $a \in \Sigma$，$f(k, a)$ 唯一地确定了下一个状态。从状态转换图来看，若字母表 Σ 含有 n 个输入字符，那么任何一个状态结点最多有 n 条弧射出，而且每条弧均以一个不同的输入字符标记。

(4) Σ^* 上的符号串 t 在 M 上运行。针对一个输入符号串 t，如果将它表示成 Tt_1 的形式（其中，$T \in \Sigma$，$t_1 \in \Sigma^*$），则 t 在 DFA M 上的运行定义为：$f(Q, Tt_1) = f(f(Q, T), t_1)$，其中的 $Q \in K$。

(5) Σ^* 上的符号串 t 被 M 接受。给定 $t \in \Sigma^*$，如果 $f(S, t) = P$,其中，S 为 DFA M 的开始状态，$P \in Z$，Z 为终态集。则称 t 为 DFA M 所接受（识别）。

(6) DFA M 所能接受的符号串的全体记为 L(M)。

(7) 结论：Σ 上一个符号串集 V(V 是 Σ^* 的一个子集）是正规的，当且仅当存在一个

Σ 上的确定有穷自动机 M，使得 V=L(M)。

【知识要点 8】不确定的有穷自动机 NFA

（1）NFA 定义。不确定的有穷自动机定义为一个五元组 NFA M=(K, Σ, f, S, Z)。其中：K、Σ 与 Z 的定义同于 DFA；f 为 $K\times\Sigma^*$ 到 K 的全体子集的映像；S 是 K 的一个子集，称为非空的初始状态集。

（2）Σ^* 上的符号串 t 在 M 上运行。针对一个输入符号串 t，先将它表示成 Tt_1 的形式（其中，$T\in\Sigma$，$t_1\in\Sigma^*$）在 NFA N 上运行的定义为：$f(Q, Tt_1)=f(f(Q, T), t_1)$。其中的 $Q\in K$。扩充转换函数 f 为 $K\times\Sigma^*\rightarrow 2^K$ 上的映像，且 $f(k_i, \varepsilon)=k_i$。

（3）Σ^* 上的符号串 t 被 NFA M 接受。假设 S 为 M 的开始状态，$P\in Z$(Z 为终态集)，$t\in\Sigma^*$，如果有 $P\in f$（S, t），则称 t 为 NFA M 所接受（识别或读出）。NFA M 所能接受的符号串的全体记为 L(M)。

（4）Σ^* 上的符号串 t 被 NFA M 接受也可以这样理解：对于 Σ^* 中的任何一个串 t，若存在一条从某一初态结点到某一终态结点的道路，且这条道路上所有弧的标记字符依序连接成的串（不理睬那些标记为 ε 的弧）等于 t，则称 t 可为 NFA M 所识别（读出或接受）。若 M 的某些结点既是初态结点又是终态结点，或者存在一条从某个初态结点到某个终态结点的 ε 道路，那么空串 ε 可为 M 所接受。

（5）结论：Σ 上一个符号串集 V(V 是 Σ^* 的一个子集）是正规的，当且仅当存在一个 Σ 上的不确定有穷自动机 M，使得 V=L(M)。

【知识要点 9】不确定有穷自动机（NFA）的确定化

（1）相关运算。NFA 的确定化涉及如下两个集合运算：

①状态集合 I 的 ε-闭包即 ε-closure(I)，定义为一状态集，是状态集 I 中的任何状态 S 经任意条 ε 弧而能到达的状态的集合。状态集合 I 中的任何状态 S 都属于 ε-closure(I)。

②状态集合 I 的 a 弧转换即 move(I, a)，定义为状态集合 J，其中 J 是所有那些可从 I 中的某一状态经过一条 a 弧而到达的状态的全体。

（2）NFA 确定化算法。给定 NFA N=(K, Σ, f, K_0, K_t)，可按如下算法步骤法构造一个 DFA M=(S, Σ, d, S_0, S_t)，使得 L(M) =L(N)：

①M 的状态集 S 由 K 的一些子集组成。首先，用 [S_1, S_2, …, S_j] 表示 S 的元素，其中的 S_1, S_2, …, S_j 是 K 的状态。然后，约定状态 S_1, S_2, …, S_j 是按某种规则排列的，即对于子集 {S_1, S_2} ={S_2, S_1} 来说，S 的状态就是 [S_1, S_2]。

②M 和 N 的输入字母相同，即是 Σ。

③转换函数定义为：$d([S_1,S_2,\cdots,S_j],a)=[R_1,R_2,\cdots,R_t]$。其中，$\{R_1,R_2,\cdots,R_t\}=\varepsilon\text{-closure}(move([S_1,S_2,\cdots,S_j],a))$。

④$S_0=\varepsilon\text{-closure}(K_0)$ 为 M 的开始状态。

⑤M 的终态集 $S_t=\{[S_i,S_k,\cdots,S_e]$，其中，$[S_i,S_k,\cdots,S_e]\in S$ 且 $\{S_i,S_k,\cdots,S_e\}\cap K_t\neq\Phi\}$。或者说，包含了 NFA N 中任意一个终态的集合都是 DFA M 的终态。

（3）构造 NFA N 状态子集的算法。假定 T_0, T_1, …, T_i 为状态 K 的子集，所构造的子集族为 C，即 C=[T_0, T_1, …, T_i]，则可按如下算法步骤构造 NFA N 的状态子集：

①初始化。令 $T_0=\varepsilon$-closure(K_0) 为 C 中唯一成员，并且它是未被标记的。

②while（C 中存在尚未被标记的子集 T）do{

```
标记 T;
for(每个输入字母 a)do {
    U=ε-closure(move(T,a));
    if(U 不在 C 中)    then
   将 U 作为未标记的子集加在 C 中;
    }
}
```

【知识要点 10】确定有穷自动机（DFA）的化简（或最小化）

（1）DFA 化简的概念。说一个 DFA 是化简了的，即指它没有多余状态，并且它的状态中没有两个是互相等价的。一个 DFA 可以通过消除多余状态和合并等价状态而转换成一个最小的与之等价的最小 DFA。所谓多余状态，是指从该自动机的初态出发，任何输入串也不能到达的那些状态。有穷自动机中，两个状态 s 和 t 等价的条件为：

①一致性条件：状态 s 和 t 必须同时为可接受状态或不可接受状态。

②蔓延性条件：对于所有输入符号，状态 s 和状态 t 必须转换到等价的状态里。

如果有穷自动机的状态 s 和 t 不等价，则称这两个状态是可区别的。

（2）DFA 化简的本质。DFA 化简就是指 DFA 的最小化。最小化的 DFA 满足两个条件：一是不包含多余状态（死状态）；二是不包含互相等价（不可区别）的状态。

（3）DFA 化简（最小化）算法。对于一个 DFA $M=(K, \Sigma, f, k_0, k_t)$，存在一个最小的 DFA $M'=(K', \Sigma, f', k_0', k_t')$，使 $L(M')=L(M)$。DFA 化简算法的核心是把 M 的状态集 K 分成不相交的子集，其步骤描述如下：

①将 M 的状态集 K 分成终态（可接受态）集和非终态集两个子集。

②对当前的每个状态子集 G 进行子集划分。G 中的两个状态 s 和 t 分到同一子集中的充要条件为：对所有输入符号 a，状态 s 和 t 的 a 转换后达到的都是 G 中同一个子集中的状态。

③由得到的全部子集构成 G_{new} 的状态集，转②。

④重复②、③，直到任何子集都不可再分割为止。

【知识要点 11】有穷自动机和正则表达式的等价转换

（1）对于 Σ 上的每个有穷自动机 NFA M，可以构造一个相应的 Σ 上的正规式 r，使得 $L(r)=L(M)$；对于 Σ 上的每个正规式 r，可以构造一个相应的 Σ 上的有穷自动机 NFA M，使得 $L(M)=L(r)$。

（2）正规式 r 到有穷自动机 NFA M 的等价转换。按正规式的语法结构指引构造过程，从 Σ 上的一个正规式 r 构造 Σ 上的一个有穷自动机 NFA M，使得 $L(M)=L(r)$ 的等价转换方法如下：

首先，将正规式分解成一系列子表达式。然后，使用如下产生式为 r 构造 NFA：

①对 $r=\varepsilon$ 、$r=a$ 和 $r=st$（其中，s、t 分别为正规式）分别构造图 3-2 所示的 NFA：

(a) r=ε (b) r=a (c) r=st

图 3-2 正规式的 NFA

②对 r=s | t 和 r=s*构造图 3-3(a) 和图 3-3(b) 所示 NFA：

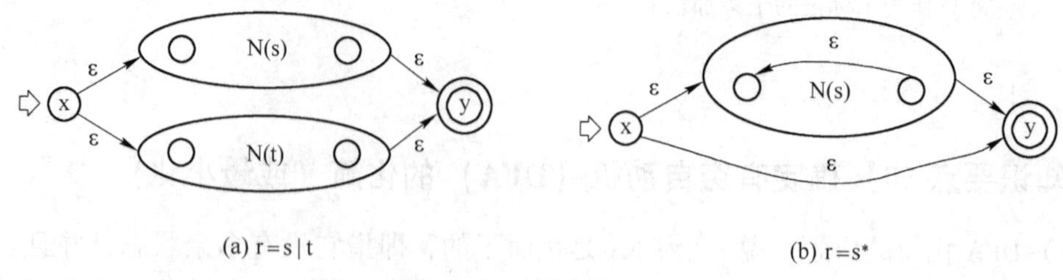

(a) r=s|t (b) r=s*

图 3-3 正规式的 NFA

（3）有穷自动机 NFA M 到正规式 r 的等价转换。首先，引入两个新结点 x，y，让 x 发出 ε 弧到达 M 所有初态，让 M 的所有终态经 ε 弧到达 y。然后，再用图 3-4 所示的消解规则消除 x，y 之外的所有结点。最后，存在于 x，y 结点之间弧上的标记串就是所求的正规式。

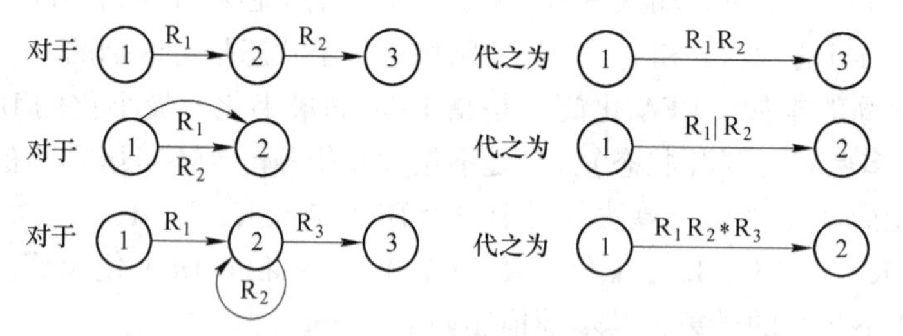

图 3-4 有穷自动机 NFA M 到正规式 r 的消解产生式

【知识要点 12】有穷自动机和正规文法的等价转换

对于 Σ 上的每个有穷自动机 NFA M，可以构造一个相应的 Σ 上的正规文法 G，使得 L(G)=L(M)；对于 Σ 上的每个正规文法 G，也可以构造一个相应的 Σ 上的有穷自动机 NFA M，使得 L(M)=L(G)。

（1）正规文法 G 到有穷自动机 NFA M 的等价转换。首先，为 G 中每个非终结符生成 M 的一个状态，开始符为初态。增加一新状态 Z，作为 NFA M 的终态。然后，对形如 A→aB 或 A→B 的产生式，构造 M 的转换函数 f(A, a)=B 或 f(A, ε)=B;对形如 A→a 的产生式，构造 M 的转换函数 f(A, a)=Z。

（2）有穷自动机 NFA M 到正规文法 G 的等价转换。首先，将转换函数 f(A, a)=B 或 f(A, ε)=B,改成形如 A→aB 或 A→B 的产生式。然后，对能识别终态 Z，增加一个产生式：Z→ε 。

【知识要点 13】词法分析程序的自动构造工具 LEX

（1）构造词法分析程序的工具有很多，例如 LEX 编译系统（简称 LEX）。这些工具都是把一个正规式编译（或称转换）为一个 NFA，进而转换为相应的 DFA。这个 NFA 或 DFA 就是识别该正规式所表示语言的句子的识别器。

（2）LEX 语言由一组单词的正规式及其相应的语义动作构成。LEX 编译系统旨在把一个用 LEX 语言编写的源程序改造成一个词法分析程序。LEX 源程序扩展名为 .l，用于对一个词法分析程序进行说明或描述，通常由一些表示正规式及与正规式相联系动作的宏定义和 C 代码段组成。LEX 源程序的改造过程如下：

①为每个正规式构造一个相应的 NFA M_i。

②引进一个初态 X，通过弧，把这些 NFA M_i 连成一个新的 NFA。

③ 用子集法把得到的 NFA 确定化成一个等价的 DFA。

（3）LEX 编译系统将读入的 LEX 语言源程序翻译成一个 C 语言格式的目标程序 lexyy. c（也就是 LEX 编译生成的词法分析程序，其中包括由正规式构造的表格形式的转换图，以及使用该表格识别单词的标准子程序）。lexyy. c 程序经由 C 语言编译器生成的目标文件 lexyy. exe 就是可执行的词法分析程序，它可以将输入字符流变换成单词流。

3.3 例题分析

【例题 3-1】 将正规式 $r=b(b|e)^*$ 转换成相应的正规文法 G。

分析与解答：

根据将正规式 r 转换成相应的正规文法 G 的转换原则：

（1）令 S 是文法的开始符号，形成初始产生式：$S\to b(b|e)^*$。

（2）将 $S\to b(b|e)^*$ 按照形如 $A\to xy$ 的正规产生式改写为 $A\to xB$ 和 $B\to y$ 两个正规产生式方法，形成两条产生式：$S\to bA$ 和 $A\to(b|e)^*$。

（3）将 $A\to(b|e)^*$ 按照形如 $A\to x^*y$ 的正规产生式改写为 $A\to xA$ 和 $A\to y$ 的方法，取 ε 充当 y，形成两条产生式：$A\to(b|e)A$ 和 $A\to\varepsilon$。

（4）将 $A\to(b|e)A$ 分解为 $A\to bA|eA$，按照对形如 $A\to x|y$ 的正规产生式改写为 $A\to x$ 和 $A\to y$ 的方法，形成两条产生式：$A\to bA$ 和 $A\to eA$。

（5）最终所得正规文法为 G[S]：

$S\to bA$

$A\to bA|eA|\varepsilon$

【例题 3-2】 给定正规式 $r=a(a|d)^*$ 和正规文法 G[S]：

$S\to dA|eB$

$A\to aA|b$

$B\to bB|c$

要求：

（1）构造与 r 等价的 NFA M 状态图，使得 L(M) = L(r)。

（2）将正规文法 G[S] 转换成等价的正规式。

分析与解答：

（1）根据由正规式 r 构造 NFA M 的方法，先将正规式 r 分解成 a 和 $(a|d)^*$ 两个子

表达式，再按照为 r 中形如“s*”的表达式构造 NFA 的规则（尽量减少 ε 弧），由子表达式（a | d）*构造一个发出 a 弧、d 弧到达本身的结点，并将该结点作为终态；再按照为 r 中形如“st”的表达式构造 NFA 的规则（尽量减少 ε 弧），增加一个起点，从此起点发出一条 a 弧到达已由（a | d）*构造出的 NFA 结点；最后，得到与 r 等价的 NFA M 状态图如图 3-5 所示。

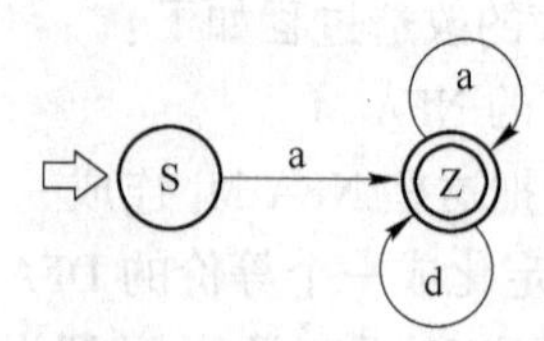

图 3-5 与正规式 r=a（a | d）*等价的 NFA M 状态图

（2）将正规文法 G 转换为正规式 r 的步骤如下：

①根据将产生式“A→xA，A→y”合写为 A=x*y 的转换规则，由产生式 A→aA | b 可得到：A→a*b；由产生式 B→bB | c 得到 B→b*c。

②根据将产生式“A→x，A→y”合写为 A=x | y 的转换规则，由产生式 S→dA | eB 可得到：S→(da*b) | (eb*c)。

故所求正规式为 r=(da*b) | (eb*c)。

【例题 3-3】 对图 3-6 所示的 NFA：

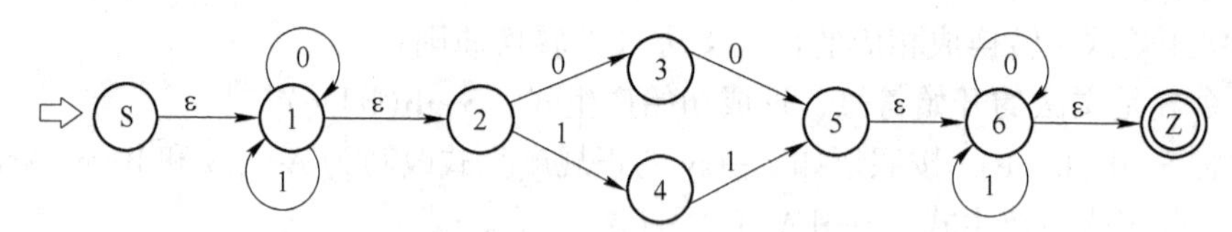

图 3-6 给定的 NFA 状态图

（1）将图 3-6 中的 NFA 确定化为 DFA。

（2）将所得的 DFA 最小化。

分析与解答：

（1）用造表法将上图所示的 NFA 确定化为 DFA 的过程：

①计算 ε-closure(NFA 的初态集) = {S，1，2}，据此用造表法计算并标记新状态，见表 3-1。

表 3-1 将 NFA 确定化为 DFA

标记并重新命名新状态		I_0	I_1
T_1（初态）	S，1，2	1，3，2	1，4，2
T_2	1，3，2	1，3，5，2，6，Z	1，4，2
T_3	1，4，2	1，3，2	1，4，5，2，6，z
T_4（终态）	1，3，5，2，6，Z	1，3，5，2，6，Z	1，4，6，2，Z
T_5（终态）	1，4，5，2，6，Z	1，3，6，2，Z	1，4，5，2，6，Z
T_6（终态）	1，4，6，2，Z	1，3，6，2，Z	1，4，5，2，6，Z
T_7（终态）	1，3，6，2，Z	1，3，5，2，6，Z	1，4，6，2，Z

②按新状态构造 DFA 如图 3-7 所示。

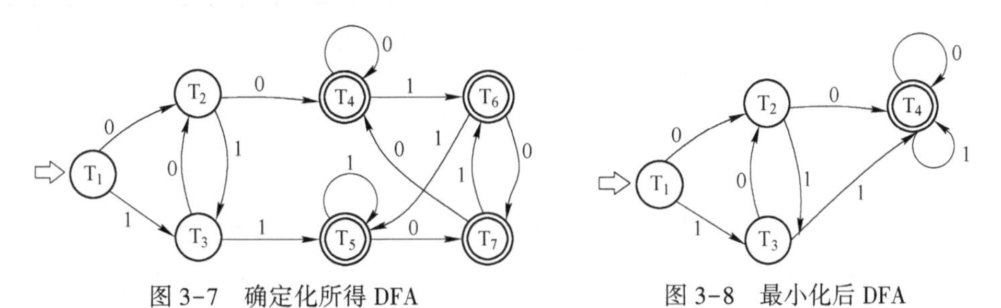

图 3-7　确定化所得 DFA　　　　图 3-8　最小化后 DFA

（2）用子集分割法将所得的 DFA 最小化，其过程见表 3-2。

表 3-2　DFA 最小化过程

步骤	子集分割依据	子集分割结果
1	是否终态	$P_1=\{T_1,\ T_2,\ T_3\}$，$P_2=\{T_4,\ T_5,\ T_6,\ T_7\}$
2	根据 0 弧分割 P_1	$P_{11}=\{T_1,\ T_3\}$，$P_{12}=\{T_2\}$
3	根据 0 弧分割 P_2	无法分割
4	根据 1 弧分割 P_{11}	$P_{111}=\{T_1\}$，$P_{112}=\{T_3\}$
5	根据 1 弧分割 P_2	无法分割

所以，DFA 的状态集最后划分为：$P=\{\{T_1\},\{T_2\},\{T_3\},\{T_4,T_5,T_6,T_7\}\}$。将每个子集对应一个状态，得最小化后 DFA，如图 3-8 所示。

【例题 3-4】 给定正规式 $r=d(a|bc)^*d$，要求：

（1）构造与 R 等价的 NFA M 状态图，使得 $L(M)=L(r)$。

（2）将所得 NFA 确定化为 DFA。

（3）将所得 DFA 最小化。

分析与解答：

（1）根据从正规式 r 构造 NFA M 的方法，首先将正规式 r 分解成 d、$(a|bc)^*$ 和 d 三个子表达式；然后，按照为 r 中形如 $r=s^*$、$r=st$、$r=s|t$ 的表达式构造 NFA 的方法构造各子表达式的 NFA；最后，得与 r 等价的 NFA M，如图 3-9 所示。

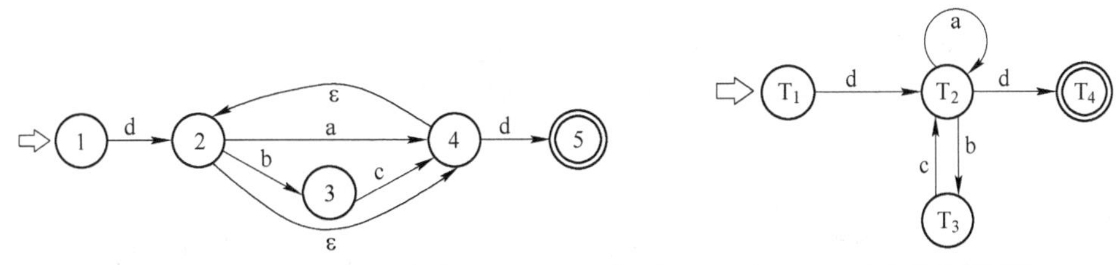

图 3-9　与正规式 r=d(a|bc)　*d 等价的 NFA M 状态图　　　　图 3-10　确定化所得到的 DFA

（2）计算 ε-closure(NFA 的初态集)=$\{1\}$，据此将 NFA 确定化为 DFA 的过程，见表 3-3。

表 3-3 将 NFA 确定化为 DFA

标记并重新命名新状态		I_a	I_b	I_c	I_d
T_1（初态）	1				2，4
T_2	2，4	2，4	3		5
T_3	3			2，4	
T_4（终态）	5				

在表 3-3 的基础上，将集合 T_1 至 T_4 各用一个状态表示，确定化的 DFA 如图 3-10 所示。

（3）DFA 的最小化步骤见表 3-4。

表 3-4 DFA 最小化过程

步骤	子集分割依据	子集分割结果
1	是否终态	$P_1=\{T_1, T_2, T_3\}$，$P_2=\{T_4\}$
2	根据 d 弧分割 P_1	$P_{11}=\{T_1\}$，$P_{12}=\{T_2\}$，$P_{13}=\{T_3\}$

所以，DFA 的状态集最后划分为：$P=\{\{T_1\},\{T_2\},\{T_3\},\{T_4\}\}$。显然，每个子集中只包含一个状态，即原 DFA 已经是最小化 DFA。

【例题 3-5】给定正规文法 G[S]：

S→aA|bB

A→bS|b

B→aS|a

（1）构造与 G[S] 等价的正规式 r，使得 L(r) = L(G)。

（2）构造与 G[S] 等价的 NFA 状态图，使得 L(M) = L(r)。

（3）将所得 NFA 确定为最小化的 DFA。

分析与解答：

（1）将 A 和 B 的产生式右部串代入 S 的产生式右部得：

S→a(bS|b)|b(aS|a)

S→ab(S|ε)|ba(S|ε)

S→(ab|ba)(S|ε)

故与 G[S] 等价的正规式 $r=(ab|ba)(ab|ba)^*$。

（2）与 G[S] 等价的 NFA 状态图如图 3-11 所示。

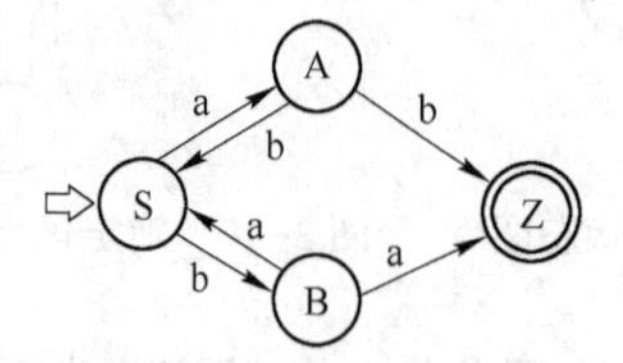

图 3-11 与 G[S] 等价的 NFA 状态图

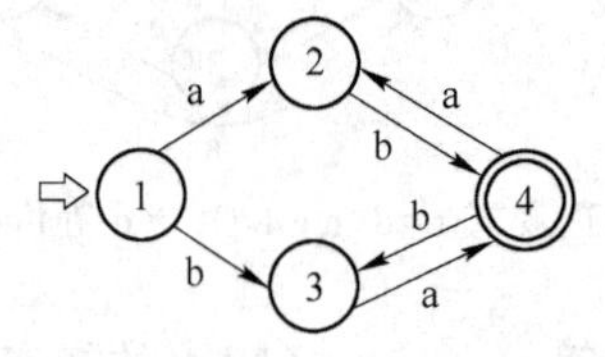

图 3-12 确定化所得 DFA

（3）计算 ε-closure（NFA 的初态集）=｛S｝，据此将题中的 NFA 确定化为 DFA 的过程见表 3-5。

表 3-5　将 NFA 确定化为 DFA

标记并重新命名新状态		I_a	I_b
1（初态）	S	A	B
2	A		SZ
3	B	SZ	
4（终态）	SZ	A	B

在表 3-5 的基础上，得到确定化后的 DFA 如图 3-12 所示。

用子集分割法将所得 DFA 最小化。DFA 最小化具体步骤如表 3-6 所示。

表 3-6　DFA 最小化过程

步骤	子集分割依据	子集分割结果
1	是否终态	P_1=｛1，2，3｝，P_2=｛4｝
2	根据 a 弧分割 P_1	P_{11}=｛1｝，P_{12}=｛2｝，P_{13}=｛3｝

由表 3-6 可见，DFA 的状态集最后划分为：P=｛｛1｝,｛2｝,｛3｝,｛4｝｝。显然，每个集合都只包含一个状态，故原 DFA 已是最小化的 DFA。

【例题 3-6】给定文法为 G[S]：

S→aA|bC
A→aA|bB|b
B→bD|aC
C→aC|bD|b
D→bB|aA
E→aB|bF
F→bD|aE|b

（1）构造与 G[S] 等价的 NFA。
（2）将所得 NFA 确定化为 DFA。
（3）将 DFA 最小化。
（4）将最小化后的 DFA 转换为等价的正规式。

分析与解答：

（1）检查文法 G[S]，发现从开始符 S 出发对任何一个句型的推导都不可能用到非终结符 E 和 F，故 E 为左部的两条产生式和 F 为左部的三条产生式都是不可达产生式，可先将它们删除。然后，为 G 中每个非终结符生成 NFA 的一个状态。开始符为初态，增加一新状态 Z，作为 NFA 的终态。再检查所有产生式，对形如 A→aB 或 A→B 的产生式，构造 M 的转换函数 f(A，a)=B 或 f(A，ε)=B；对形如 A→a 的产生式，构造 M 的转换函数 f(A，a)=Z。得到与 G[S] 等价的 NFA 如图 3-13 所示。

（2）计算 ε-closure（NFA 的初态集）=｛S｝，据此用造表法计算并标记新状态，可将

图 3-13 所示 NFA 确定化为 DFA。确定化步骤见表 3-7。

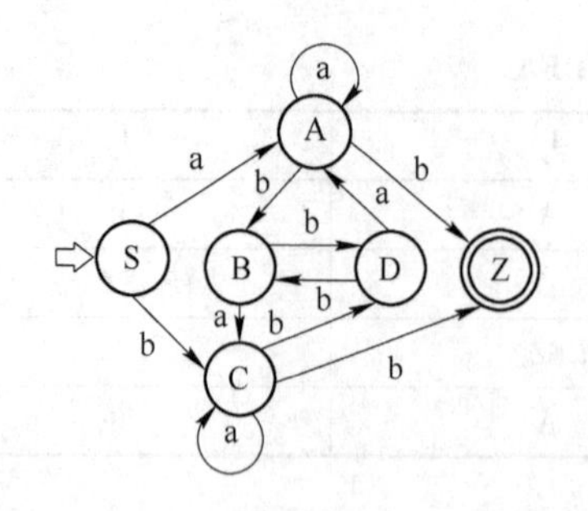

图 3-13 与 G[S] 等价的 NFA 状态图

表 3-7 将 NFA 确定化为 DFA

标记并重新命名新状态		I_a	I_b
1（初态）	S	A	C
2	A	A	BZ
3	C	C	DZ
4（终态）	BZ	C	D
5（终态）	DZ	A	B
6	D	A	B
7	B	C	D

确定化所得 DFA 如图 3-14 所示。其初态为对应原 NFA 初态集 ε-闭包的状态 1，终态为包含原 NFA 终态 Z 的子集对应的状态 4、5。

（3）用子集分割法将所得的 DFA 最小化过程：

①根据是否为终态，划分 DFA 的状态集为：

$P_0=\{\{1,2,3,6,7\},\{4,5\}\}$。

②根据各子集输出弧 a、b 所达到状态是否等价，最终划分为：

$P_1=\{\{1\},\{6,7\},\{2,3\},\{4,5\}\}$。

③将 P_1 的子集分别对应为状态 S、A、B、Z，得到最小化后 DFA 如图 3-15 所示。

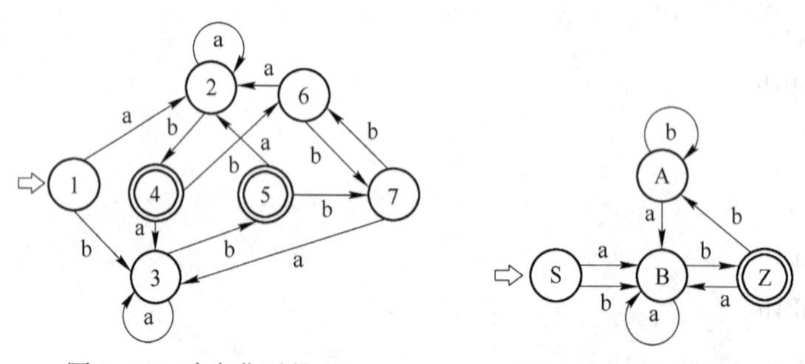

图 3-14 确定化后的 DFA　　图 3-15 最小化 DFA

（4）将最小化后的 DFA 转换为等价的正规式的过程：

①将 DFA 的状态分为两部分：{S，B}，{B，A，Z}。

分别求出这两部分对应的正规式为：

$R_1=(a\mid b)$

$R_2=a^*b\ (a\mid bb^*a)\ a^*b)^*$。

②将 R1 和 R2 连接后得到的 NFA 所对应的正规式为：

$R=(a\mid b)\ a^*b\ (a\mid bb^*a)\ a^*b)^*$。

【例题 3-7】 简述构造与 NFA M 等价的正规文法 G 的方法，并举例说明。

分析与解答：

(1) 构造与 NFA M 等价的正规文法 G 的方法如下。对转换函数 f(A，a)＝B 或

f(A, ε)=B,改成形如 A→aB 或 A→B 的产生式。对能识别的终态 Z，增加一个产生式：Z→ε 。

（2）例如：有 NFA M，其 K={S, A, B}，Σ={a, b}，f={f(S, a) =A,f(S, b)=B,f(A, b)=A,f(A, b)=S}，S=S，Z={A, B}，则与其等价的正规文法可表示为：

G[S]：

S→aA|bB

A→bA|bS|ε

B→ε

【例题 3-8】 简述 DFA 中两个状态 s 和 t 等价的条件和 DFA 最小化方法。

分析与解答：

（1）DFA 中两个状态 s 和 t 等价的两种条件如下：

①一致性条件：状态 s 和 t 必须同时为可接受态和不可接受态。

②蔓延性条件：对于所有输入符号，状态 s 和 t 必须转换到等价的状态里。

（2）对 DFA 最小化的本质是消除多余状态、合并等价状态。

DFA 最小化方法是用分割法将不含多余状态的 DFA 分成一些不相交的子集，使得任何两个不同的子集中的状态都是可区别的，而相同子集中状态都是等价的。分割时，首先将 DFA 状态分成终态子集和非终态子集，再根据输出弧所达到后继状态是否等价逐步细分。

【例题 3-9】 用二元组表示对程序段“for k:=1 step 1 until n do m:=100;”进行词法分析后得到的单词符号序列。

分析与解答：

（1）基本字 for(1,'for')。

（2）标识符 k（2，指向 k 的符号表入口的指针）。

（3）赋值号：=(4,':=')。

（4）常数 1(3,'1')。

（5）基本字 step(1,'tep')。

（6）常数 1(3,'1')。

（7）基本字 until(1,'until')。

（8）标识符 n(2，指向 n 的符号表入口的指针)。

（9）基本字 do(1,'do')。

（10）标识符 m（2，指向 m 的符号表入口的指针)。

（11）赋值号：=(4,':=')。

（12）常数 100(3,'100')。

（13）分号；（5,';')。

【例题 3-10】 简述正规式和正规集的递归定义。

分析与解答：

（1）ε 和 Φ 都是 Σ 上的正规式，它们所表示的正规集分别为 {ε} 和 { }。

（2）任何 a∈Σ，a 是 Σ 上的一个正规式，它所表示的正规集为 {a}。

（3）假定 e_1 和 e_2 都是 Σ 上的正规式，它们所表示的正规集分别为 $L(e_1)$ 和 $L(e_2)$。

那么，(e_1)，$e_1 | e_2$，$e_1 \cdot e_2$，e_1^* 也都是正规式，它们所表示的正规集分别为 $L(e_1)$，$L(e_1) \cup L(e_2)$，$L(e_1)\ L(e_2)$ 和 $(L(e_1))^*$。

(4) 仅由有限次使用上述三个步骤而定义的表达式才是 Σ 上的正规式，仅由这些正规式所表示的字集才是 Σ 上的正规集。

【例题 3-11】 简述一个符号串能被 DFA 和 NFA 所识别的概念，并举例说明。

分析与解答：

(1) 设 DFA=(K, Σ, f, S, Z)，若 $f(S, \alpha)=P \in Z$，则称符号串 $\alpha \in \Sigma^*$ 可被该 DFA 所接受（识别）。例如：有 DFA M，其 $K=\{S,A,B\}$，$\Sigma=\{a,b\}$，$f=\{f(S,a)=A, f(S,b)=B, f(A,b)=A, f(A,a)=B,\}$，$S=S$，$Z=\{A,B\}$，则符号串 aba 能被该 DFA 所识别，因为 $f(S,aba)=f(A,ba)=f(A,a)=B \in Z$。

(2) 设 NFA=(K, Σ, f, S, Z)，给定 $\alpha \in \Sigma^*$，如果有 $Z_0 \in f(S, \alpha)$ 且 $Z_0 \in Z$，则称符号串 α 可被该 NFA 所接受（识别）。例如：有 NFA M，其 $K=\{S,A,B\}$，$\Sigma=\{a,b\}$，$f=\{f(S,a)=A, f(S,b)=B, f(A,b)=A, f(A,b)=S\}$，$S=S$，$Z=\{A,B\}$，则符号串 ab 能被该 NFA 所识别，因为 $f(S,ab)=f(A,b)=\{S,A\}$，且 $A \in Z$。

【例题 3-12】 简述正规式与正规文法互换的方法。

分析与解答：

(1) 将 $\Sigma=V_T$ 上的正规式 r 换成正规文法 $G=(V_N, V_T, P, S)$ 方法如下。

①令 S→r。

②对形如 A→xy 的产生式，可分解为 A→xB，B→y。

③对形如 $A \to x^* y$ 的产生式，可分解为 A→xA，A→y。

④对形如 A→x | y 的产生式，可分解为 A→x，A→y。

反复利用上述产生式，直至所有产生式中最多只含一个终结符。

(2) 将正规文法 $G=(V_N, V_T, P, S)$ 换成 $\Sigma=V_T$ 上的正规式 r 的转换规则：

①将产生式“A→xB，B→y”合写为 A=xy。

②将产生式“A→xA，A→y”合写为 $A=x^*y$。

③将产生式“A→x，A→y”合写为 A=x | y。

反复利用上述产生式，直至只剩下一个由开始符定义的产生式，且该产生式的右部不含非终结符。至此，该产生式的右部串即为所求的正规式 r。

3.4 习 题

3-1 词法分析的结果常常是以________形式表示的单词序列。高级程序设计语言常将单词分为五类，即基本字（关键字、保留字）、________、常量、________和界符。

3-2 对任意给定的一个正规式，都可以将其转换为与之功能等价的________，或与之功能等价的________。同样，对任意给定的一个正规文法，都可以将它转换为与之功能等价的正规式，或与之功能等价的________。

3-3 构造与 NFA M 等价的正规文法 G 的方法为：对转换函数 f(A, a)=B 或 f(A, ε)=B，改成形如________或________的产生式；对可识别终态 Z，增加一个产生式：________。

3-4 设 DFA=(K, S, f, S, Z)，若 $f(S, \alpha)=P\in Z$,则称符号串 $\alpha\in\Sigma^*$ 可被该 DFA 所________。DFA 的确定性表现在状态转换函数是________函数，对 $k\in K$，即有由 f(k, a)能够________确定一个后继状态。

3-5 规定 ε 和 Φ 都是字母表 Σ 上的正规式，它们分别表示的正规集为________和 Φ；$\forall a\in\Sigma$，a 是 Σ 上的正规式，表示的正规集为 {a}；假定 e_1e_2 都是 Σ 上的正规式，对应正规集为 $L(e_1)$、$L(e_2)$，则 (e_1)、________、$e_1.e_2$ ________也是正规式，分别表示的正规集为 $L(e_1)$，$L(e_1)\cup L(e_2)$，$L(e_1)$，$L(e_2)$ 和 $(L(e_1))^*$。

3-6 所谓一个 DFA 是化简（最小化）了的，系指它________多余状态且其状态中没有相互________的。多余状态是指从自动机的________出发，任何输入串也不可达的状态。

3-7 在用五元组表示的确定的有穷自动机 DFA M=(K, V, f, S, Z) 中，元素 V 表示字母表；元素 S 表示唯一的________，它是状态集 K 的一个________；元素 f 为转换函数，是在 $K\times\Sigma\rightarrow K$ 上的映像；元素 Z 表示终态集，它是状态集 K 的一个________。

3-8 已知 M=(K, V, f, S, Z)，若 M 是 DFA，则 S 表示________，它和状态集 K 的关系是________；若 M 是 NFA，则 S 表示________，它和状态集 K 的关系是________。

3-9 设有穷自动机 M=(K, Σ, f, S, Z)，对符号串 $\alpha\in\Sigma^*$，若当 M 为________时，满足 $Z_0\in f(S, \alpha)$ 且 $Z_0\in Z$，或当 M 为________时，满足 $f(S, \alpha)=P\in Z$,则称 α 可被 M 所________。

3-10 词法分析阶段输出的单词序列表示为形如（单词种别，单词自身值或指针）的二元组形式。若规定标识符、常数、基本字、运算符、界符的种类分别用整数编码表示为 1、2、3、4、5，试用二元组表示对程序段“if k=7 then a: =b;”进行词法分析后得到的单词序列。

3-11 简述确定的有穷自动机（DFA）和不确定的有穷自动机（NFA）的五元组定义。

3-12 简述将 NFA 转换为最小化 DFA 的步骤。

3-13 构造正规式 $1(0|1)^*101$ 相应的 DFA。

3-14 将图 3-16 所示的 NFA 确定化。

3-15 将如图 3-17 所示的 NFA 确定化和最小化。

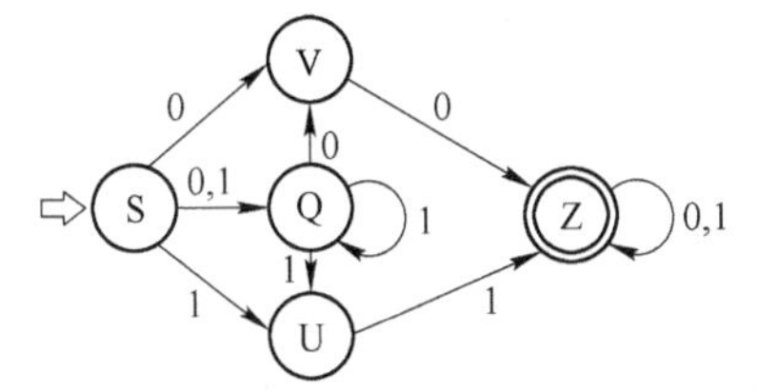

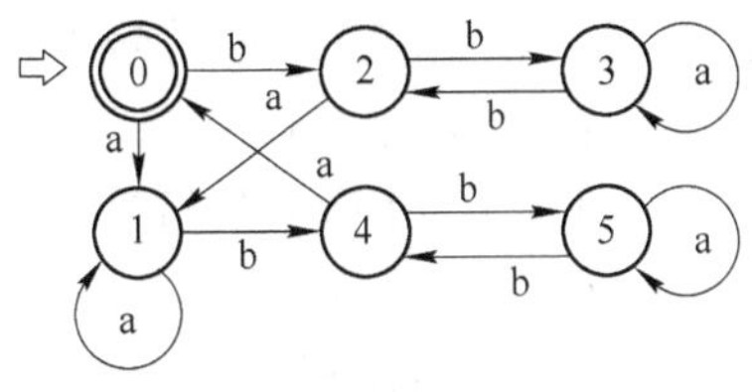

图 3-16 给定 NFA 的状态图　　图 3-17 给定 NFA 的状态图

3-16 构造一个最小化 DFA，它接收 Σ={0, 1} 上所有满足如下条件的字符串：每个 1 都有 0 直接跟在右边，并给出该语言的正规式。

3-17 给定正规文法为 G[S]：

S→aB|bA

A→aC|bA

B→bE|dD|cB

C→cB|bF|dD

D→aC

E→bE|ε

F→bE|ε

（1）构造与 G[S] 等价的 NFA。

（2）将所得 NFA 确定化为 DFA。

（3）将 DFA 最小化。

（4）将最小化后的 DFA 转换为等价的正规式。

3.5 习题解答

3-1 二元组；标识符；运算符。

3-2 正规文法；有穷自动机；有穷自动机。

3-3 A→aB；A→B；Z→ε 。

3-4 接受（识别）；单值；唯一。

3-5 {ε}；e_1 | e_2；$e_1{}^*$。

3-6 没有；等价；开始状态或初态。

3-7 初态；元素；子集。

3-8 初态；属于；初态集；被包含。

3-9 NFA；DFA；接受或识别。

3-10 对程序段"if k=7 then a:=b;"进行词法分析得到的单词序列的二元组表示如下：

（1）基本字 if(3,'if')；

（2）标识符 k（1，指向 k 的符号表入口的指针）；

（3）等号=(4,'=')；

（4）常数 7（2,'7'）；

（5）基本字 then（3,'then'）；

（6）标识符 a（1，指向 a 的符号表入口的指针）；

（7）赋值号:=(4,':=')；

（8）标识符 b（1，指向 b 的符号表入口的指针）；

（9）分号;(5,';')。

3-11 （1）确定的有穷自动机表示为一个五元组：M=(K，Σ，f，S，Z)，其中：

①K 是一有穷状态集。

②Σ 是一有穷字母表，称输入符号字母表。

③f 是转换函数，是在 K×Σ→K 上的映像。例如，$f(k_i, a)=k_j$。

④S 是唯一的一个初态。

⑤Z 为终态集，是 K 的子集，终态也称结束态或可接受态。

(2) 不确定的有穷自动机用五元组表示为 NFA M=(K，Σ，f，S，Z)，其中：

①K 是一有穷状态集。

②Σ 是一有穷字母表，称输入符号字母表。

③f 是转换函数，是在 $K \times \Sigma^* \rightarrow K$ 的全体子集的映像。

④S 为初态集，是 K 的子集。

⑤Z 为终态集，是 K 的子集，终态也称结束态或可接受态。

3-12 (1) 用造表法将 NFA 确定化过程如下：

①将表的第 0 行和第 0 列作标识行列的值。

②将 ε-closure（初态集）作为表中第 1 行第 1 列。

③假定 $\Sigma=\{a_1, a_2, \cdots a_n\}$，设第 i 行第一列已确定状态集为 I，则置该行第 i 列为 $I_{ai,}$ 如 I_{ai} 未曾在任何行第一列出现过，则将 I_{ai} 加入下一空行 i+1 的第一列，并在第 0 列标记为 T_{i+1}。

④重复第③步，直至无新状态出现为止。

⑤将每个状态集重新命名为 DFA 的一个状态。并将 ε-closure（初态集）对应的状态作为 DFA 的初态，将所有包含原 NFA 中的终态的状态集所对应的状态作为 DFA 的终态。

(2) 对 DFA 最小化的本质是消除多余状态、合并等价状态。DFA 最小化方法是用分割法将不含多余状态的 DFA 分成一些不相交的子集，使得任何两个不同的子集中的状态都是可区别的，而相同子集中状态是等价的。分割时，首先将 DFA 状态分成终态子集和非终态子集，再根据输出弧所达到后继状态是否等价逐步细分。

3-13 (1) 先构造正规式 $1(0|1)^*101$ 等价的 NFA，如图 3-18 所示。

(2) 计算 ε-closure(NFA 的初态集) = {X}，据此用造表法计算并标记新状态，可将图 3-18 所示 NFA 确定化为 DFA。确定化步骤见表 3-8，所得 DFA 如图 3-19 所示。

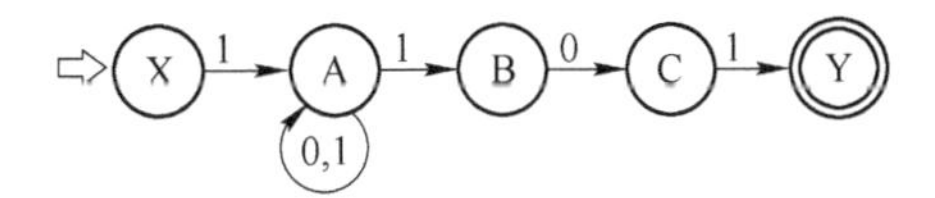

图 3-18　与正规式 $1(0|1)^*101$ 等价的 NFA 状态图

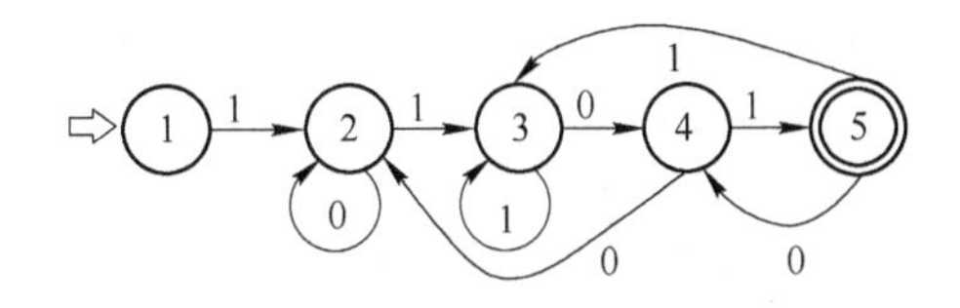

图 3-19　确定化的 DFA

表 3-8　将 NFA 确定化为 DFA

标记并重新命名新状态		I_0	I_1
1（初态）	X		A
2	A	A	AB
3	AB	AC	AB

续表 3-8

标记并重新命名新状态		I_0	I_1
4	AC	A	ABY
5（终态）	ABY	AC	AB

3-14 计算 ε-closure(NFA 的初态集)={S}，据此用造表法计算并标记新状态，可将图 3-16 所示的 NFA 确定化为 DFA，其过程见表 3-9。

表 3-9 将 NFA 确定化为 DFA

标记并重新命名新状态		I_0	I_1
S（初态）	S	VQ	QU
A	VQ	VZ	QU
B	QU	V	QUZ
C（终态）	VZ	Z	Z
D	V	Z	
E（终态）	QUZ	VZ	QUZ
F（终态）	Z	Z	Z

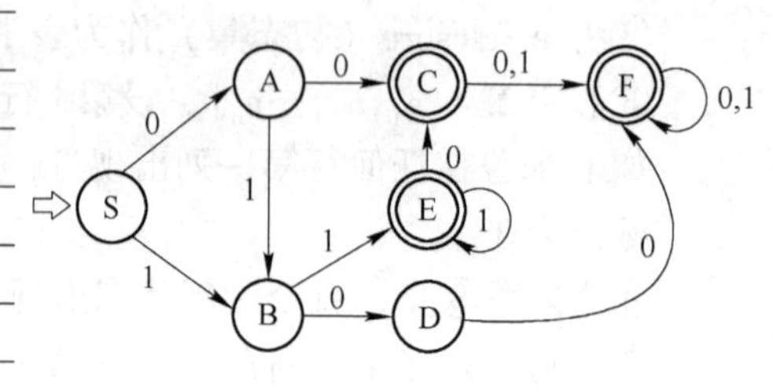

图 3-20 确定化的 DFA

因此，所得 DFA 如图 3-20 所示。

3-15 （1）将图 3-17 所示 DFA 最小化的步骤见表 3-10。

表 3-10 DFA 最小化过程

步骤	子集分割依据	子集分割结果
1	是否终态	$P_1=\{1,2,3,4,5\}$，$P_2=\{0\}$
2	根据 a 弧分割 P_1	$P_{11}=\{4\}$，$P_{12}=\{1,2,3,5\}$
3	根据 b 弧分割 P_{12}	$P_{121}=\{1,5\}$，$P_{122}=\{2,3\}$
4	根据 a 弧分割 P_{121}	不可分
5	根据 a 弧分割 P_{122}	$P_{1221}=\{2\}$，$P_{1222}=\{3\}$
6	根据 b 弧分割 P_{121}	不可分

所以，DFA 的状态集最后划分为：$P=\{\{0\},\{1,5\},\{2\},\{3\},\{4\}\}$。

（2）最小化后的 DFA 如图 3-21 所示。

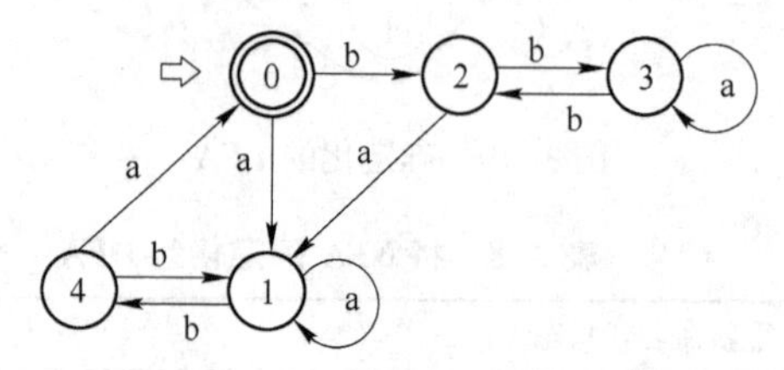

图 3-21 最小化后所得 DFA

3-16 （1）按题意，接收 Σ={0, 1} 上所有满足每个 1 都有 0 直接跟在右边这一个条件

的字符串所对应的正规式可以是 $(0^* 10)^* 0^*$、$0^*(0|10)^* 0^*$ 或其他。现以 $0^*(0|10)^*0^*$ 为例，构造相应的等价 NFA，然后再确定化为 DFA。首先，构造 $0^*(0|10)^*0^*$ 的 NFA 如图 3-22 所示。

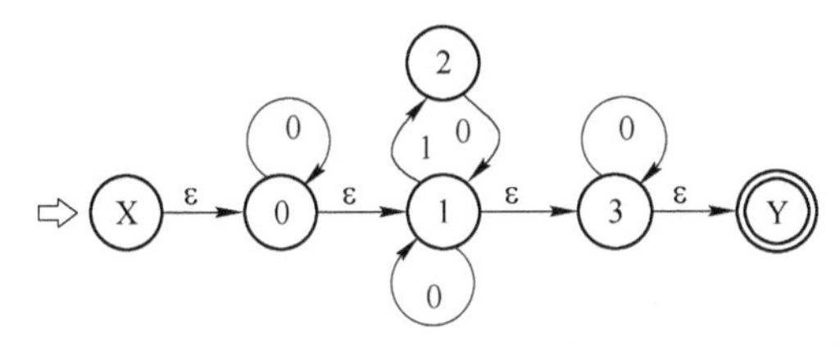

图 3-22 与正规式 $0^*(0|10)^*0^*$ 等价的 NFA 状态图

（2）计算 ε-closure(NFA 的初态集) = {X, 0, 1, 3, Y}，据此用造表法计算并标记新状态，可将 NFA 确定化为 DFA，其确定化过程见表 3-11。

所得 DFA 的状态见图 3-23。

表 3-11 将 NFA 确定化为 DFA

标记并重新命名新状态		I_0	I_1
1（初态、终态）	X, 0, 1, 3, Y	0, 1, 3, Y	2
2（终态）	0, 1, 3, Y	0, 1, 3, Y	2
3	2	1, 3, Y	
4（终态）	1, 3, Y	1, 3, Y	2

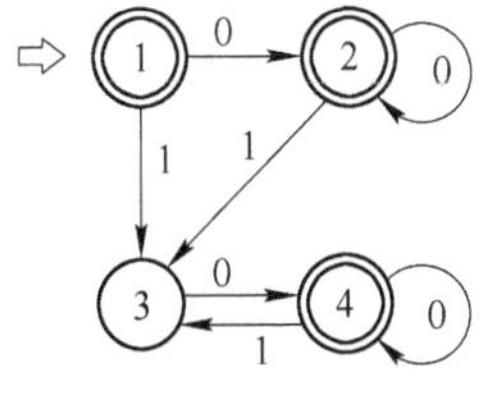

图 3-23 确定化的 DFA

（3）该 DFA 最小化过程如下：

初始分划得终态组为 {1, 2, 4}，非终态组为 {3}。由于 $\{1, 2, 4\}_0$ = {1, 2, 4}，$\{1, 2, 4\}_1$ = {3}，所以 1, 2, 4 为等价状态，可合并，标记为状态 A。最后，将状态 3 标记为 B，所得最小化 DFA 的状态如图 3-24 所示。

3-17 （1）首先为 G 中每个非终结符生成 NFA 的一个状态，开始符为初态，增加一新状态 Z，作为 NFA 的终态。然后检查所有产生式，对形如 A→aB 或 A→B 的产生式，构造 M 的转换函数 f(A, a)= B 或 f(A, ε)= B；对形如 A→a 的产生式，构造 M 的转换函数 f(A, a)= Z。故与 G[S] 等价的 NFA 如图 3-25 所示。

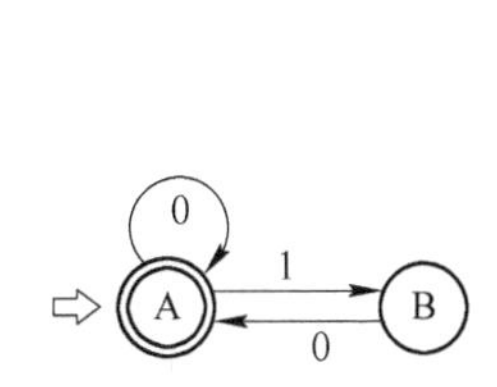

图 3-24 最小化 DFA 的状态图

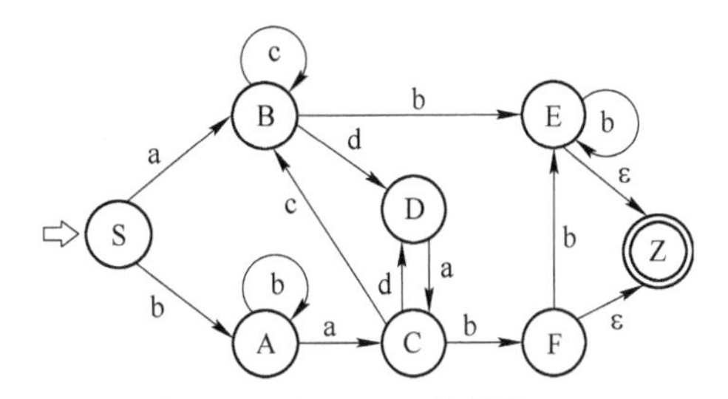

图 3-25 与 G[S] 等价的 NFA

（2）计算 ε-closure(NFA 的初态集)= {S}，据此用造表法计算并标记新状态，可将将 NFA 确定化为图 3-26 所示的 DFA，确定化步骤如表 3-12 所示。

表 3-12 NFA 确定化为 DFA

标记并重新命名	新状态	I_a	I_b	I_c	I_d
1（初态）	S	B	A		
2	B		EZ	B	D
3	A	C	A		
4（终态）	EZ		EZ		
5	D	C			
6	C		FZ	B	D
7（终态）	FZ		EZ		

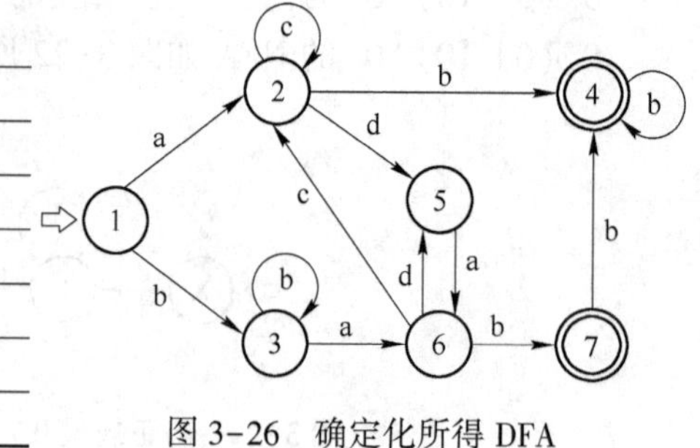

图 3-26 确定化所得 DFA

(3) 用子集分割法将所得的 DFA 最小化过程如下：

①根据是否为终态，将 DFA 的状态集划分为：P_0={{1，2，3，5，6}，{4，7}}。

②根据各子集输出弧 a、b、c、d 所达到状态是否等价，最终划分为：P_1 = {{1，3}，{2，6}，{5}，{4，7}}。

③将 P_1 的子集分别对应状态 S、A、B、Z，得最小化后 DFA 如图 3-27 所示。

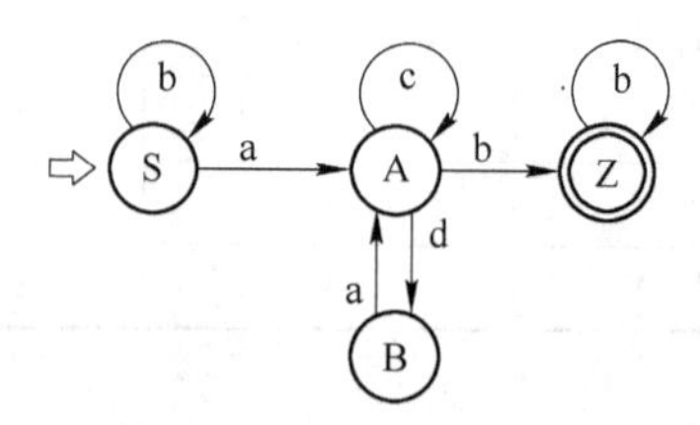

图 3-27 最小化的 DFA

(4) 将最小化后的 DFA 转换为等价的正规式的过程如下：

①将 DFA 的状态分为三部分：{S}，{A，B}，{Z}。分别求出这三部分对应的正规式为：$R_1=b^*a$，$R_2=(c\mid da)^*b$，$R_3=b^*$。

②将 R_1、R_2 和 R_3 连接后得 NFA 对应的正规式为 $R=b^*a(c\mid da)^*bb^*$。

自顶向下语法分析

4.1　知识结构

本章的知识结构如图 4-1 所示。

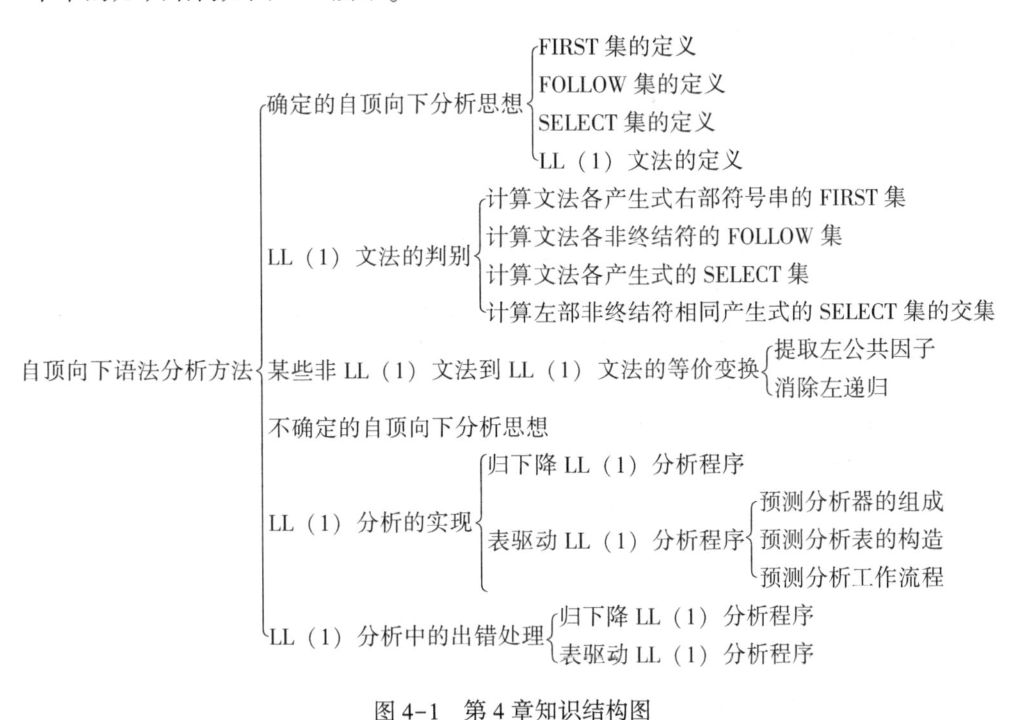

图 4-1　第 4 章知识结构图

4.2　知识要点

本章的知识要点主要包括以下内容：

【知识要点 1】语法分析程序的作用及语法分析方法的分类

（1）语法分析是编译程序的核心部分之一，其作用是识别由词法分析给出的单词符号序列是否为给定文法的正确句子（程序）。

（2）常用的语法分析方法有自顶向下（自上而下）分析和自底向上（自下而上）分析两大类。而自底向上分析又可分为算符优先分析和 LR 分析。这三种分析方法各有优缺点。

【知识要点 2】自顶向下分析方法及分类

（1）自顶向下分析方法也称面向目标的分析方法，是从文法的开始符号出发，试图推导出与输入的单词符号串完全相匹配的句子，若输入串是给定文法的句子，则必能推出，反之必然出错。

（2）自顶向下分析方法又可分为确定的分析方法和不确定的分析方法两种。确定的分析方法（如预测分析方法、递归子程序法）须对文法有一定的限制，但由于实现方法简单、直观，便于手工构造或自动生成语法分析器，因而仍是目前常用的方法。不确定的分析方法即带回溯的分析方法，实际上是一种穷举的试探方法，效率低、代价高，因而极少使用。

【知识要点 3】规范句型

最左（最右）推导是指在推导的任何一步 $\alpha \Rightarrow \beta$（其中 α、β 是句型），都是对 α 中的最左（右）边的非终结符进行替换。最右推导被称为规范推导。由规范推导所得的句型称为右句型，也称规范句型。

【知识要点 4】文法符号串的开始符号集 FIRST 集

（1）FIRST 集的定义。一个文法符号串的开始符号集合定义如下：

设 $G=(V_T, V_N, P, S)$ 是上下文无关文法，$FIRST(\alpha)=\{a \mid \alpha =^* > a\beta, a \in V_T, \alpha, \beta \in V^*\}$，若 $\alpha =^* > \varepsilon$，则规定 $\varepsilon \in FIRST(\alpha)$。

（2）FIRST 集的计算。计算 FIRST 集可用如下两种方法：

①根据定义计算。对每一文法符号 $X \in V$，计算 $FIRST(X)$ 的方法如下：

（a）若 $X \in V_T$，则 $FIRST(X)=\{X\}$。

（b）若 $X \in V_N$，且有产生式 $X \to a\cdots$，$a \in V_T$，则 $a \in FIRST(X)$。

（c）若 $X \in V_N$，$X \to \varepsilon$，则 $\varepsilon \in FIRST(X)$。

（d）若 $X \in V_N$；$Y_1, Y_2, \cdots, Y_i \in V_N$，且有产生式 $X \to Y_1Y_2\cdots Y_n$；当 $Y_1Y_2\cdots Y_{i-1}$ $(1 \leqslant i \leqslant n)$ 都能 $=^* > \varepsilon$ 时，则 $FIRST(Y_1)$、$FIRST(Y_2)$、…、$FIRST(Y_{i-1})$ 的所有非 $\{\varepsilon\}$ 元素和 $FIRST(Y_i)$ 都包含在 $FIRST(X)$ 中。

（e）当（d）中所有的 $Y_i(i=1, 2, \cdots, n)$ 都能 $=^* > \varepsilon$，则：

$$FIRST(X)=FIRST(Y_1) \cup FIRST(Y_2) \cup \cdots \cup FIRST(Y_n) \cup \{\varepsilon\}$$

反复使用上述（b）~（e）步骤，直到每个符号的 FIRST 集合不再增大为止。

求出每个文法符号的 FIRST 集合后，也就不难求出一个符号串的 FIRST 集合。

②根据关系图计算。每个文法符号对应图中一个结点，对应终结符的结点时，用符号本身标记；对应非终结符的结点时，用 $FIRST(A)$ 标记。这里 A 表示非终结符。如果文法中有产生式 $A \to \alpha X\beta$，且 $\alpha =^* > \varepsilon$，则从 A 结点到 X 的结点连一条箭弧。凡是从 $FIRST(A)$ 结点有路径可到达的终结符结点所标记的终结符，都为 $FIRST(A)$ 的成员。如果某个非终结符能够 $=^* > \varepsilon$，则将 ε 加入该非终结符的 FIRST 集中。

【知识要点 5】文法非终结符的向前搜索符的集合 FOLLOW 集

（1）FOLLOW 集的定义。文法非终结符的向前搜索符的集合如下：

设 $G=(V_T, V_N, P, S)$ 是上下文无关文法，$A\in V_N$，S 是开始符号，$FOLLOW(A)=\{a \mid S\overset{*}{=}>\mu A\beta$，且 $a\in V_T$，$a\in FIRST(\beta)$，$\mu\in V_T^*$，$\beta\in V^+\}$，若 $S\overset{*}{=}>\mu A\beta$，且 $\beta\overset{*}{=}>\varepsilon$，则 $\#\in FOLLOW(A)$。#是输入串的结束符，也称句子括号。

也可定义为：$FOLLOW(A)=\{a \mid S\overset{*}{=}>\cdots Aa\cdots, a\in V_T\}$，若 $S\overset{*}{==}>A$，则规定 $\#\in FOLLOW(A)$。

（2）FOLLOW 集的计算

1）根据定义计算。对文法中每一 $A\in V_N$ 计算 FOLLOW(A)：

①设 S 为文法开始符，把 {#} 加入 FOLLOW(S) 中（这里“#”为句子括号）。

②如果 $A\to\alpha B\beta$ 是文法的一个产生式，则把 FIRST(β) 的非空元素加入 FOLLOW(B) 中。如果 $\beta\overset{*}{=}>\varepsilon$ 则把 FOLLOW(A) 也加入 FOLLOW(B) 中。

③反复计算（b），直到每个非终结符的 FOLLOW 集不再增大为止。

2）根据关系图计算。文法 G 中的每个符号和“#”对应图中的一个结点，对应终结符和“#”的结点用符号本身标记。对应非终结符的结点（如 $A\in V_N$）则用 FOLLOW(A) 或 FIRST(A) 标记。

①从开始符号 S 的 FOLLOW(S) 结点到“#”号的结点连一条箭弧。

②如果文法中有产生式 $A\to\alpha B\beta X$，且 $\beta\overset{*}{=}>\varepsilon$，则从 FOLLOW(B) 结点到 FIRST(x) 结点连一条弧，当 $X\in V_T$ 时，则与 X 相连。

③如果文法中有产生式 $A\to\alpha B\beta$，且 $\beta\overset{*}{=}>\varepsilon$，则从 FOLLOW(B) 结点到 FOLLOW(A) 结点连一条箭弧。

④对每一个 FIRST(A) 结点，如果有产生式 $A\to\alpha X\beta$，且 $\alpha\overset{*}{=}>\varepsilon$，则从 FIRST(A) 到 FIRST(X) 连一条箭弧。

⑤凡是从 FOLLOW(A) 结点有路径可以到达的终结符或" #" 号的结点，其所标记的终结符或“#”号即为 FOLLOW(A) 的成员。

【知识要点 6】产生式的选择集 SELECT 集

对于给定文法的任意产生式 $A\to\alpha$，$A\in V_N$，$\alpha\in V^*$，如果 α 不能 $\overset{*}{=}>\varepsilon$，则 $SELECT(A\to\alpha)=FIRST(\alpha)$；如果 $\alpha\overset{*}{=}>\varepsilon$，则 $SELECT(A\to\alpha)=\{FIRST(\alpha)-\{\varepsilon\}\}\cup FOLLOW(A)$。

【知识要点 7】LL(1) 文法的含义及定义

（1）LL(k) 文法的含义。第一个 L 表明自顶向下分析是从左向右扫描输入串，第二个 L 表明分析过程中将用最左推导，“1”表明只需向右看一个符号便可决定选择哪个产生式进行推导；类似地也可以有 LL(k) 文法，也就是需向前查看 k 个符号，才可确定选用哪个产生式。通常采用 k=1，个别情况采用 k=2。

（2）LL(1) 文法的定义。能够使用自顶向下分析技术进行分析的文法，必须是 LL(1) 文法。一个上下文无关文法是 LL(1) 文法的充分必要条件是：文法中每个非终结符 A 的任意两个不同产生式 $A\to\alpha$ 和 $A\to\beta$，都必须满足 $SELECT(A\to\alpha)\cap SELECT(A\to\beta)=\Phi$（其中 α，β 不能同时 $\overset{*}{=}>\varepsilon$）。

也可这样定义：一个文法 G 是 LL(1) 文法，当且仅当对于 G 中每一个非终结符 A 的任何两个不同产生式 $A \to \alpha \mid \beta$ 都满足如下条件：

① $FIRST(\alpha) \cap FIRST(\beta) = \Phi$，即 α 和 β 不能推导出以相同终结符开头的符号串来，也不能推导出 ε 来。

②假若 $\beta \stackrel{*}{\Rightarrow} \varepsilon$，则要求 $FIRST(\alpha) \cap FOLLOW(A) = \Phi$，也即若 $\beta \stackrel{*}{\Rightarrow} \varepsilon$，则 α 所能推出的串首符号不应出现在 FOLLOW(A) 中。

(3) 结论：LL(1) 文法是无二义性文法。

【知识要点 8】LL(1) 文法的判别

根据文法是否满足 LL(1) 文法的充要条件，按以下步骤进行判别：

(1) 画出各个非终结符能否推导出 ε 的情况表。

(2) 用定义法或关系图法计算 FIRST、FOLLOW 集。

(3) 计算各产生式的 SELECT 集。

(4) 根据左部相同的产生式，检查各个产生式的 SELECT 集是否相交，来判断给定文法是否为 LL(1) 文法。

【知识要点 9】非 LL(1) 文法到 LL(1) 文法的等价变换

(1) 左公共因子的定义。若文法中含有形如 $A \to \alpha\beta \mid \alpha\gamma$ 的产生式，会导致具有相同左部的产生式右部的 FIRST 集相交，也就是 $SELECT(A \to \alpha\beta) \cap SELECT(A \to \alpha\gamma) \neq \Phi$，不满足 LL(1) 文法的充分必要条件。

(2) 提取左公共因子。通过提取左公共因子，可将产生式 $A \to \alpha\beta \mid \alpha\gamma$ 等价变换为：

$$A \to \alpha(\beta \mid \gamma)$$

进一步引进新非终结符 A′，产生式变换为：

$$A \to \alpha A'$$

$$A' \to \beta \mid \gamma$$

对一般形式的产生式：$A \to \alpha\beta_1 \mid \alpha\beta_2 \mid \cdots \mid \alpha\beta_n$，则提取左公共因子后变为：

$$A \to \alpha\ (\beta_1 \mid \beta_2 \mid \cdots \mid \beta_n)$$

再引进非终结符 A′，变为：

$$A \to \alpha A'$$

$$A' \to \beta_1 \mid \beta_2 \mid \cdots \mid \beta_n$$

若在 β_i、β_j、β_k，…（其中 $1 \leqslant i, j, k \leqslant N$）中仍含有左公共因子，这时可再次提取。经反复提取，直到引进新非终结符的有关产生式再无左公共因子为止。

(3) 左递归的定义。设一个文法含有下列形式的产生式：

①$A \to A\beta(A \in V_N,\ \beta \in V^*)$；

②$A \to B\beta,\ B \to A\alpha(A、B \in V_N,\ \alpha,\ \beta \in V^*)$。

则称含有形如①中产生式的文法为含有直接左递归的文法，称含有形如②中产生式的文法为含有间接左递归的文法。含有形如①或②的产生式，或两者都含有的文法均认为是左递归文法。左递归文法不能进行自顶向下分析。

(4) 消除直接左递归。假定关于 A 的全部产生式是：

$A \to A\alpha_1 \mid A\alpha_2 \mid \cdots \mid A\alpha_m \mid \beta_1 \mid \beta_2 \mid \cdots \mid \beta_n$

其中，$\alpha_i(1 \leqslant i \leqslant M)$ 不等于 ε，$\beta_j(1 \leqslant j \leqslant N)$ 不以 A 开头，消除直接左递归后改写为：

$A \to \beta_1 A' \mid \beta_2 A' \mid \cdots \mid \beta_n A'$

$A' \to \alpha_1 A' \mid \alpha_2 A' \mid \cdots \mid \alpha_m A' \mid \varepsilon$

（5）消除间接左递归。先将间接左递归变为直接左递归，再消除直接左递归。

（6）消除文法中一切左递归的算法。对文法中一切左递归的消除，要求文法中不含回路即无 $A \stackrel{+}{\Rightarrow} A$ 的推导。满足这个要求的充分条件是，文法中不包含形如 $A \to A$ 的有害产生式和 $A \to \varepsilon$ 的空产生式。消除文法中一切左递归的算法步骤描述如下：

①把文法的所有非终结符按某一顺序排序，如 A_1，A_2，…，A_n。

②从 A_1 开始消除左部为 A_1 的产生式的直接左递归，然后把左部为 A_1 的所有产生式的右部代入那些左部为 A_2 右部以 A_1 开头的产生式中，再消除左部为 A_2 的产生式中的直接左递归。继而以同样方式，把 A_1，A_2 的右部代入那些左部为 A_3 右部以 A_1 或 A_2 开头的产生式中，消除左部为 A_3 的产生式中的直接左递归。依此类推，直到把左部为 A_1，A_2，…，A_{n-1} 的右部代入左部为 A_n 的产生式中，从 A_n 中消除直接左递归为止。

上述算法可用如下伪码描述：

```
若非终结符的排序为 A1,A2,…,An。
FOR i:=1 TO n DO
    BEGIN
        FOR j:=1 TO i-1 DO
            BEGIN
                若 Aj 的所有产生式为:Aj→δ1|δ2|…|δk
                则将形如 Ai→Ajr 的产生式变为:Ai→δ1r|δ2r|…|δkr
            END
        消除 Ai 中的一切直接左递归。
    END
```

③删除无用产生式。

【知识要点 10】递归子程序法

（1）递归子程序法是一种简单、直观且易于构造的语法分析方法。教材第 1 章中介绍的 PL/0 编译程序的语法分析部分，就采用了递归子程序法。该方法要求文法必须是 LL(1) 文法。

（2）递归子程序法实现思想：对应文法中每个非终结符，编写一个递归过程，每个过程的功能是识别由该非终结符推出的串。当某非终结符的产生式有多个候选时，能够按 LL(1) 形式唯一地确定选择某个候选进行推导。

（3）递归子程序法对每个过程都可能存在直接或间接的递归调用，通常需要在入口时保留某些信息，出口时需恢复。由于递归过程遵循先进后出的规律，故需要开辟先进后出栈来处理。

（4）递归子程序法的缺点：该方法的一个缺点是，对文法要求高，要求文法必须满足

LL(1) 文法（但对某些语言中出现的个别产生式的推导不满足 LL(1) 而满足 LL(2) 时，也可以采用多向前扫描一个符号的递归子程序方法进行推导）。该方法的另一个缺点是，递归调用会导致速度慢且占用空间多。尽管这样，该方法还是许多高级语言（例如 PASCAL、C 等）编译系统常常采用的语法分析方法。

【知识要点 11】预测分析器的组成

一个预测分析器是由三个部分组成：

（1）预测分析程序（总控程序）。

（2）先进后出栈。

（3）预测分析表。

其中，预测分析表与文法有关，可用一个矩阵 M(或称二维数组）表示。矩阵元素 M[A，a]的下标 A 表示非终结符，a 表示终结符或句子括号#。M[A，a] 中存放的内容是关于 A 的一条产生式，表示当用非终结符 A 向下推导且面临输入符 a 时，所应选取的候选产生式。如果 M[A，a] 内容为空，则表明用 A 向下推导时遇到了不该出现的符号，应该报错。

【知识要点 12】预测分析表的构造

预测分析表可以表示为一个形如 M[A，a] 的二维矩阵，其中 $A \in V_N$，$a \in V_T$ 或#。若有产生式 $A \to \alpha$，使得 $a \in SELECT(A \to \alpha)$，则将 $A \to \alpha$ 填入 M[A，a] 中。书写时，通常省略产生式左部，只填 $\to \alpha$。所有没有值的 M[A，a]，标记为出错。

【知识要点 13】预测分析算法

假设约定#表示句子结束符，S 表示文法开始符，a 表示当前输入符号（即输入指针指向的符号），X 表示工作栈的栈顶符号，则预测分析算法的伪码描述如下：

```
#和 S 进栈;//初始化工作
    do{
        x=当前栈顶符号;
        a=当前输入符号;
        if(X∈V_T∪{#}){
          if(X==a){
          if(X!=#){将 X 弹出,且前移输入指针前移一个字符单位}
                    }
          else
             error();}
        else{
          if(M[X,a]==Y_1Y_2…Y_k)
               {将 X 弹出;依次将 Y_k…Y_2Y_1 压入栈;}
          else error()};
          };
  }while(X!=#);
```

4.3 例题分析

【例题 4-1】 给定文法 G[S]：

S→Ac|c
A→Bb|b
B→Sa|a

(1) 判断 G[S] 是否含有左递归或左公共因子，是否为 LL(1) 文法。
(2) 若 G[S] 不是 LL(1) 文法，将其改造为 LL(1) 文法。

分析与解答：

(1) 该文法含有间接左递归，不含左公共因子。它不是 LL(1) 文法，因为：

SELECT(S→Ac)= {a,b,c}
SELECT(S→c)= {c}
SELECT(A→Bb)= {a,b,c}
SELECT(A→b)= {b}
SELECT(B→Sa)= {a,b,c}
SELECT(B→a)= {a}

从而有：

SELECT(S→Ac)∩SELECT((S→c)= {c}
SELECT(A→Bb)∩SELECT(A→b)= {b}
SELECT(B→Sa)∩SELECT(B→a)= {a}。

(2) G[S] 不是 LL(1) 文法，将其改造为 LL(1) 文法的步骤如下：
首先，将 B 的右部代入 A 产生式得：

A→Sab|ab|b

将 A 的右部代入 S 产生式得：

S→Sabc|abc|bc|c

然后，消除关于 S 的直接左递归得：

S→abcS′|bcS′|cS′
S′→abcS′|ε

最后，删除如下多余的产生式：

A→Sab|ab|b
B→Sa|a

结果为 G[S]：

S→abcS′|bcS′|cS′
S′→abcS′|ε。

由于：

SELECT(S→abcS′)={a}
SELECT(S→bcS′)={b}
SELECT(S→cS′)={c}
SELECT(S′→abcS′)={a}
SELECT(S′→ε)={#}

从而有：

SELECT(S→abcS′)∩SELECT(S→bcS′)∩SELECT(S→cS′)=Φ
SELECT(S′→abcS′)∩SELECT(S′→ε)=Φ

故改造后的G[S]为LL(1)文法。

【例题 4-2】已知G[S]：

S→b|c|dMe
M→SM′
M′→aSM′|ε

（1）构造G[S]的预测分析表。

（2）给出输入串dbace#的分析过程，并说明该串是否为G[S]的句子。

分析与解答：

（1）首先计算G[S]中各产生式的SELECT集见表4-1，再根据SELECT集构造预测分析表，见表4-2。

表4-1 G[S]中各产生式的SELECT集的计算

产生式	SELECT集
S→b	b
S→c	c
S→dMe	d
M′→aSM′	a
M′→ε	e
M→SM′	b、c、d

表4-2 G[S]的预测分析表

	b	c	d	a	e	#
S	→b	→c	→dMe			
M′				→aSM′	→ε	
M	→SM′	→SM′	→SM′			

（2）输入串dbace#的分析过程见表4-3。

表 4-3　输入串 dbace#的分析过程

步骤	分析栈	当前输入串	推导所用产生式或匹配情况
1	#S	dbace#	S→dMe
2	#eMd	dbace#	d 匹配
3	#eM	bace#	M→SM′
4	#eM′S	bace#	S→b
5	#eM′b	bace#	b 匹配
6	#eM′	ace#	M′→aSM′
7	#eM′Sa	ace#	a 匹配
8	#eM′S	ce#	S→c
9	#eM′c	ce#	c 匹配
10	#eM′	e#	M′→ε
11	#e	e#	e 匹配
12	#	#	接受

由表 4-3 可知，用预测分析方法对串 dbace#分析成功，故串 dbace#是 G[S] 的句子。

【例题 4-3】 G[E]：

E→TE′

E′→+TE′|ε

T→FT′

T′→ * FT′|ε

F→(E)|i

(1) 构造 G[E] 的预测分析表。

(2) 对输入串 w=i+i * i#进行分析，并判断该串是否为文法 G[E] 的句子。

分析与解答：

(1) 计算 G[E] 中各产生式的 SELECT 集见表 4-4。

表 4-4　G[S] 中各产生式的 SELECT 集

产生式	SELECT 集	SELECT 集的交集
E→TE′	(, i	
E′→+TE′	+	Φ
E′→ε	#,)	
T′→ * FT′	*	Φ
T′→ε	+, #,)	
T→FT′	(, i	
F→i	i	Φ
F→ (E)	(	

由表 4-1 可知，G[E] 是 LL(1) 文法。

根据 SELECT 集构造 G[E] 的预测分析矩阵 M[X, a] 见表 4-5。

表 4-5 G[E] 的预测分析表

	i	+	*	(	)	#
E	→TE′			→TE′		
E′		→+TE′			→ε	→ε
T	→FT′			→FT′		
T′		→ε	→*FT′		→ε	→ε
F	→i			→(E)		

(2) 根据预测分析表，对串 w=i+i*i#进行分析的过程见表 4-6。

表 4-6 输入串 i+i*i#的分析过程

步骤	分析栈	当前输入串	推导所用产生式或匹配情况
1	#E	i+i*i#	E→TE′
2	#E′T	i+i*i#	T→FT′
3	#E′T′F	i+i*i#	F→i
4	#E′T′i	i+i*i#	i 匹配
5	#E′T′	+i*i#	T′→ε
6	#E′	+i*i#	E′→+TE′
7	#E′T+	+i*i#	+匹配
8	#E′T	i*i#	T→FT′
9	#E′T′F	i*i#	F→i
10	#E′T′i	i*i#	i 匹配
11	#E′T′	*i#	T′→*FT′
12	#E′T′F*	*i#	*匹配
13	#E′T′F	i#	F→i
14	#E′T′i	i#	i 匹配
15	#E′T′	#	T′→ε
16	#E′	#	E′→ε
17	#	#	接受

由表 4-6 可知，用预测分析方法对串 i+i*i#分析成功，故串 w 是文法 G[E] 的句子。

【例题 4-4】 已知 G[S]:

S→Aa|b

A→SB

B→ab

(1) 将 G[S] 改造为 LL(1) 文法。

(2) 构造 G[S] 的预测分析表。

(3) 给出输入串 baba#的预测分析过程，并说明该串是否为 G[S] 的句子。

(4) 给出输入串 bab#的预测分析过程，并说明该串是否为 G[S] 的句子。

分析与解答：

(1) 将 G[S] 中所含有的间接左递归先化为直接左递归，然后通过引入新非终结符和 ε 产生式的方法，消除直接左递归。

用产生式 A→SB 的右部代入 S→Aa，得：

S→SBa | b

B→ab

消除产生式 S→SBa 所含的直接左递归后变为：

S→bN

N→BaN | ε

B→ab

最后，消除无用产生式 A→SB。

消除左递归后的文法 G[S] 为：

S→bN

N→BaN | ε

B→ab

由于 SELECT(N→BaN) ∩ SELECT(N→ε) = {a} ∩ {#} = Φ，所以消除左递归后的 G[S]是 LL(1) 文法。

(2) 根据 SELECT 集构造预测分析表，见表 4-7。

表 4-7　G[S] 的预测分析表

	a	b	#
S		→bN	
N	→BaN		→ε
B	→ab		

(3) 根据预测分析表，对输入串 baba#进行分析的过程见表 4-8。由表 4-8 可知，用预测分析方法对输入串 baba#分析成功，故输入串 baba#是文法 G[S] 的句子。

表 4-8　输入串 baba#的分析过程

步骤	分析栈	当前输入串	推导所用产生式或匹配情况
1	#S	baba#	S→bN
2	#Nb	baba#	b 匹配
3	#N	aba#	N→BaN
4	#NaB	aba#	B→ab
5	#Naba	aba#	a 匹配
6	#Nab	ba#	b 匹配
7	#Na	a#	a 匹配

续表 4-8

步骤	分析栈	当前输入串	推导所用产生式或匹配情况
8	#N	#	N→ε
9	#	#	成功

（4）根据预测分析表，对输入串 bab#进行分析的过程见表 4-9。由表 4-9 可知，用预测分析方法对输入串 bab#分析不成功，故输入串 bab#不是文法 G[S] 的句子。

表 4-9 输入串 baba 的分析过程

步骤	分析栈	当前输入串	推导所用产生式或匹配情况
1	#S	bab#	S→bN
2	#Nb	bab#	b 匹配
3	#N	ab#	N→BaN
4	#NaB	ab#	B→ab
5	#Naba	ab#	a 匹配
6	#Nab	b#	b 匹配
7	#Na	#	报错

【例题 4-5】 已知 G[S]：

S→AB|a
A→D|bEA
B→ESo|ε
D→dAE|c
E→eBc

（1）计算 G[S] 中各个非终结符的 FIRST 集和 FOLLOW 集。
（2）证明 G[S] 是 LL(1) 文法。
（3）构造 G[S] 的预测分析表。
（4）给出输入串 becda#的预测分析过程，并说明该串是否为 G[S] 的句子。

分析与解答：

（1）G[S] 中各个非终结符的 FIRST 集和 FOLLOW 集计算见表 4-10。

表 4-10 G[S] 中各个非终结符的 FIRST 集和 FOLLOW 集

V_N 符	FIRST 集	FOLLOW 集
S	a, b, c, d	o, #
A	b, c, d	e, o, #
B	e, ε	c, o, #
D	c, d	e, o, #
E	e	a, b, c, d, e, o, #

（2）证明：先计算 G[S] 中各产生式的 SELECT 集，见表 4-11。

表 4-11　G[S] 中各产生式的 SELECT 集

产生式	SELECT 集	SELECT 集的交集
S→AB	b，c，d	Φ
S→a	a	
A→D	c，d	Φ
A→bEA	b	
B→ESo	e	Φ
B→ε	c，o，#	
D→dAE	d	
D→c	c	Φ
E→eBc	e	

由表 4-11 可知，G[S] 是 LL(1) 文法。

(3) 根据 SELECT 集构造预测分析表，见表 4-12。

表 4-12　G[S] 的预测分析表

	a	b	c	d	e	o	#
S	→a	→AB	→AB	→AB			
A		→bEA	→D	→D			
B			→ε		→ESo	→ε	→ε
D			→c	→dAE			
E					→eBc		

(4) 根据预测分析表，对输入串 becda#的进行分析的过程见表 4-13。

表 4-13　输入串 becda#的分析过程

步骤	分析栈	当前输入串	推导所用产生式或匹配情况
1	#S	becda#	S→AB
2	#BA	becda#	A→bEA
3	#BAEb	becda#	b 匹配
4	#BAE	ecda#	E→eBc
5	#BAcBe	ecda#	e 匹配
6	#BAcB	cda#	B→ε
7	#BAc	cda#	c 匹配
8	#BA	da#	A→D
9	#BD	da#	D→dAE
10	#BEAd	da#	d 匹配
11	#BEA	a#	报错

由表 4-13 可知，用预测分析方法对输入串 becda#分析不成功，故输入串 becda#不是 G[S] 的句子。

4.4 习 题

4-1 编译程序的实用语法分析方法，分为自顶向下分析和自底向上分析两类，前者包括________的自顶向下分析（如递归下降法、预测分析法）和________（带回溯）的自顶向下分析；后者主要有算符优先分析和 LR 分析。常用的 LR 分析有 LR(0) 分析、________、LR(1) 分析、LALR(1) 分析。

4-2 对于 α、β ∈ $(V_T \cup V_N)^*$，定义 α 的首符号集为 FIRST(α) = {A | α =*>aβ，a ∈ V_T}。若________，则 ε ∈FIRST(α)。若有文法 G[T] 的产生式集 P = {T→ * FT，T→ε，F→(T) | i}，则 FIRST(T) = ________,FIRST(F) = ________。

4-3 用关系图计算 FIRST 集时，将终结符 a 结点用符号本身标记，非终结符 A 结点则用________标记；对 A→αXβ 且________ =*>ε，则从 A 到 X 连一条箭弧（注意：A→aB 或 A→a 已包含在其中）；凡从 FIRST(A) 结点出发有路径可达到的所有________，都为 FIRST(A) 的成员；最后根据 A 能否推导出 ε 的情况，若能推导出 ε，则将 ε 加入 FIRST(A)。

4-4 对于 A ∈ V_N，可定义 A 的后续符号集：FOLLOW(A) = {A | S =*>uAβ，且 a ∈________，a ∈ FIRST(β)，u ∈ V_T^*，β ∈ V^+}；若________，则# ∈ FOLLOW(A)。也可以定义为：FOLLOW(A) = {A | S =*>…Aa…，a ∈ V_T}。若有 S =*>…A，则规定________ ∈ FOLLOW(A)。

4-5 用关系图计算 FOLLOW 集时，从开始符 S 的 FOLLOW(S) 到________连一条箭弧；对产生式 A→αBβX 且________，则从 FOLLOW(B) 到 FIRST(x) 连一条箭弧；对 A→αBβ 且 β =*>ε，则从 FOLLOW(B) 到________连一条箭弧。

4-6 如果 A→αBβ 且串 β 不能 =*>ε，则 FOLLOW(B) = ________；如果 A→αB，则 FOLLOW(B) = ________；如果 A→αBβ，且 β =*>ε，则 FOLLOW(B) = {FIRST(β) − {ε}} ∪ ________。

4-7 根据定义，有 FOLLOW(A) = {A | S =*>…Aa…，a ∈ V_T}。若有 S =*>…A，则规定________ ∈ FOLLOW(A)。若有文法 G[T] 的产生式集 P = {T→ * FT，T→ε，F→(T) | i}，则 FOLLOW(T) = ________,FOLLOW(F) = ________。

4-8 对于 G 的每个非终结符 A 的候选式 A→α，若 α 不能 =*>ε，则 SELECT(A→α) = ________；若 α =*>ε，则 SELECT(A→α) = ________ ∪ ________。

4-9 G 是 LL(1) 文法的充要条件：对于 G 的每个非终结符 A 的任何两个不同的产生式 A→α 和 A→β，满足 ________ ∩ ________ = Φ。其中，α、β 不能同时 =*>________。

4-10 非 LL(1) 文法不能用________的自顶向下分析方法进行分析。可通过消除________和提取________的方法将非 LL(1) 文法转换成 LL(1) 文法。

4-11 文法 G[A] 的产生式集为 P = {A→AB | i，B→c | cA}，它不是 LL(1) 文法的原因是产生式________中含有________，产生式 B→c 和 B→cA 中含有________。

4-12 预测分析表是一个二维矩阵，其形式为 M[A，a]，其中 A ∈ V_N，a ∈________或#。若有产生式 A→α，使得 a ∈________，则将 A→α 填入 M[A，a] 中（书写时，通

常省略产生式左部，只填“→α”）。对所有________的 M[A，a] 标记为出错。

4-13 文法 G 中有形如：A→αβ | αγ 的产生式时，G 必为________文法。将形如 $A→αβ_1 | αβ_2 | \cdots | αβ_n | γ_1 | γ_2 | \cdots | γ_m$ 的产生式提取左公共因子后改写为________和________。通过提取左公共因子和引进新非终结符的变换后，可能使原来某些产生式无用，必须消除掉。

4-14 对形如 A→αβ | αγ 的特殊形式产生式，提取左公共因子后变为________，再引进新非终结符 A′，改为 A→αA′和________。对形如 $A→αβ_1 | αβ_2 | \cdots | αβ_n$ 的一般形式的产生式，改写为 A→αA′和________。

4-15 消除直接左递归的方法，是将 A→Aα | β 替换为________和 A′→αA′ | ε 。对间接左递归，先化为直接左递归后再消除。消除左递归的一般方法是将产生式组 $A→Aα_1 | Aα_2 | \cdots | Aα_n | β_1 | β_2 | \cdots | β_n$ 用产生式组________和________代换。其中 B 为新引入的非终结符。

4-16 文法 G[S] 的产生式集为 P={S→AbS，A→SbS，A→a}，G[E] 的产生式集为 P={E→AbE | a，A→bE，A→a}，G[M] 的产生式集为 P={M→b | A，A→M，A→b}，则 G[S] ________（填“是”或“不是”）LL(1) 文法，G[E] ________（填“是”或“不是”）LL(1) 文法，G[M] ________（填“是”或“不是”）LL(1) 文法。

4-17 递归子程序法是一种常用的________自顶向下分析法，其实现思想是对应文法中的每一个________编写一个递归过程，每个过程的功能是识别由该非终结符推出的串。当某个非终结符的产生式有多个候选时，能够按 LL(1) 形式可唯一地确定候选产生式进行推导。递归子程序法对每个过程可能存在直接或间接调用，通常需要在入口时保留某些信息，出口时恢复，故常用________来处理。

4-18 简述判别文法 G 是否为 LL(1) 文法的步骤和将一个非 LL(1) 文法转换为 LL(1) 文法的方法。

4-19 简述用关系图计算 FOLLOW 集的方法。

4-20 用自然语言或类高级语言描述预测分析算法。

4-21 简述用关系图计算 FIRST 集的方法。

4-22 简述将一个非 LL(1) 文法转换为 LL(1) 文法的两种方法。

4-23 简述 FIRST 集的定义和计算方法，并举例说明。

4-24 简述 FOLLOW 集的定义和计算方法，并举例说明。

4-25 对文法 G[S]：

S→a|∧|(T)

T→T,S|S

(1) 给出 (a，(a，a))和 (((a，a)，∧，(a))，a) 的最左推导。

(2) 对文法 G 进行改写，并判断经改写后的文法是否是 LL(1) 文法。如果是，要求给出该改写后文法的预测分析表。

(4) 给出输入串 (a，a)#的分析过程，并说明该串是否为 G 的句子。

4-26 已知文法 G[S]：

S→AB|a

B→DSo|ε

C→dAD|c

D→eBf

A→C|bDA

(1) 判断 G[S] 是否为 LL(1) 文法。

(2) 构造 G[S] 的预测分析表。

(3) 给出输入串 befda#的预测分析过程，并说明该串是否为 G[S] 的句子。

4-27 消除了左递归和提取了左公共因子的文法一定是 LL(1) 文法吗？试对下列文法进行改写，并判断改写后的文法是否为 LL(1) 文法。

(1) G[A]:

A→aABe|a

B→Bb|d

(2) G[S]:S→Aa|b

A→SB

B→ab

4-28 已知 G[S]:

S→aH

H→aMd|d

M→Ab|ε

A→aM|e

(1) 给出 aaaebbd 的最左推导。

(2) 证明 G[S] 是 LL(1) 文法。

(3) 构造 G[S] 的预测分析表。

(4) 给出输入串 aaabd#的预测分析过程，并说明该串是否为 G[S] 的句子。

4-29 已知 G[S]:

S→Ab|Ba

A→b|B

B→a

(1) 将 G[S] 改造为 LL(1) 文法。

(2) 构造 G[S] 的预测分析表。

(3) 给出输入串 abb#的预测分析过程，并说明该串是否为 G[S] 的句子。

(4) 给出输入串 aa#的预测分析过程，并说明该串是否为 G[S] 的句子。

4-30 已知 G[R]:

R→mS

S→mQn|n

Q→Tt|ε

T→mQ|u

（1）证明 G[R] 是 LL(1) 文法。

（2）构造 G[R] 的预测分析表。

（3）给出输入串 mmutnn#的预测分析过程，并说明该串是否为 G[R] 的句子。

4-31 已知 G[S]：

S→MH|a

H→LSo|ε

K→dML|ε

L→eHf

M→K|bLM

（1）计算 G[S] 中各非终结符的 FIRST 集和 FOLLOW 集。

（2）证明 G[S] 是 LL(1) 文法。

（3）构造 G[S] 的预测分析表。

（4）给出输入串 befda#的预测分析过程，并说明该串是否为 G[S] 的句子。

4.5　习题解答

4-1 确定；不确定；SLR(1) 分析。

4-2 $\alpha \overset{*}{=}> \varepsilon$；{*，ε}；{（，i}。

4-3 FIRST(A)；α；终结符。

4-4 V_T；$\beta \overset{*}{=}> \varepsilon$；#。

4-5 #；$\beta \overset{*}{=}> \varepsilon$；FOLLOW(A)。

4-6 FIRST(β)；FOLLOW(A)；FOLLOW(A)。

4-7 #；{#,)}；{*，#,)}。

4-8 FIRST(α)；{FIRST(α) - {ε}}；FOLLOW(A)。

4-9 SELECT(A→α)；SELECT(A→β)；ε。

4-10 确定；左递归；左公共因子。

4-11 A→AB；左递归；左公共因子。

4-12 V_T；SELECT(A→α)；没有值或未定义。

4-13 非 LL(1)；$A \to \alpha A' \mid \gamma_1 \mid \gamma_2 \mid \cdots \mid \gamma_m$；$A' \to \beta_1 \mid \beta_2 \mid \cdots \mid \beta_n$。

4-14 $A \to \alpha\ (\beta \mid \gamma)$；$A' \to \beta \mid \gamma$；$A' \to \beta_1 \mid \beta_2 \mid \cdots \mid \beta_n$。

4-15 $A \to \beta A'$；$A \to \beta_1 B \mid \beta_2 B \mid \cdots \mid \beta_n B$；$B \to \alpha_1 B \mid \alpha_{2B} \mid \cdots \mid \alpha_{nB} \mid \varepsilon$。

4-16 不是；不是；不是。

4-17 确定；非终结符；先进后出栈。

4-18 （1）判别步骤：首先，画出各个非终结符能否推导出 ε 的情况表；然后，用定义法或关系图法计算 FIRST、FOLLOW 集，再计算各产生式的 SELECT 集；最后，根据相同左部的产生式其 SELECT 集是否相交，来判断给定文法是否为 LL(1) 文法。

（2）将非 LL(1) 文法转换成 LL(1) 文法的两种主要方法为：提取左公共因子和

消除左递归。

4-19 (1) 在关系图中，将终结符 a 和#结点用符号本身标记，非终结符 A 结点用 FIRST(A) 或 FOLLOW(A) 标记。

(2) 从开始符 S 的 FOLLOW(S) 到#号连一条箭弧；对产生式 $A \to \alpha B \beta X$ 且 $\beta =^{*}> \varepsilon$，则从 FOLLOW(B) 到 FIRST(X) 连一条箭弧，当 $X \in V_T$ 时，则与 X 相连；对 $A \to \alpha B \beta$ 且 $\beta =^{*}> \varepsilon$，则从 FOLLOW(B) 到 FOLLOW(A) 连一条箭弧；对每一个 FIRST(A) 结点，若有产生式 $A \to \alpha X \beta$，且 $\alpha =^{*}> \varepsilon$，则从 FIRST(A) 到 FIRST(x) 连一条箭弧。

(3) 凡从 FOLLOW(A) 结点出发有路径可到达的所有终结符或#，都是 FOLLOW(A) 的成员。

4-20 (1) 相关符号的约定：#表示句子结束符；S 表示文法开始符；a 表示当前输入符号，即输入指针指向的符号，X 表示工作栈的栈顶符号。

(2) 算法描述

#和 S 进栈；//初始化工作

```
do{
  x=当前栈顶符号,
    a=当前输入符号,
    if (X∈V_T∪{#}){
            if(X==a){
                if(X! =#){将 X 弹出,且将输入指针前移一个字符单位;}
                  }
                else
                  error()}
    else{
            if(M[X,a]==Y1Y2…Yk)
                {将 X 弹出;依次将 Yk…Y2Y1 压入栈;}
                else   error();
        };
}while(X! =#);
```

4-21 (1) 在关系图中，将终结符 a 结点用符号本身标记，非终结符 A 结点用 FIRST(a) 标记。

(2) 对 $A \to \alpha X \beta$ 且 $\alpha =^{*}> \varepsilon$，则从 A 到 X 连一条箭弧（注意：$A \to aB$ 或 $A \to a$ 已包含在其中）；凡从 FIRST(A) 结点出发有路径可达到的所有终结符，都为 FIRST(A) 的成员。

(3) 最后，再根据 A 能否推导出 ε 的情况，若能推导出 ε，则将 ε 加入 FIRST(A)。

4-22 (1) 提取左公共因子的方法：将形如 $A \to \alpha\beta_1 \mid \alpha\beta_2 \mid \cdots \mid \alpha\beta_n \mid \gamma_1 \mid \gamma_2 \mid \cdots \mid \gamma_m$ 的产生式改写为：$A \to \alpha A' \mid \gamma_1 \mid \gamma_2 \mid \cdots \mid \gamma_m$ 和 $A' \to \beta_1 \mid \beta_2 \mid \cdots \mid \beta_n$。最后，删除无用产生式。

（2）消除左递归的方法：

①直接左递归的消除：将产生式组 $A \to A\alpha_1 \mid A\alpha_2 \mid \cdots \mid A\alpha_m \mid \beta_1 \mid \beta_2 \mid \cdots \mid \beta_n$ 用产生式组 $A \to \beta_1 A' \mid \beta_2 A' \mid \cdots \mid \beta_n A'$ 和 $A' \to \alpha_1 A' \mid \alpha_2 A' \mid \cdots \mid \alpha_m A' \mid \varepsilon$ 代换，其中 A' 为新变量。

②间接左递归先化为直接左递归，再消除直接左递归。

③最后，删除无用产生式。

4-23 （1）对于 α、$\beta \in (V_T \cup V_N)^*$，定义 α 的首符号集为 $FIRST(\alpha) = \{A \mid \alpha =^* > a\beta, a \in V_T\}$。若 $\alpha =^* > \varepsilon$，则 $\varepsilon \in FIRST(\alpha)$。

（2）终结符的 FIRST 集只含有本身一个元素。给定一个文法后，计算其所有产生式右部串的 FIRST 集的关键，在于计算文法中非终结符的 FIRST 集。非终结符的 FIRST 集可以按定义直接计算，也可以采用关系图的方法来计算。

（3）若有文法 G[S] 的产生式集为 $P = \{S \to D\ (d),\ S \to a,\ D \to d,\ D \to \varepsilon\}$，则 $FIRST(D(d)) = \{d, (\}$，$FIRST(a) = \{a\}$，$FIRST(d) = \{d\}$，$FIRST(\varepsilon) = \{\varepsilon\}$。

4-24 （1）对非终结符 A 定义 $FOLLOW(A) = \{A \mid S =^* > uA\beta$，且 $a \in V_T$，$a \in FIRST(\beta)$，$u \in V_T^*$，$\beta \in V^+\}$；若 $\beta =^* > \varepsilon$，则 $\# \in FOLLOW(A)$。

也可以定义为 $FOLLOW(A) = \{A \mid S =^* > \cdots Aa \cdots, a \in V_T\}$。若有 $S =^* > \cdots A$，则规定 $\# \in FOLLOW(A)$。

（2）给定一个文法后，其语法变量（即非终结符）的 FOLLOW 集可以按定义直接计算，也可以采用关系图的方法来计算。

（3）若有文法 G[S] 的产生式集为 $P = \{S \to D(S) \mid a,\ D \to Dd \mid \varepsilon\}$，则 $FOLLOW(S) = \{\#,)\}$，$FOLLOW(D) = \{(, d\}$。

4-25 文法 G[S]：

$S \to a \mid \wedge \mid (T)$
$T \to T,S \mid S$

（1）对（a，（a，a）的最左推导为：

$S \Rightarrow (T) \Rightarrow (T,S) \Rightarrow (S,S) \Rightarrow (a,S) \Rightarrow (a,(T)) \Rightarrow (a,(T,S)) \Rightarrow (a,(S,S)) \Rightarrow (a,(a,S)) \Rightarrow (a,(a,a))$

对（((a，a)，∧，(a))，a）的最左推导为：

$S \Rightarrow (T) \Rightarrow (T,S) \Rightarrow (S,S) \Rightarrow ((T),S) \Rightarrow ((T,S),S) \Rightarrow ((T,S,S),S) \Rightarrow ((S,S,S),S) \Rightarrow (((T),S,S),S) \Rightarrow (((T,S),S,S),S) \Rightarrow (((S,S),S,S),S) \Rightarrow (((a,S),S,S),S) \Rightarrow (((a,a),S,S),S) \Rightarrow (((a,a),\wedge,S),S) \Rightarrow (((a,a),\wedge,(T)),S) \Rightarrow (((a,a),\wedge,(S)),S) \Rightarrow (((a,a),\wedge,(a)),S) \Rightarrow (((a,a),\wedge,(a)),a)$

（2）改写文法 G[S] 如下：

$S \to a \mid \wedge \mid (T)$
$T \to SN$
$N \to ,SN \mid \varepsilon$

改写后文法中非终结符的 FIRST 集和 FOLLOW 集计算见表 4-14。

表 4-14 非终结符的 FIRST 集和 FOLLOW 集

V_N 符	FIRST 集	FOLLOW 集
S	a，∧，(	#,，
T	a，∧，(	)
N	,，ε	)

对左部为 N 的产生式有：SELECT(N→,SN)∩SELECT(N→ε)={,}∩{)}=Φ。故改写后文法是 LL(1) 文法。

(3) 该文法的预测分析表构造见表 4-15。

表 4-15 G[S] 的预测分析表

	a	∧	(	)	,	#
S	→a	→∧	→（T)			
T	→SN	→SN	→SN			
N				→ε	→，SN	

(4) 对串（a，a）#的分析过程见表 4-16。由表可知，串（a，a）#是文法 G[S] 的句子。

表 4-16 输入串（a，a）#的分析过程

步骤	分析栈	当前输入串	推导所用产生式或匹配情况
1	#S	（a，a）#	S→（T)
2	#）T(	（a，a）#	(匹配
3	#）T	a，a）#	T→SN
4	#）NS	a，a）#	S→a
5	#）Na	a，a）#	a 匹配
6	#）N	，a）#	N→，SN
7	#）NS,	，a）#	，匹配
8	#）NS	a）#	S→a
9	#）Na	a）#	a 匹配
10	#）N	）#	N→ε
11	#)	）#	）匹配
12	#	#	接受

4-26 (1) G[S] 中各个非终结符的 FIRST 集和 FOLLOW 集计算见表 4-17。

表 4-17 G[S] 中各个非终结符的 FIRST 集和 FOLLOW 集

V_N 符	FIRST 集	FOLLOW 集
S	a，d，b，c	o，#

续表 4-17

V_N 符	FIRST 集	FOLLOW 集
B	e, ε	o, f, #
C	d, c	e, o, #
D	e	a, d, b, c, e, o, #
A	d, b, c	e, o, #

根据各个非终结符的 FIRST 集和 FOLLOW 集，进一步计算 G[S] 中各产生式的 SELECT 集见表 4-18。

表 4-18 G[S] 中各产生式的 SELECT 集

产生式	SELECT 集
S→AB	d, b, c
S→a	a
B→DSo	e
B→ε	o, f, #
C→dAD	d
C→c	c
D→eBf	e
A→C	d, c
A→bDA	b

由表 4-18 可发现：

SEDECT(S→AB)∩SEDECT(S→a)=Φ

SEDECT(B→DSo)∩SEDECT(B→ε)=Φ

SEDECT(C→dAD)∩SEDECT(C→c)=Φ

SEDECT(A→C)∩SEDECT(A→bDA)=Φ

故 G[S] 是 LL(1) 文法。

(2) 根据 SELECT 集构造预测分析表，见表 4-19。

表 4-19 G[S] 的预测分析表

	a	b	c	d	e	f	o	#
S	→a	→AB	→AB	→AB				
B					B→DSo	B→ε	B→ε	B→ε
C			→c	→dAD				
D					→eBf			
A		→bDA	→C	→C				

(3) 根据预测分析表，对输入串 befda#进行分析的过程见表 4-20。

表 4-20 输入串 befda#的分析过程

步骤	分析栈	当前输入串	推导所用产生式或匹配情况
1	#S	befda#	S→AB
2	#BA	befda#	A→bDA
3	#BADb	befda#	b 匹配
4	#BAD	efda#	D→eBf
5	#BAfBe	efda#	e 匹配
6	#BAfB	fda#	B→ε
7	#BAf	fda#	f 匹配
8	#BA	da#	A→C
9	#BC	da#	C→dAD
10	#BDAd	da#	d 匹配
11	#BDA	a#	报错

由表 4-20 可知，用预测分析方法对输入串 befda#分析不成功，故输入串 befda#不是 G[S] 的句子。

4-27 消除了左递归和提取了左公共因子的文法不一定是 LL(1) 文法。

(1) 文法 G[A]：

A→aABe|a
B→Bb|d

提取左公共因子和消除左递归后文法变为：

A→aN
N→ABe|ε
B→dN′
N′→bN′|ε

改写后文法 G[A] 中非终结符的 FIRST 集和 FOLLOW 集计算见表 4-21。

表 4-21 非终结符的 FIRST 集和 FOLLOW 集

V_N 符	FIRST 集	FOLLOW 集
A	a	#，d
B	d	e
N	a，ε	#，d
N′	b，ε	e

对左部相同的产生式有：

SELECT(N→ABe) ∩SELECT(N→ε) = {a} ∩ {#,d} =Φ
SELECT(N′→bN′) ∩SELECT(N′→ε) = {b} ∩ {e} =Φ

故改写后文法 G[A] 是 LL(1) 文法。

改写后文法 G[A] 的预测分析表见表 4-22。

表 4-22　改写后文法 G[A] 的预测分析表

	a	e	b	d	#
A	→aN				
B				→dN′	
N′		→ε	→bN′		
N	→ABe			→ε	→ε

(2) 文法 G[S]：

S→Aa|b
A→SB
B→ab

第 1 种改写：用 A 的产生式右部代替 S 的产生式右部的 A 得：

S→SBa|b
B→ab

消除左递归后文法变为：

S→bN
N→BaN|ε
B→ab

改写后文法 G[S] 中非终结符的 FIRST 集和 FOLLOW 集计算见表 4-23。

表 4-23　非终结符的 FIRST 集和 FOLLOW 集

V_N 符	FIRST 集	FOLLOW 集
S	b	#
B	a	a
N	ε，a	#

对左部相同的产生式有：

SELECT(N→BaN) ∩　SELECT(N→ε) = {a} ∩ {#} = Φ

故改写后文法 G[S] 是 LL(1) 文法。
改写后文法 G[S] 的预测分析表见表 4-24。

表 4-24　改写后文法 G[S] 的预测分析表

	a	b	#
S		→bN	
B	→ab		
N	→BaN		→ε

第 2 种改写：

用 S 的产生式右部代替 A 的产生式右部的 S 得：

S→Aa|b

A→AaB|bB

B→ab

消除左递归后文法变为：

S→Aa|b

A→bBN

N→aBN|ε

B→ab

改写后文法 G[S] 中非终结符的 FIRST 集和 FOLLOW 集计算见表 4-25。

表 4-25 非终结符的 FIRST 集和 FOLLOW 集

V_N 符	FIRST 集	FOLLOW 集
S	b	#
A	b	a
B	a	a
N	a，ε	a

对左部相同的产生式有：

SELECT(S→Aa)∩SELECT(S→b)={a}∩{b}={b}≠Φ

SELECT(N→aBN)∩SELECT(N→ε)={a}∩{a}={a}≠Φ

故改写后文法 G[S] 不是 LL(1) 文法。

改写后文法 G[S] 的预测分析表，见表 4-26。

表 4-26 改写后文文法 G[S] 的预测分析表

	a	b	#
S		→Aa →b	
A		→bBN	
B	→ab		
N	→aBN →ε		

4-28 （1）aaaebbd 的最左推导序列为：

S⇒aH⇒aaMd⇒aaAbd⇒aaaMbd⇒aaaAbbd⇒aaaebbd

（2）证明：先计算 G[S] 中各产生式的 SELECT 集，见表 4-27。

表 4-27　G[S] 中各产生式的 SELECT 集

产生式	SELECT 集	SELECT 集的交集
S→aH	a	
H→aMd	a	Φ
H→d	d	
M→Ab	a，e	Φ
M→ε	d，b	
A→aM	a	Φ
A→e	e	

由表 4-27 可知，G[S] 是 LL(1) 文法。

(3) 根据 SELECT 集构造预测分析表，见表 4-28。

表 4-28　G[S] 的预测分析表

	a	d	b	e	#
S	→aH				
H	→aMd	→d			
M	→Ab	→ε	→ε	→Ab	
A	→aM			→e	

(4) 串 aaabd#的分析过程见表 4-29。由表可知，串 aaabd#是 G[S] 的句子。

表 4-29　输入串 aaabd#的分析过程

步骤	分析栈	当前输入串	推导所用产生式或匹配情况
1	#S	aaabd#	S→aH
2	#Ha	aaabd#	a 匹配
3	#H	aabd#	H→aMd
4	#dMa	aabd#	a 匹配
5	#dM	abd#	M→Ab
6	#dbA	abd#	A→aM
7	#dbMa	bd#	a 匹配
8	#dbM	bd#	M→ε
9	#db	bd#	b 匹配
10	#d	d#	d 匹配
11	#	#	分析成功

4-29　(1) 用 A、B 的产生式右部代入 S 的产生式右部得：

S→bb | ab | aa

提取左公共因子后变为：

S→a(b|a)|bb

引入新非终结符 M 后得：

S→aM|bb 和 M→b|a

然后，消除无用产生式 A→b| B 和 B→a。

由于 SELECT(S→aM)∩SELECT(S→bb)={a}∩{b}=Φ, SELECT(M→b)∩SELECT(M→a)={b}∩{a}=Φ，所以消除左递归后的 G[S] 是 LL(1) 文法。

(2) 根据 SELECT 集构造预测分析表见表 4-30。

表 4-30 G[S] 的预测分析表

	a	b	#
S	→aM	→bb	
M	→a	→b	

(3) 输入串 abb#的分析过程见表 4-31。由表可知，串 abb#不是 G[S] 的句子。

表 4-31 输入串 abb#的分析过程

步骤	分析栈	当前输入串	推导所用产生式或匹配情况
1	#S	abb#	S→aM
2	#Ma	abb#	a 匹配
3	#M	bb#	M→b
4	#b	bb#	b 匹配
5	#	b#	报错

(4) 输入串 aa#的分析过程见表 4-32。由表可知，串 aa#是 G[S] 的句子。

表 4-32 输入串 aa#的分析过程

步骤	分析栈	当前输入串	推导所用产生式或匹配情况
1	#S	aa#	S→aM
2	#Ma	aa#	a 匹配
3	#M	a#	M→a
4	#a	a#	a 匹配
5	#	#	成功

4-30 (1) 证明：先计算 G[R] 中各产生式的 SELECT 集如下：

SELECT(R→mS)={m}

SELECT(S→mQn)={m}

SELECT(S→n)={n}

SELECT(Q→Tt)={m,u}

SELECT(Q→ε)={n,t}

SELECT(T→mQ)={m}

SELECT(T→u)={u}

由于：

SELECT(S→mQn)∩　SELECT(S→n)=Φ
SELECT(Q→Tt)∩　SELECT(Q→ε)=Φ
SELECT(T→mQ)∩　SELECT(T→u)=Φ

故 G[R] 是 LL(1) 文法。

（2）根据 SELECT 集构造预测分析表，见表 4-33。

表 4-33　G[R] 的预测分析表

	m	n	t	u	#
R	→mS				
S	→mQn	→n			
Q	→Tt	→ε	→ε	→Tt	
T	→mQ			→u	

（3）串 mmutnn#的分析过程见表 4-34。由表可知，串 mmmtn#不是 G[R] 的句子。

表 4-34　输入串 mmutnn#的分析过程

步骤	分析栈	当前输入串	推导所用产生式或匹配情况
1	#Q	mmutnn#	Q→mS
2	#Sm	mutnn#	m 匹配
3	#S	mutnn#	S→mQn
4	#nQm	mutnn#	m 匹配
5	#nQ	utnn#	Q→Tt
6	#ntT	utnn#	T→u
7	#ntu	utnn#	u 匹配
8	#nt	tnn#	t 匹配
9	#n	nn#	n 匹配
10	#	n#	报错

4-31　（1）G[S] 中各个非终结符的 FIRST 集和 FOLLOW 集计算见表 4-35。

表 4-35　G[S] 中各个非终结符的 FIRST 集和 FOLLOW 集

V_N 符	FIRST 集	FOLLOW 集
S	a，b，d，e，ε	o，#
H	e，ε	o，f，#
K	d，ε	e，o，#
L	e	a，b，d，e，o，#
M	d，b，ε	e，o，#

（2）证明：先计算 G[S] 中各产生式的 SELECT 集，见表 4-36。

表 4-36 G[S] 中各产生式的 SELECT 集

产生式	SELECT 集	SELECT 集的交集
S→MH	b, d, e, o, #	Φ
S→a	a	
H→LSo	e	Φ
H→ε	o, f, #	
K→dML	d	Φ
K→ε	e, o, #	
L→eHf	e	
M→K	d, e, o, #	Φ
M→bLM	b	

由表 4-36 可知，G[S] 是 LL(1) 文法。

（3）根据 SELECT 集构造预测分析表，见表 4-37。

表 4-37 G[S] 的预测分析表

	a	b	d	e	f	o	#
S	→a	→MH	→MH	→MH		→MH	→MH
H				→LSo	→ε	→ε	→ε
K			→dML	→ε		→ε	→ε
L				→eHf			
M		→bLM	→K	→K		→K	→K

（4）根据预测分析表，对输入串 befda#进行分析的过程，见表 4-38。

表 4-38 输入串 befda#的分析过程

步骤	分析栈	当前输入串	推导所用产生式或匹配情况
1	#S	befda#	S→MH
2	#HM	befda#	M→bLM
3	#HMLb	befda#	b 匹配
4	#HML	efda#	L→eHf
5	#HMfHe	efda#	e 匹配
6	#HMfH	fda#	H→ε
7	#HMf	fda#	f 匹配
8	#HM	da#	M→K
9	#HK	da#	K→dML
10	#HLMd	da#	d 匹配
11	#HLM	a#	报错

由表 4-38 可知，用预测分析方法对输入串 befda#分析不成功，故输入串 befda#不是 G[S] 的句子。

自底向上优先分析

5.1 知识结构

本章的知识结构如图 5-1 所示。

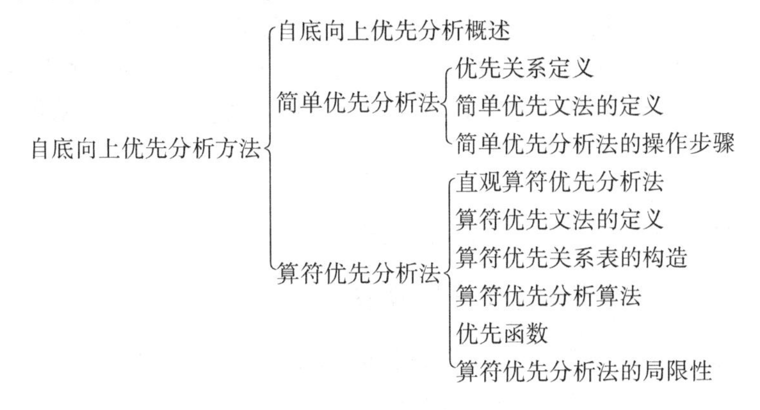

图 5-1 第 5 章知识结构图

5.2 知识要点

本章的知识要点主要包括以下内容：

【知识要点 1】自底向上（移进—归约）分析方法的实现思想

对输入符号串自左向右进行扫描，并将输入符逐个移入一个后进先出栈中，边移入边分析。一旦栈顶符号串形成某个句型的句柄时（该句柄对应某产生式的右部），就用该产生式的左部非终结符代替相应右部的文法符号串。这称为一步归约。重复这一过程，直到归约到栈中只剩文法的开始符号时，则为分析成功，也就确认输入串是文法的句子。

自底向上分析的关键问题是在分析过程中如何确定句柄，如果知道何时在栈顶符号串中已形成了某句型的句柄，那么就可以确定何时可以进行归约。

【知识要点 2】简单优先关系的定义

$X \equiv Y$：当且仅当 G 中存在产生式 $A \rightarrow \cdots XY \cdots$，即 XY 并列出现。

$X \lessdot Y$：当且仅当 G 中存在产生式 $A \rightarrow \cdots XB \cdots$ 且 $B =^{+}> Y \cdots$，即 X 与非终结符 B 并列（位于最前的 Y 经过至少一步归约后得到的 B）。

$X \gtrdot Y$：当且仅当 G 中存在产生式 $A \rightarrow \cdots BD \cdots$ 且 $B =^{+}> \cdots X$ 和 $D =^{*}> Y \cdots$，即非终结符

B 与 D 并列（位于最后的 X 经过至少一步归约后得到 B，位于最前的 Y 经过零步或多步归约后得到 D）。

【知识要点 3】简单优先文法的定义

给定一个文法，如果它满足如下两个条件，则该文法为简单优先文法：

（1）任意两符号之间最多只有一种优先关系成立。

（2）在文法中任意两个产生式没有相同的右部。

【知识要点 4】简单优先分析法步骤

简单优先分析方法的分析步骤如下：

（1）将输入串 $a_1a_2a_3\cdots a_n$#依次入栈，直到栈顶符号的优先级高于下一个待输入符号。

（2）以栈顶符号 a_i 为句柄尾，往下找句柄头 a_k（当 $a_{k-1} \lessdot a_k$ 时，终止查找），并将句柄 $a_ka_{k+1}\cdots a_i$ 归约为一个非终结符，将句柄出栈，非终结符入栈；若无句柄可归约，则报错。

（3）重复（1）和（2）。

（4）当栈中只剩 S 时，分析成功，否则报错。

【知识要点 5】直观算符优先分析方法

设置两个工作栈，一个用来寄存运算符的 optr，另一个用来寄存操作数或结果的 opnd。直观算符优先分析方法的算法描述如下：

（1）置操作数栈 opnd 为空，将#入 optr 栈。

（2）依次读入表达式中各个单词，若当前单词是操作数，则进 opnd 栈；若是运算符，则转（3）。

（3）检查算符优先关系表，将当前读入的运算符 θ_2 与 optr 栈顶元素 θ_1 进行比较：

若 $\theta_1<\theta_2$，则 θ_2 进栈，转（2）；

若 $\theta_1=\theta_2$，如果 θ_2 为#，则分析成功；否则，optr 栈顶元素 θ_1 出栈，并转（3）；

若 $\theta_1>\theta_2$，则弹出 opnd 栈顶元素至 b，再弹出 opnd 栈顶元素至 a，再弹出 optr 栈顶元素至 t，进行运算 r=a t b（t 为运算符），并将结果 r 存入栈 opnd。然后，转（2）。

若 θ_1 和 θ_2 之间无优先关系，则报错。

【知识要点 6】算符优先分析方法的基本思想

算符优先分析方法只规定算符（广义为终结符）之间的优先关系，也就是只考虑终结符之间的优先关系，不考虑非终结符之间的优先关系。在归约过程中，只要找到可归约串就归约，并不考虑归约到哪个非终结符名；算符优先分析的可归约串不一定是规范句型的句柄，所以算符优先归约不是规范归约。算符优先分析的可归约串，即是当前符号栈中的符号和剩余的输入符号构成句型的最左素短语。

【知识要点 7】算符文法

设有一文法 G，如果 G 中没有形如 A→…BC…的产生式，其中 B 和 C 为非终结符，则称 G 为算符文法（OperaterGrammar，OG）。算符文法有如下两个性质：

性质 1：在算符文法中，任何句型都不包含两个相邻的非终结符。

性质 2：如果 Ab 或（bA）出现在算符文法的句型 γ 中，其中 $A \in V_N$，$b \in V_T$，则 γ 中任何含 b 的短语必含有 A。

【知识要点 8】算符优先关系

设 G 是一个不含 ε 产生式的算符文法，a 和 b 是任意两个终结符，A、B、C 是非终结符，则三种算符优先关系“≮”、“≯”和“≡”的定义如下：

（1）a≡b：当且仅当 G 中含有形如 A→…ab…或 A→…aBb…的产生式。

（2）a≮b：当且仅当 G 中含有形如 A→…aB…的产生式，且 $B \overset{+}{\Rightarrow} b\cdots$ 或 $B \overset{+}{\Rightarrow} Cb\cdots$。

（3）a≯b：当且仅当 G 中含有形如 A→…Bb…的产生式，且 $B \overset{+}{\Rightarrow} \cdots a$ 或 $B \overset{+}{\Rightarrow} \cdots aC$。

【知识要点 9】算符优先文法

设有一个不含 ε 产生式的算符文法 G，如果对任意两个终结符对 a，b 之间至多只有“≮”、“≯”和“≡”三种关系中的一种成立，则称 G 是一个算符优先文法（Operator Precedence Grammar，OPG）。算符优先文法是无二义性文法。

【知识要点 10】FIRSTVT 集合

（1）定义：$\text{FIRSTVT}(B)=\{b \mid B \overset{+}{\Rightarrow} b\cdots \text{或} B \overset{+}{\Rightarrow} Cb\cdots\}$

（2）FIRSTVT 集的计算基于如下两条原则：

①若有产生式 A→a…或 A→Ba…，则 $a \in \text{FIRSTVT}(A)$；

②若 $a \in \text{FIRSTVT}(B)$ 且有产生式 A→B…，则 $a \in \text{FIRSTVT}(A)$；

（3）用关系图计算 FIRSTVT 集。图中非终结符 A 结点用 FIRSTVT(A) 放在矩形内表示，终结符结点 a 用符号 a 本身放在圆圈内表示，则：

①对形如 A→a…或 A→Ba…的产生式，从 FIRSTVT(A) 连弧到 a。

②对形如 A→B…的产生式，从 FIRSTVT(A) 连弧到 FIRSTVT(B)。

③凡是从 FIRSTVT(A) 出发有路径可达的终结符 a，都有 $a \in \text{FIRSTVT}(A)$。

【知识要点 11】LASTVT 集合

（1）定义：$\text{LASTVT}(B)=\{a \mid B \overset{+}{\Rightarrow} \cdots a \text{或} B \overset{+}{\Rightarrow} \cdots aC\}$

（2）LASTVT 集的计算基于如下两条原则：

①若有产生式 A→…a 或 A→…aB，则 $a \in \text{LASTVT}(A)$。

②若 $a \in \text{LASTVT}(B)$ 且有产生式 A→…B，则 $a \in \text{LASTVT}(A)$；

（3）用关系图计算 LASTVT 集。图中非终结符 A 结点用 LASTVT(A) 放在矩形内表示，终结符结点 a 用符号 a 本身放在圆圈内表示，则：

①对形如 A→…a 或 A→…aB 的产生式，从 LASTVT(A) 连弧到 a。

②对形如 A→…B 的产生式，从 LASTVT(A) 连弧到 LASTVT(B)。

③凡是从 LASTVT(A) 出发有路径可达的终结符 a，都有 $a \in \text{LASTVT}(A)$。

【知识要点 12】算符优先关系表的构造

逐条扫描文法中的所有产生式，对形如 $A \to X_1X_2 \cdots X_n$ 的产生式，按如下方法构造各文法符号对之间的优先关系：如果 $X_iX_{i+1} \in V_TV_T$，则置 $X_i = X_{i+1}$；如果 $X_iX_{i+1}X_{i+2} \in V_TV_NV_T$，则置 $X_i = X_{i+2}$；如果 $X_iX_{i+1} \in V_TV_N$，则对任意 $a \in FIRSTVT(X_{i+1})$，置 $X_i \lessdot a$；如果 $X_iX_{i+1} \in V_NV_T$，则对任意 $a \in LASTVT(X_i)$，置 $a \gtrdot X_{i+1}$。然后，将所得终结符号对之间的优先关系按前面终结符号所在行，后面终结符号所在列填入算符优先关系表。

【知识要点 13】算符优先分析句型的性质

算符优先分析句型有如下性质：若 aNb（或 ab）出现在句型 r 中，则 a 和 b 之间有且只有一种优先关系，即：若 $a \lessdot b$，则在 r 中必含有 b 而不含 a 的短语存在；若 $a \gtrdot b$，则在 r 中必含有 a 而不含 b 的短语存在；若 $a \equiv b$，则在 r 中含有 a 的短语必含有 b。反之亦然。

【知识要点 14】算符优先分析句型中终结符之间的关系

算符文法的任何一个句型应为如下形式：$\#N_1a_1N_2a_2 \cdots N_na_nN_{n+1}\#$。其中，$N_i(1 \leqslant i \leqslant n+1)$ 为非终结符或空；$a_i(1 \leqslant i \leqslant n)$ 为终结符。若有 $N_ia_i \cdots N_ja_jN_{j+1}$ 为句柄，则 N_i 和 N_{j+1} 在句柄中，因为算符文法的任何句型中均无两个相邻的非终结符，且终结符和非终结符相邻时，含终结符的句柄必含相邻的非终结符。该句柄中终结符之间的关系为：$a_{i-1} \lessdot a_i$，$a_i = a_{i+1} = \cdots = a_{j-1} = a_j$，$a_j \gtrdot a_{j+1}$。

【知识要点 15】最左素短语

设有文法 G[S]，它的某个句型的素短语是一个短语，它至少包含一个终结符，并除自身外不包含其他素短语。最左边的素短语称最左素短语。一个最左素短语 $N_ia_i \cdots N_ja_jN_{j+1}$ 中的终结符之间的优先关系满足条件：$a_{i-1} \lessdot a_i = a_{i+1} = \cdots = a_j \gtrdot a_{j+1}$。

【知识要点 16】算符优先分析算法

设单元 a 中存放当前输入符，S 为一个符号栈，则：

（1）将当前输入符存放到 a 中，将#入符号栈。

（2）将栈顶第一个终结符 b 与 a 比较。如果 $b \equiv a$ 且 b=#，且栈中只剩一个非终结符时，则成功；否则 a 入栈；如果 $b \lessdot a$，则 a 入栈；如果 $b \gtrdot a$，在栈顶寻找最左素短语，并将最左素短语归约为一个非终结符；如果文法中找不到相应产生式，则出错。

（3）重复步骤（2）至成功或失败。

【知识要点 17】优先函数

（1）优先函数的定义。优先函数用值为整数的两个函数 f 和 g 来表示。f 和 g 满足如下条件：

若 $a \equiv b$，则令 $f(a) = g(b)$；

若 $a \lessdot b$，则令 $f(a) < g(b)$；

若 $a \gtrdot b$，则令 $f(a) > g(b)$。

（2）优先函数的构造。构造优先函数有如下两种方法：

①由定义构造优先函数。根据各个终结符对之间的优先关系，构造优先函数 f 和 g 的步骤如下：

第 1 步：对终结符 a(含#)，令 f(a)= g(a)= 1（或其他常整数）。再对优先关系表逐行扫描，重复第 2~4 步。

第 2 步：若 a⋗b，而 f(a)≤g(b)，则令 f(a)= g(b) +1。

第 3 步：若 a⋖b，而 f(a)≥g(b)，则令 g(b)= f(a) +1。

第 4 步：若 a≡b，而 f(a)≠g(b)，则令 min{g(b),f(a)} = max{g(b),f(a)}。

第 5 步：重复第 2~4 步，直到过程收敛。

逐行扫描优先关系表，扫描关系表一遍相当于进行一次迭代。重复 2-4 步的过程中，如果函数 f 和 g 出现了大于 2n 的值，则表明该优先文法不存在算符优先函数。

②由关系图构造优先函数。根据优先关系表按如下步骤构造关系图：

第 1 步：对所有终结符 a(含#)，用带下标的 f_a 和 g_a 作结点，构造 2n 个结点。

第 2 步：若 a⋗b 或 a≡b，则从 f_a 连弧到 g_b；若 a⋖b 或 a≡b，则从 g_b 连弧到 f_a。

第 3 步：从每个结点出发所能到达的结点个数（含本身），即为该结点对应的优先函数值。

第 4 步：对优先函数按优先关系表检查一遍，若不满足优先关系表中优先关系，则关系图中存在回路，说明不存在优先函数。

（3）优先函数具有如下优缺点：

①用优先函数代替优先关系表可节约存储空间，将空间由 $(n+1)^2$ 减少到 $2*(n+1)$。

②一个优先关系表对应的优先函数不唯一（各函数值加上同一常数后，优先关系不变）。

③所表示的优先关系唯一的优先关系表不一定存在优先函数。

④当两个终结符对之间无优先关系时，优先关系表可以将相应元素置出错信息，而使用优先函数却无法识别这种情况，不能准确指出出错位置。

【知识要点 18】算符优先分析方法的优点及局限性

（1）算符优先分析方法的优点是效率高。其原因是算符优先分析方法在确定句柄时只考虑终结符之间的优先关系，而与非终结符无关，省掉了单非终结符之间的归约。

（2）算符优先分析方法的局限性是，由于算符优先分析方法去掉了单非终结符之间的归约，可能会把错误的句子得到正确的归约。

（3）通常，一个实用语言的文法很难满足算符优先文法的条件。因而，算符优先分析方法仅适用于表达式文法的语法分析。

5.3　例题分析

【例题 5-1】现有文法 G[S]：

S→S * B|B

B→D|B+D

D→nD|(S)|d|e

（1）给出句型 nD * nD+ne 的最左推导。

（2）计算 G[S] 的 FIRSTVT 和 LASTVT 集。

（3）构造 G[S] 的算符优先关系表，并说明 G[S] 是否为算符优先文法。

分析与解答：

（1）nD * nD+ne 的最左推导序列为：

S⇒S * B⇒B * B⇒D * B⇒nD * B⇒nD * B+D⇒nD * D+D⇒nD * nD+D⇒nD * nD+nD⇒nD * nD+ne。

（2）引入产生式 S′→#S#拓广文法为 G[S′]：

S′→#S#

S→S * B|B

B→D|B+D

D→nD|(S)|d|e

则 G[S] 中非终结符的 FIRSTVT 和 LASTVT 集见表 5-1。

表 5-1 非终结符的 FIRSTVT 和 LASTVT 集

非终结符	S′	S	B	D
FIRSTVT 集	#	*，+，n，(，d，e	+，n，(，d，e	n，(，d，e
LASTVT 集	#	*，+，n，)，d，e	+，n，)，d，e	n，)，d，e

（3）根据 G[S] 中非终结符的 FIRSTVT 和 LASTVT 集，构造 G[S] 的算符优先关系表，见表 5-2。

表 5-2 算符优先关系表

算符	*	+	n	(	)	d	e	#
*	⋗	⋖	⋖	⋖	⋗	⋖	⋖	⋗
+	⋗	⋗	⋖	⋖	⋗	⋖	⋖	⋗
n	⋗	⋗	⋖	⋖	⋗	⋖	⋖	⋗
(	⋖	⋖	⋖	⋖	≡	⋖	⋖	
)	⋗	⋗			⋗			⋗
d	⋗	⋗			⋗			⋗
e	⋗	⋗			⋗			⋗
#	⋖	⋖	⋖	⋖		⋖	⋖	≡

显然，由于优先关系表中终结符之间的优先关系是唯一的，故 G[S] 是算符优先文法。

【例题 5-2】对文法 G[S′]：

S′→#S#

S→SaM|M

M→MbB|B

B→DdB|D

D→eSf|m

（1）计算 G[S′] 的 FIRSTVT 和 LASTVT 集。

（2）构造 G[S′] 的算符优先关系表，并说明 G[S′] 是否为算符优先文法。

（3）给出输入串 mambm#的算符优先分析过程。

分析与解答：

（1）计算 G[S′] 的 FIRSTVT 和 LASTVT 集，见表 5-3。

表 5-3 非终结符的 FIRSTVT 和 LASTVT 集

非终结符	S′	S	M	B	D
FIRSTVT 集	#	a，b，d，e，m	b，d，e，m	d，e，m	e，m
LASTVT 集	#	a，b，d，f，m	b，d，f，m	d，f，m	f，m

（2）构造 G[S′] 的算符优先关系表，见表 5-4。

表 5-4 算符优先关系表

算符	a	b	d	e	f	m	#
a	⋗	⋖	⋖	⋖	⋗	⋖	⋗
b	⋗	⋗	⋖	⋖	⋗	⋖	⋗
d	⋗	⋗	⋖	⋖	⋗	⋖	⋗
e	⋖	⋖	⋖	⋖	≐	⋖	
f	⋗	⋗	⋗		⋗		⋗
m	⋗	⋗	⋗		⋗		⋗
#	⋖	⋖	⋖	⋖		⋖	≐

由上表可知，G[S′] 的所有终结符对之间的优先关系唯一，故 G[S] 是算符优先文法。

（3）输入串 mambm#的算符优先分析过程见表 5-5。

表 5-5 输入串 mambm#的算符优先分析过程

步骤	分析栈	优先关系	当前输入串	移进或归约
1	#	⋖	mambm#	移进
2	#m	⋗	ambm#	归约
3	#N	⋖	ambm#	移进
4	#Na	⋖	mbm#	移进
5	#Nam	⋗	bm#	归约
6	#NaN	⋖	bm#	移进
7	#NaNb	⋖	m#	移进
8	#NaNbm	⋗	#	归约
9	#NaNbN	⋗	#	归约

续表 5-5

步骤	分析栈	优先关系	当前输入串	移进或归约
10	#NaN	⋗	#	归约
11	#N	≡	#	接受

【例题 5-3】 现有文法 G[S′]：

S′→#S#

S→a|^|(T)

T→T,S|S

（1）计算 G[S′] 的 FIRSTVT 和 LASTVT 集。

（2）构造 G[S′] 的算符优先关系表，并说明 G[S′] 是否为算符优先文法。

（3）用关系图构造 G[S′] 的优先函数。

（4）给出输入串（a，a）#的算符优先分析过程。

分析与解答：

（1）计算 G[S′] 的 FIRSTVT 和 LASTVT 集，见表 5-6。

表 5-6 非终结符的 FIRSTVT 和 LASTVT 集

非终结符	S′	S	T
FIRSTVT 集	#	^，(，a	,，^，(，a
LASTVT 集	#	^,)，a	,，^,)，a

（2）构造 G[S′] 的算符优先关系表，见表 5-7。

表 5-7 算符优先关系表

算符	a	^	(	)	,	#
a				⋗	⋗	⋗
^				⋗	⋗	⋗
(	⋖	⋖	⋖	≡	⋖	
)				⋗	⋗	⋗
,	⋖	⋖	⋖	⋗	⋗	
#	⋖	⋖	⋖			≡

（3）用关系图构造 G[S′] 的优先函数，如图 5-2 所示。

由图 5-2 得到各算符的优先函数值，见表 5-8。

表 5-8 各算符的优先函数值

算符	a	^	(	,	)	#
f 函数值	6	6	2	4	6	2
g 函数值	7	7	7	3	2	2

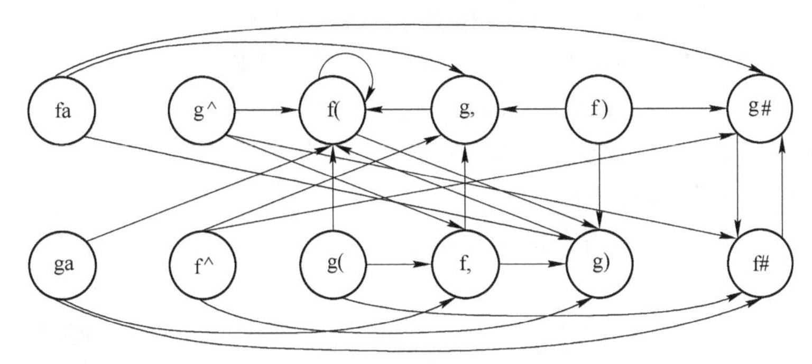

图 5-2　优先函数关系图

（4）输入串（a，a)#的算符优先分析过程见表 5-9。

表 5-9　输入串（a，a）#的算符优先分析过程

步骤	分析栈	优先关系	当前输入串	移进或归约
1	#	⋖	（a，a）#	移进
2	#（	⋖	a，a）#	移进
3	#（a	⋗	，a）#	归约
4	#（N	⋖	，a）	移进
5	#（N，	⋖	a）#	移进
6	#（N，a	⋗	）#	归约
7	#（N，N	⋗	）#	归约
8	#（N	≡	）#	移进
9	#（N）	⋗	#	归约
10	#N	≡	#	接受

【例题 5-4】 已知 G[S]：

S→V

V→T|ViT

T→F|T+F

F→)V*|(

（1）给出句子（+(i(的规范推导。

（2）构造句型 F+Fi(的语法树，指出句型 F+Fi(的所有短语、直接短语、句柄、素短语和最左素短语。

（3）构造 G[S] 的算符优先关系表，并说明 G[S] 是否为算符优先文法。

分析与解答：

（1）(+(i(的规范推导序列：

S⇒V⇒ViT⇒ViF⇒Vi(⇒Ti(⇒T+Fi(⇒T+(i(⇒F+(i(⇒(+(i(

（2）句型 F+Fi(的语法树如图 5-3 所示。

对句型 F+Fi(的分析如下：

该句型相对于 S 的短语：F+Fi(，相对于 V 的短语有 F+Fi(和 F+F，相对于 T 的短语有 F+F、F 和 (，相对于 F 的短语有 (，相对于 T→F 的直接短语：F，相对于 F→(的直接短语：(。该句型的句柄：F。该句型的所有素短语：F+F 和 (；最左素短语：F+F。

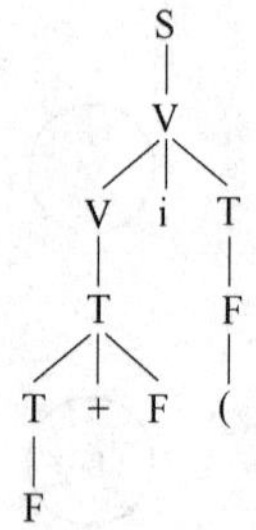

图 5-3 句型 F+Fi(的语法树

(3) 引入产生式 S′→#S#拓广文法为 G[S′]：

S′→#S#
S→V
V→T|ViT
T→F|T+F
F→)V *|(

计算文法 G[S′] 的 FIRSTVT 和 LASTVT 集，见表 5-10。

表 5-10 非终结符的 FIRSTVT 和 LASTVT 集

非终结符	S′	S	V	T	F
FIRSTVT 集	#	i，+，)，(	i，+，)，(	+，)，(	)，(
LASTVT 集	#	i，+，*，(	i，+，*，(	+，*，(	*，(

由 FIRSTVT 和 LASTVT 集得文法的算符优先关系表，见表 5-11。

表 5-11 算符优先关系表

算符	i	+	*	(	)	#
i	⋗	⋖	⋗	⋖	⋖	⋗
+	⋗	⋗	⋗	⋖	⋖	⋗
*	⋗	⋗	⋗			⋗
(	⋗	⋗	⋗			⋗
)	⋖	⋖	≡	⋖	⋖	
#	⋖	⋖		⋖	⋖	≡

由于优先关系表中终结符之间的优先关系是唯一的，故 G[S] 是算符优先文法。

【例题 5-5】 对文法 G[S]：

S→S%M|M
M→M<N>|Q
Q→m|<S>
N→N * S|S

(1) 计算各非结符的 FIRSTVT 和 LASTVT 集。
(2) 构造 G[S] 的算符优先关系表。
(3) 对给定输入串 m%m#进行算符优先分析。
(4) 总结算符优先分析方法的优点和局限性。

分析与解答：

（1）对文法进行拓广，加入产生式 S′→#S#后得 G[S′]，其非终结符的 FIRSTVT、LASTVT 集计算见表 5-12。

表 5-12　非终结符的 FIRSTVT 和 LASTVT 集

非终结符	S′	S	M	Q	N
FIRSTVT 集	#	%，<，m	<，m	<，m	*，%，<，m
LASTVT 集	#	%，>，m	>，m	>，m	*，%，>，m

（2）G[S′] 的优先关系表，见表 5-13。

表 5-13　算符优先关系表

算符	%	<	>	m	*	#
%	⋗	⋖	⋗	⋖	⋗	⋗
<	⋖	⋖	≐	⋖	⋖	
>	⋗	⋗	⋗		⋗	⋗
m	⋗	⋗	⋗		⋗	⋗
*	⋖	⋖	⋗	⋖	⋗	
#	⋖	⋖		⋖		≐

（3）输入串 m%m#的算符优先分析过程见表 5-14。

表 5-14　输入串 m%m#的算符优先分析过程

步骤	分析栈	优先关系	当前输入串	移进或归约
1	#	⋖	m%m#	移进
2	#m	⋗	%m#	归约
3	#N	⋖	%m#	移进
4	#N%	⋖	m#	移进
5	#N%m	⋗	#	归约
6	#N%N	⋗	#	归约
7	#N	≐	#	接受

（4）算符优先分析方法优点和局限性：用算符优先分析方法分析时，只考虑终结符之间的优先关系，去掉了单非终结符之间的归约，这使得算符优先分析方法具有效率高的优点。但是，由此也可能会使错误的句子得到正确的归约。算符优先分析方法只用于表达式文法，这就是算符优先分析方法的局限性。

5.4　习　　题

5-1　简单优先分析法按所有文法符号（包括非终结符和终结符）之间的优先关系来确定________。其优先关系的定义为：

(1) $X \equiv Y$：当且仅当 G 中存在产生式 $A \to \cdots XY \cdots$。

(2) $X \lessdot Y$：当且仅当 G 中存在产生式 $A \to \cdots XB \cdots$且________。

(3) $X \gtrdot Y$：当且仅当 G 中存在产生式 $A \to \cdots BD \cdots$且 $B \overset{+}{\Rightarrow} \cdots X$ 和________。

5-2 简单优先分析法将符号 S 和#做特殊处理，引入产生式________来判断与#相邻符号与#的优先关系，且约定$\# \equiv \#$。定义#的优先级________所有与之相邻符号，所有与之相邻符号优先级________#。

5-3 简单优先分析时，首先，将输入符号串 $a_1a_2a_3 \cdots a_n\#$依次入栈，直到当前栈顶符号的优先级________下一个待输入符；然后，以栈顶符号 a_i 为句柄尾，往下找句柄头 a_k（当 a_{k-1}________ a_k 时，终止查找），并将句柄归约为一个非终结符，将________出栈，非终结符入栈；若无句柄可归约，则报错。按以上方法重复入栈和归约操作，直到栈中只剩下开始符号 S 时，分析成功；否则报错。

5-4 如果文法 $G=(V_N, V_T, P, S)$ 中不存在形如________的产生式，其中 B、C 为非终结符，则称之为算符文法。在无 ε 产生式的算符文法 G 中，如果 $a, b \in V_T$，若________，$a \lessdot b$，$a \gtrdot b$ 至多有一个成立，则称 G 为________。

5-5 设 $G=(V_N, V_T, P, S)$ 为算符文法，则定义：

(1) $a \equiv b$：当且仅当 P 中有产生式 $A \to \cdots ab \cdots$或者________（其中 A、B 为非终结符）。

(2) $a \lessdot b$：当且仅当 P 中有产生式 $A \to \cdots aB \cdots$且 $B \overset{+}{\Rightarrow} b \cdots$或者________。

(3) $a \gtrdot b$：当且仅当 P 中有产生式 $A \to \cdots Bb \cdots$且 $B \overset{+}{\Rightarrow} \cdots a$ 或者________。

5-6 规范归约的核心是寻找________即最左直接短语，算符优先分析的核心是寻找________。算符优先分析时，在句型 $N_1a_1N_2 \cdots a_{i-1}N_ia_iN_{i+1}a_{i+1} \cdots a_jN_{j+1}a_{j+1}N_{j+2} \cdots$中，寻找的最左素短语为________，该最左素短语中的终结符应满足下优先关系：$a_{i-1} \lessdot a_i$、$a_i \equiv a_{i-1} \equiv \cdots \equiv a_{j-1} \equiv a_j$ 和 $a_j \gtrdot a_{j+1}$。

5-7 若有 $S \overset{*}{\Rightarrow} \alpha A \beta$ 且 $A \overset{+}{\Rightarrow} \gamma$，γ 至少含一个________，且不含更小的含终结符的短语，则称 γ 是句型________相对于变量 A 的素短语。最左边的素短语称为________。

5-8 优先函数用值为整数的两个函数 f 和 g 来表示，其中 f 和 g 满足如下条件：若 $a \equiv b$，则令________；若 $a \lessdot b$，则令________；若 $a \gtrdot b$，则令________。

5-9 一个优先关系表对应的优先函数有可能不唯一（将各优先函数值加上同一常数后，优先关系保持不变）；所表示优先关系唯一的关系表不一定存在优先函数。当两个终结符对之间无________时，优先关系表可以将相应元素置________信息；而使用优先函数却无法识别这种情况，不能准确指出________。

5-10 用优先函数表示优先关系的优点，是________；缺点是当两个终结符对之间无优先关系时，优先函数却无法识别这种情况，不能准确指出________。根据优先关系表计算优先函数，可用定义法（即 Floyed 迭代法）和________法。

5-11 根据优先关系表计算优先函数可用定义法（即 Floyed 迭代法）或________法，但后者计算出来的优先函数不一定有效，当关系图中存在含两个以上结点的________时，所得的优先函数无效，这时也说明该优先关系表________优先函数。

5-12 算符优先分析方法只考虑终结符之间的________，去掉了单非终结符之间的________，这使得算符优先分析法具有效率高的优点；但是，由此也可能导致由错误的________得到正确的归约。这也是算符优先分析法的缺点。

5-13 实现________优先分析时，需要设置两个工作栈：用来寄存运算符的 optr 和用来寄存________或________的 opnd。

5-14 在句型 AaBbdDefGg 中，如果最左素短语为 BbdDe，则其中的终结符应满足如下优先关系：________、________和________。

5-15 根据定义有 FIRSTVT(A)= {B | ________或者 $A \overset{+}{=}> Cb\cdots$}。若有文法 G[S] 的产生式集为 P = {S → D(S) | a, D → Dd | bS}，则 FIRSTVT(S) = ________，FIRSTVT(D) = ________。

5-16 根据定义有 LASTVT(A)= {B | ________或者 $A \overset{+}{=}> \cdots bC$}。若有文法 G[S] 的产生式集为 P = {S→D(S) | a, D→Dd | bS}，则 LASTVT(S) = {________}，LASTVT(D) = {________}。

5-17 如果文法 G=(V_N, V_T, P, S) 中不存在形如 A→…BC…的产生式，其中 B、C 为________符，则称之为________文法。在此基础上，如果 G 中 ε 产生式，而且对任意 a，$b \in V_T$，若 a≡b，a⋖b，a⋗b 至________有一个成立，则称 G 为算符优先文法。

5-18 由优先函数的定义直接根据各个终结符对的优先关系构造优先函数 f 和 g，步骤如下：

第 1 步：对终结符 a(含#)，令 f(a)= g(a)= 1（或其他常整数）。再对优先关系表逐行扫描，重复 2~4 步，直到过程收敛。

第 2 步：若 a⋗b，而 f(a)≤g(b)，则令________。

第 3 步：若 a⋖b，而 f(a)≥g(b)，则令________。

第 4 步：若 a≡b，而 f(a)≠g(b)，则令________。

5-19 对产生式 $A \to X_1X_2\cdots X_n$ 按如下方法构造各文法符号对之间的优先关系后，填入算符优先关系表：如果 $X_iX_{i+1} \in V_TV_T$，则 $X_i \equiv X_{i+1}$；如果 $X_iX_{i+1}X_{i+2} \in V_TV_NV_T$，则________；如果 $X_iX_{i+1} \in V_TV_N$ 且 $a \in$ FIRSTVT(X_{i+1})，则________；如果 $X_iX_{i+1} \in V_NV_T$ 且 $a \in$ LASTVT(X_i)，则________。

5-20 算符优先分析算法描述：设单元 a 中存放当前输入符号，S 为符号栈，则：

（1）将当前输入符存放到 a 中，将#入符号栈。

（2）将栈顶第一个终结符 b 与 a 比较。如果 b≡a，而 b = =#，且栈中只剩一个________符时，则成功；否则 a 入栈；如果________，则 a 入栈；如果________，在栈顶寻找最左素短语，并将最左素短语归约为一个非终结符；如果文法中找不到相应产生式，则出错。重复（2）至成功或失败。

5-21 关系图求 FIRSTVT 集时，图中结点为 FIRSTVT(A) 和终结符号 a；对形如 A→a…或 A→Ba…的产生式，从________连弧到 a；对形如 A→B…的产生式，从________连弧到________。凡是从 FIRSTVT(A) 出发有路径可到达的任意终结符号 a，都有 $a \in$ FIRSTVT(A)。

5-22 简述算符优先分析算法的步骤和算符优先分析方法的优、缺点。

5-23 用自然语言或类高级语言描述构造算符优先关系表的算法。

5-24 用自然语言或类高级语言描述算符优先分析算法。

5-25 简述优先函数和优先关系表的关系，并比较两者的优、缺点。

5-26 简述 FIRSTVT 集的定义和计算方法，并举例说明。

5-27 简述 LASTVT 集的定义和计算方法，并举例说明。

5-28 简述用关系图计算优先函数的方法。

5-29 已知文法 G[S] 为：

S→a|∧|(T)
T→T,S|S

(1) 计算 G[S] 的 FIRSTVT 和 LASTVT。
(2) 构造 G[S] 的算符优先关系表，并说明 G[S] 是否为算符优先文法。
(3) 给出输入串 (a, a) #和 (a, (a, a))#的算符优先分析过程。
(4) 给出 (a, a) 和 (a, (a, a))的最右推导和规范归约过程。

5-30 给定文法 G[S′]：

S′→#S#
S→S-A|A
A→A * B|B
B→D^B|D
D→(S)|m

(1) 计算 G[S′] 的 FIRSTVT 和 LASTVT 集。
(2) 构造 G[S′] 的算符优先关系表，并说明 G[S′] 是否为算符优先文法。
(3) 给出输入串 m-m * m#的算符优先分析过程。

5-31 给定文法 G[E′]：

E′→#E#
E→E+T|T
T→T * F|F
F→P^F|P
P→(E)|i

(1) 构造其算符优先关系表。
(2) 比较对句子 i+i 作规范归约和算符优先分析的语法树。
(3) 对串 i+i#进行算符优先分析。

5-32 给定文法 G[S]：

S→S;A|A
A→A(T)|H
H→a|(S)
T→T+S|S

(1) 计算各非结符的 FIRSTVT 和 LASTVT 集。
(2) 构造 G[S] 的算符优先关系表。
(3) 对给定输入串 (a+a)#进行算符优先分析。
(4) 总结算符优先分析方法的优点和缺点。

5-33 现有文法 G[S′]：

S′→#S#
S→V
V→T|ViT
T→F|T+F
F→)V *|(

(1) 计算 G[S′]的 FIRSTVT 和 LASTVT 集。
(2) 构造 G[S′]的算符优先关系表，并说明 G[S′]是否为算符优先文法。
(3) 给出句子 (+ (i(#的算符优先分析过程。

5-34 现有文法 G[S]：

S→#B#
B→BoT|T
T→F|TaF
F→nF|(B)t|f

(1) 给出句型 nFoTant 的最左推导。
(2) 构造句型 nFoTant 的语法树，指出该句型的所有短语、直接短语、句柄、素短语和最左素短语。
(3) 计算 G[S] 的 FIRSTVT 和 LASTVT 集。
(4) 构造 G[S] 的算符优先关系表，并说明 G[S′]是否为算符优先文法。
(5) 给出句子 ntofat#的算符优先分析过程。

5-35 已知 G[S]：

S→M
M→N|MaN
N→F|NbF
F→)Md|(

(1) 给出句子 (b(a (的规范推导。
(2) 构造句型 FbFa (的语法树，指出句型 FbFa (的所有短语、直接短语、句柄、素短语和最左素短语。
(3) 构造 G[S] 的算符优先关系表，并说明 G[S] 是否为算符优先文法。
(4) 给出句子 (b(a(#的算符优先分析过程。

5-36 现有文法 G[S′]：

S′→#S#
S→AaB|B
A→Ab|a
B→dB|d

(1) 计算 G[S′] 的 FIRSTVT 和 LASTVT 集。
(2) 构造 G[S′] 的算符优先关系表，并判断 G[S′] 是否为算符优先文法。
(3) 给出输入串 aad#和 aaddb#的算符优先分析过程，并判断它们是否为 G[S′] 的句子。

5.5 习题解答

5-1 句柄；$B\stackrel{+}{\Rightarrow}Y\cdots$；$D\stackrel{*}{\Rightarrow}Y\cdots$。

5-2 $S'\rightarrow \#S\#$；$\lessdot$；$\gtrdot$。

5-3 高于或大于或$\gtrdot$；$\lessdot$；句柄。

5-4 $A\rightarrow\cdots BC\cdots$；$a\equiv b$；算符优先文法。

5-5 $A\rightarrow\cdots aBb\cdots$；$B\stackrel{+}{\Rightarrow}Cb\cdots$；$B\stackrel{+}{\Rightarrow}\cdots aC$。

5-6 句柄；最左素短语；$N_i a_i N_{i+1} a_{i+1}\cdots a_j N_{j+1}$。

5-7 终结符；$\alpha\gamma\beta$；最左素短语。

5-8 $f(a)=g(b)$；$f(a)<g(b)$；$f(a)>g(b)$。

5-9 优先关系；出错；出错位置。

5-10 节约存储空间；出错位置；关系图。

5-11 关系图；回路或环；不存在。

5-12 优先关系；归约；句子。

5-13 直观算符；操作数；结果。

5-14 $a\lessdot b$；$b\equiv d\equiv e$；$e\gtrdot f$。

5-15 $A\stackrel{+}{\Rightarrow}b\cdots$；$\{(, a, d, b\}$；$\{d, b\}$。

5-16 $A\stackrel{+}{\Rightarrow}\cdots b$；$\{), a\}$；$\{d, b,), a\}$。

5-17 非终结；算符；多。

5-18 $f(a)=g(b)+1$；$g(b)=f(a)+1$；$\min\{g(b), f(a)\}=\max\{g(b), f(a)\}$。

5-19 $X_i\equiv X_{i+2}$；$X_i\lessdot a$；$a\gtrdot X_{i+1}$。

5-20 非终结；$b\lessdot a$；$b\gtrdot a$。

5-21 FIRSTVT(A)；FIRSTVT(A)；FIRSTVT(B)。

5-22 （1）设单元 a 中存放当前输入符，S 为一个符号栈，则算符优先分析算法的步骤描述如下：

①将当前输入符存放到 a 中，将#入符号栈。

②将栈顶第一个终结符 b 与 a 比较。如果 $b\equiv a$，而 b==#且栈中只剩一个非终结符时，则成功；否则 a 入栈；如果 $b\lessdot a$，则 a 入栈；如果 $b\gtrdot a$，在栈顶寻找最左素短语，并将最左素短语归约为一个非终结符；如果文法中找不到相应产生式，则出错。

③重复步骤②至成功或失败。

（2）算符优先分析方法的优、缺点：由于只考虑终结符之间的优先关系确定句柄，所以效率高；由于去掉了单非终结符之间的归约，有可能将错误的句子识别为正确的，只适用于表达式的语法分析。

5-23 用自然语言或类高级语言描述构造算符优先关系表的算法如下：

```
for(每个产生式 A→X1X2…XN)
    for(k=1;k<n;k++)/*检查每条产生式右部串的符号对*/
    {
```

```
        if(XkXk+1 ∈ VTVT) Xk ≡ Xk+1;
          if((k<n-1)&&(XkXk+1Xk+2 ∈ VTVNVT)) Xk ≡ Xk+2;/ * 处理等于关系 * /
            if(XkXk+1 ∈ VTVN)
                for(FIRSTVT(Xk+1)中每个 b) Xk ⋖ b;/ * 处理小于关系 * /
            if(XkXk+1 ∈ VNVT)
              for(LASTVT(Xk)中每个 a) a ⋗ Xk+1;/ * 处理大于关系 * /
    }
```

5-24 设单元 a 中存放当前输入符，S 为一个符号栈，则用自然语言或类高级语言描述算符优先分析算法如下：

（1）将当前输入符存放到 a 中，将#入符号栈。

（2）将栈顶第一个终结符 b 与 a 比较。如果 b≡a，而 b==#且栈中只剩一个非终结符时，则成功；否则 a 入栈；如果 b⋖a，则 a 入栈；如果 b⋗a，在栈顶寻找最左素短语，并将最左素短语归约为一个非终结符；如果文法中找不到相应产生式，则出错。

（3）重复算法（2）至成功或失败。

5-25 （1）优先关系表是计算优先函数的依据。根据优先关系表计算优先函数，可用定义法或关系图法，但关系图法计算出来的优先函数不一定有效。当关系图中存在含两个以上结点的回路时，所得的优先函数无效，这时也说明优先关系表不存在优先函数。

（2）一个优先关系表对应的优先函数不唯一（各函数值加上同一常数后，优先关系不变）；所表示优先关系唯一的矩阵，不一定存在优先函数。

（3）用优先关系表来表示优先关系时，需要占用较多的存储空间，而用优先函数表示优先关系，可以节约空间。对含有 n+1 个终结符（包括#号）的文法，用优先函数代替优先关系表，可将存储空间由 $(n+1)^2$ 减少到 2 * P(n+1)。但是，当两个终结符对之间无优先关系时，优先关系表可以将相应元素置出错信息；而使用优先函数却无法识别这种情况，不能准确指出出错位置。

5-26 （1）对非终结符 A 定义 FIRSTVT(A)= {B | A =$^+$>b…或者 A =$^+$>Cb…}。

（2）给定一个文法后，其语法变量（即非终结符）的 FIRSTVT 集可以按定义直接计算，也可以采用基于栈的算法来计算，还可以用关系图的方法来计算。

（3）若有文法 G[S] 的产生式集为 P={S→D(S),S→a,D→Dd,D→bS}，则对非终结符 S 和 D 有：FIRSTVT(S)= {(,a,d,b},FIRSTVT(D)= {d,b}。

5-27 （1）对非终结符 A，定义 LASTVT(A) = {B | A =$^+$>…b 或者 A =$^+$>…bC}。

（2）给定一个文法后，其语法变量（即非终结符）的 LASTVT 集可以按定义直接计算，也可以采用基于栈的算法来计算，还可以用关系图的方法来计算。

（3）若有文法 G[S] 的产生式集为 P={S→D(S),S→a,D→Dd,D→bS}，则对非终结符 S 和 D 有：LASTVT(S)= {),a},LASTVT(D)= {d,b,),a}。

5-28 （1）根据优先关系表，按如下步骤构造关系图：

第 1 步：对所有终结符 a（含#），用带下标的 f_a 和 g_a 作结点，构造 2n 个结点。

第 2 步：若 a⋗b 或 a≡b，则从 f_a 连弧到 g_b；若 a⋖b 或 a≡b，则从 g_b 连弧到 f_a。

(2) 从每个结点出发所能到达的结点个数（含本身），即为该结点对应的优先函数值。

(3) 对优先函数按优先关系表检查一遍，若不满足优先关系表中优先关系，则关系图中存在回路，说明不存在优先函数。

5-29 将文法 G[S] 拓广为：

S′→#S#

S→a|∧|(T)

T→T,S|S

(1) 文法 G[S] 中非终结符的 FIRSTVT 和 LASTVT 表见表 5-15。

表 5-15 非终结符的 FIRSTVT 和 LASTVT 集

非终结符	S′	S	T
FIRSTVT 集	#	a，∧，(	a，∧，(，,
LASTVT 集	#	a，∧，)	a，∧，)，,

(2) 算符优先关系表见表 5-16。

表 5-16 算符优先关系表

算符	a	ˆ	(	)	,	#
a				⋗	⋗	⋗
ˆ				⋗	⋗	⋗
(	⋖	⋖	⋖	≡	⋖	
)				⋗	⋗	⋗
,	⋖	⋖	⋖	⋗	⋗	
#	⋖	⋖	⋖			≡

表 5-16 中无多重入口，即所有终结符号结之间至多只有一种优先关系，故该文法是算符优先（OPG）文法。

(3) 输入串（a，a）#的算符优先分析过程见表 5-17。

表 5-17 输入串（a，a）#的算符优先分析过程

步骤	分析栈	优先关系	当前输入串	移进或归约
1	#	⋖	(a，a) #	移进
2	#（	⋖	a，a) #	移进
3	#（a	⋗	，a) #	归约：S→a
4	#（N	⋖	，a) #	移进
5	#（N,	⋖	a) #	移进

续表 5-17

步骤	分析栈	优先关系	当前输入串	移进或归约
6	#（N，a	⋗	）#	归约：S→a
7	#（N，N	⋗	）#	归约：T→T，S
8	#（N	≡	）#	移进
9	#（N）	⋗	#	归约：S→（T）
10	#N	≡	#	接受

输入串（a，（a，a））#的算符优先分析过程见表 5-18。

表 5-18　输入串（a，（a，a））#的算符优先分析过程

步骤	分析栈	优先关系	当前输入串	移进或归约
1	#	⋖	（a，（a，a））#	移进
2	#（	⋖	a，（a，a））#	移进
3	#（a	⋗	，（a，a））#	归约
4	#（N	⋖	，（a，a））#	移进
5	#（N，	⋖	（a，a））#	移进
6	#（N，（	⋖	a，a））#	移进
7	#（N，（a	⋗	，a））#	归约
8	#（N，（N	⋖	，a））#	移进
9	#（N，（N，	⋖	a））#	移进
10	#（N，（N，a	⋗	））#	归约
11	#（N，（N，N	⋗	））#	归约
12	#（N，（N	≡	））#	移进
13	#（N，（N）	⋗	）#	归约
14	#（N，N	⋗	）#	归约
15	#（N	≡	）#	移进
16	#（N）	⋗	#	归约
17	#N	≡	#	接受

（4）（a，a）的最右推导过程为：

S⇒(T)⇒(T,S)⇒(T,a)⇒(S,a)⇒(a,a)

（a，（a，a））的最右推导过程为：

S⇒(T)⇒(T,S)⇒(T,(T))⇒(T,(T,S))⇒(T,(S,a))⇒(S,(a,a))⇒(a,(a,a))

输入串（a，a）#的规范归约过程见表 5-19

表 5-19　输入串（a，a）#的规范归约过程

步骤	分析栈	当前输入串	移进或归约
1	#	（a，a）#	移进
2	#（	a，a）#	移进

续表 5-19

步骤	分析栈	当前输入串	移进或归约
3	#（a	，a）#	归约：S→a
4	#（S	，a）#	归约：T→S
5	#（T	，a）#	移进
6	#（T，	a）#	移进
7	#（T，a	）#	归约：S→a
8	#（T，S	）#	归约：T→T，S
9	#（T	）#	移进
10	#（T）	#	归约：S→（T）
11	#S	#	接受

对输入串（a，（a，a））#的规范归约过程见表 5-20。

表 5-20 输入串（a，（a，a））#的规范归约过程

步骤	分析栈	当前输入串	移进或归约
1	#	（a，（a，a））#	移进
2	#（	a，（a，a））#	移进
3	#（a	，（a，a））#	归约：S→a
4	#（S	，（a，a））#	归约：T→S
5	#（T	，（a，a））#	移进
6	#（T，	（a，a））#	移进
7	#（T，（	a，a））#	移进
8	#（T，（a	，a））#	归约：S→a
9	#（T，（S	，a））#	归约：T→S
10	#（T，（T	，a））#	移进
11	#（T，（T，	a））#	移进
12	#（T，（T，a	））#	归约：S→a
13	#（T，（T，S	））#	归约：T→T，S
14	#（T，（T	））#	移进
15	#（T，（T）	）#	归约：S→（T）
16	#（T，S	）#	归约：T→T，S
17	#（T	）#	移进
18	#（T）	#	归约：S→（T）
19	#S	#	接受

5-30 （1）计算 G[S′] 的 FIRSTVT 和 LASTVT 集见表 5-21。

表 5-21 非终结符的 FIRSTVT 和 LASTVT 集

非终结符	S′	S	A	B	D
FIRSTVT 集	#	-, *, ^, (, m	*, ^, (, m	^, (, m	(, m
LASTVT 集	#	-, *, ^,), m	*, ^,, m	^,), m	), m

(2) 构造 G[S′] 的算符优先关系表，见表 5-22。

表 5-22 算符优先关系表

算符	-	*	^	m	(	)	#
-	⋗	⋖	⋖	⋖	⋖	⋗	⋗
*	⋗	⋗	⋖	⋖	⋖	⋗	⋗
^	⋗	⋗	⋖	⋖	⋖	⋗	⋗
m	⋗	⋗	⋗			⋗	⋗
(	⋖	⋖	⋖	⋖	⋖	≡	
)	⋗	⋗	⋗			⋗	⋗
#	⋖	⋖	⋖	⋖	⋖		≡

由表 5-22 可知，G[S′] 的所有终结符对之间的优先关系是唯一的，故 G[S] 是算符优先文法。

(3) 输入串 m-m * m#的算符优先分析过程见表 5-23。

表 5-23 输入串 m-m * m#的算符优先分析过程

步骤	分析栈	优先关系	当前输入串	移进或归约
1	#	⋖	m-m * m#	移进
2	#m	⋗	-m * m#	归约
3	#N	⋖	-m * m#	移进
4	#N-	⋖	m * m#	移进
5	#N-m	⋗	* m#	归约
6	#N-N	⋖	* m#	移进
7	#N-N *	⋖	m#	移进
8	#N-N * m	⋗	#	归约
9	#N-N * N	⋗	#	归约
10	#N-N	⋗	#	归约
11	#N	≡	#	接受

5-31 (1) 算符优先关系见表 5-24。

表 5-24 算符优先关系表

算符	+	*	^	i	(	)	#
+	⋗	⋖	⋖	⋖	⋖	⋗	⋗

续表 5-24

算符	+	*	^	i	(	)	#
*	⋗	⋗	⋖	⋖	⋖	⋗	⋗
^	⋗	⋗	⋖	⋖	⋖	⋗	⋗
i	⋗	⋗	⋗			⋗	⋗
(	⋖	⋖	⋖	⋖	⋖	≡	
)	⋗	⋗	⋗			⋗	⋗
#	⋖	⋖	⋖	⋖	⋖		≡

（2）对句子 i+i 作规范归约和算符优先分析的语法树比较，如图 5-4 所示。

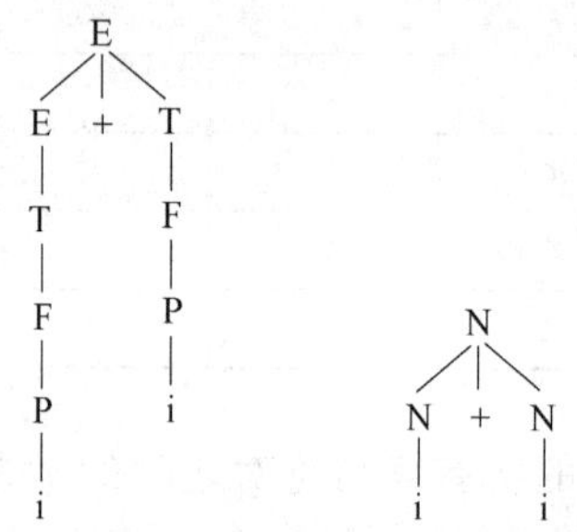

图 5-4 句子 i+i 作规范归约和算符优先分析的语法树比较

（3）对串 i+i#算符优先分析的过程见表 5-25。

表 5-25 输入串 i+i#的算符优先分析过程

步骤	分析栈	优先关系	当前输入串	移进或归约
1	#	⋖	i+i#	移进
2	#i	⋗	+i#	归约
3	#N	⋖	+i#	移进
4	#N+	⋖	i#	移进
5	#N+i	⋗	#	归约
6	#N+N	⋗	#	归约
7	#N	≡	#	接受

5-32 （1）对文法进行拓广，加入产生式 S′→S 后得 G[S′]，其非终结符的 FIRSTVT、LASTVT 集计算见表 5-26。

表 5-26 非终结符的 FIRSTVT 和 LASTVT 集

非终结符	S′	S	A	H	T
FIRSTVT 集	#	;，(，a	(，a	(，a	+，;，(，a
LASTVT 集	#	;，)，a	)，a	)，a	+，;，)，a

（2）优先关系表见表 5-27。

表 5-27　算符优先关系表

算符	;	(	)	a	+	#
;	⋗	⋖	⋗	⋖	⋗	⋗
(	⋖	⋖	≡	⋖	⋖	
)	⋗	⋗	⋗		⋗	⋗
a	⋗	⋗	⋗		⋗	⋗
+	⋖	⋖	⋗	⋖	⋗	
#	⋖	⋖		⋖		≡

(3) 输入串（a+a）#的算符优先分析过程见表 5-28。

表 5-28　输入串（a+a）#的算符优先分析过程

步骤	分析栈	优先关系	当前输入串	移进或归约
1	#	⋖	（a+a）#	移进
2	#（	⋖	a+a）#	移进
3	#（a	⋗	+a）#	归约
4	#（N	⋖	+a）#	移进
5	#（N+	⋖	a）#	移进
6	#（N+a	⋗	）#	归约
7	#（N+N	⋗	）#	归约
8	#（N	≡	）#	移进
9	#（N）	⋗	#	归约
10	#N	≡	#	接受

(4) 由上述分析过程可知，用算符优先分析法分析时，只需考虑终结符之间的优先关系，去掉了单非终结符之间的归约，这使得算符优先分析法具有效率高的优点。但是，由此也可能会使错误的句子得到正确的归约（如上述（a+a）#不是 G[S′] 的句子，但算符优先分析却是成功的）。这就是算符优先分析法的缺点。

5-33　(1) 计算 G[S′] 的 FIRSTVT 和 LASTVT 集见表 5-29。

表 5-29　非终结符的 FIRSTVT 和 LASTVT 集

非终结符	S′	S	V	T	F
FIRSTVT 集	#	i，+，)，(	i，+，)，(	+，)，(	)，(
LASTVT 集	#	i，+，*，(	i，+，*，(	+，*，(	*，(

(2) 构造 G[S′] 的算符优先关系表见表 5-30。显然，G[S′] 由于优先关系表中终结符之间的优先关系是唯一的，故 G[S] 是算符优先文法。

表 5-30　算符优先关系表

算符	i	+	*	(	)	#
i	⋗	⋖	⋗	⋖	⋖	⋗
+	⋗	⋗	⋗	⋖	⋖	⋗
*	⋗	⋗	⋗			⋗
(	⋗	⋗	⋗			⋗
)	⋖	⋖	≐	⋖	⋖	
#	⋖	⋖		⋖	⋖	≐

（3）句子（+(i(#的算符优先分析过程见表 5-31。

表 5-31　输入串（+(i(#的算符优先分析过程

步骤	分析栈	优先关系	当前输入串	移进或归约
1	#	⋖	(+（i(#	移进
2	#（	⋗	+（i(#	归约
3	#N	⋖	+（i(#	移进
4	#N+	⋖	(i(#	移进
5	#N+（	⋗	i(#	归约
6	#N+N	⋗	i(#	归约
7	#N	⋖	i(#	移进
8	#Ni	⋖	(#	移进
9	#Ni(	⋗	#	归约
10	#NiN	⋗	#	归约
11	#N	≐	#	接受

5-34　（1）nFoTant 的最左推导序列为：

B⇒BoT⇒ToT⇒FoT⇒nFoT⇒nFoTaF⇒nFoTanF⇒nFoTant

（2）nFoTant 的语法树如图 5-5 所示。

句型 nFoTant 分析如下：

该句型相对于 B 的短语有 nFoTant 和 nF，相对于 T 的短语有 nF 和 Tant，相对于 F 的短语有 nF、nt 和 t，相对于 F→nF 的直接短语为 nF，相对于 F→t 的直接短语为 t。该句型的句柄为 nF。该句型的所有素短语为 nF 和 t，最左素短语为 nF。

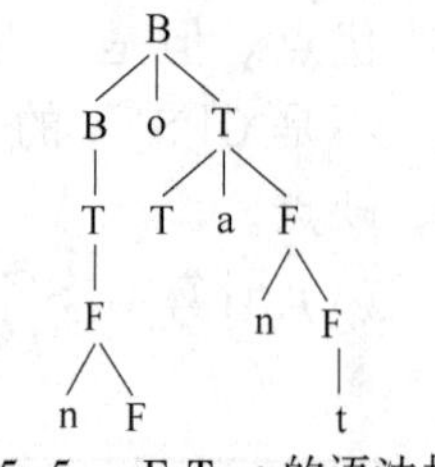

图 5-5　nFoTant 的语法树

（3）计算 G[S] 的 FIRSTVT 和 LASTVT 集见表 5-32。

表 5-32　非终结符的 FIRSTVT 和 LASTVT 集

非终结符	S	B	T	F
FIRSTVT 集	#	o，a，n，(，t，f	a，n，(，t，f	n，(，t，f
LASTVT 集	#	o，a，n，)，t，f	a，n，)，t，f	n，)，t，f

（4）构造 G[S] 的算符优先关系表见表 5-33。由于表中终结符之间的优先关系是唯一的，故 G[S] 是算符优先文法。

表 5-33 算符优先关系表

算符	o	a	n	(	)	t	f	#
o	⋗	⋖	⋖	⋖	⋗	⋖	⋖	⋗
a	⋗	⋗	⋖	⋖	⋗	⋖	⋖	⋗
n	⋗	⋗	⋖	⋖	⋗	⋖	⋖	⋗
(	⋖	⋖	⋖	⋖	≡	⋖	⋖	
)	⋗	⋗			⋗			⋗
t	⋗	⋗			⋗			⋗
f	⋗	⋗			⋗			⋗
#	⋖	⋖	⋖	⋖		⋖	⋖	≡

（5）输入串 ntofat#的算符优先分析过程见表 5-34。

表 5-34 输入串 ntofat#的算符优先分析过程

步骤	分析栈	优先关系	当前输入串	移进或归约
1	#	⋖	ntofat#	移进
2	#n	⋖	tofat#	移进
3	#nt	⋗	ofat#	归约
4	#nN	⋗	ofat#	归约
5	#N	⋖	ofat#	移进
6	#No	⋖	fat#	移进
7	#Nof	⋗	at#	归约
8	#NoN	⋖	at#	移进
9	#NoNa	⋖	t#	移进
10	#NoNat	⋗	#	归约
11	#NoNaN	⋗	#	归约
12	#NoN	⋗	#	归约
13	#N	≡	#	接受

5-35 （1）(b(a(的规范推导序列：S⇒M⇒MaN⇒MaF⇒Ma(⇒Na(⇒NbFa(⇒Nb(a(⇒Fb(a(⇒(b(a(。

（2）句型 FbFa（的语法树如图 5-6 所示。

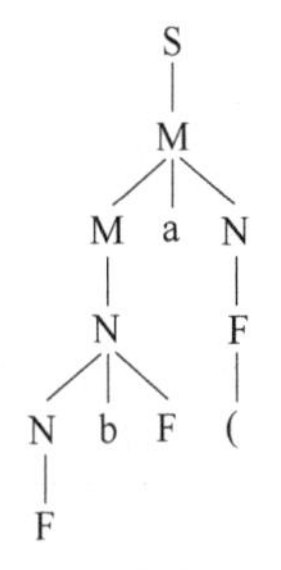

图 5-6 句型 FbFa(的语法树

句型分析如下：

句型 FbFa（相对于 S 的短语为 FbFa（；相对于 M 的短语有 FbFa（和 FbF；相对于 N 的短语有 FbF、F 和（；相对于 F 的短语有（；相对于 N→F 的直接短语为 F；相对于 F→(的直接短语为（；句柄为

F。该句型的所有素短语为 FbF 和（；最左素短语为 FbF。

（3）引入产生式 S′→#S#拓广文法，则计算文法的 FIRSTVT 和 LASTVT 集见表 5-35。

表 5-35 非终结符的 FIRSTVT 和 LASTVT 集

非终结符	S′	S	M	N	F
FIRSTVT 集	#	a，b，)，(	a，b，)，(	b，)，(	)，(
LASTVT 集	#	a，b，d，(	a，b，d，(	b，d，(	d，(

由 FIRSTVT 和 LASTVT 集得文法的算符优先关系表，见表 5-36。由于优先关系表中终结符之间的优先关系是唯一的，故 G[S] 是算符优先文法。

表 5-36 算符优先关系表

算符	a	b	d	(	)	#
a	⋗	⋖	⋗	⋖	⋖	⋗
b	⋗	⋗	⋗	⋖	⋖	⋗
d	⋗	⋗	⋗			⋗
(	⋗	⋗	⋗			⋗
)	⋖	⋖	≡	⋖	⋖	
#	⋖	⋖		⋖	⋖	≡

（4）句子（b（a（#的算符优先分析过程见表 5-37。

表 5-37 句子（b（a（#的算符优先分析过程

步骤	分析栈	优先关系	当前输入串	移进或归约
1	#	⋖	（b（a（#	移进
2	#（	⋗	b（a（#	归约
3	#N	⋖	b（a（#	移进
4	#Nb	⋖	（a（#	移进
5	#Nb（	⋗	A（#	归约
6	#NbN	⋗	a（#	归约
7	#N	⋖	a（#	移进
8	#Na	⋖	（#	移进
9	#Na（	⋗	#	归约
10	#NaN	⋗	#	归约
11	#N	≡	#	接受

5-36 （1）计算 G[S′] 的 FIRSTVT 和 LASTVT 集见表 5-38。

表 5-38　非终结符的 FIRSTVT 和 LASTVT 集

非终结符	S′	S	A	B
FIRSTVT 集	#	a，b，d	a，b	d
LASTVT 集	#	a，d	a，b	d

(2) 构造 G[S′] 的算符优先关系表，见表 5-39。显然，由于优先关系表中终结符之间的优先关系是唯一的，故 G[S′] 是算符优先文法。

表 5-39　算符优先关系表

算符	a	b	d	#
a	⋗	⋗	⋖	⋗
b	⋗	⋗	⋗	
d			⋖	⋗
#	⋖	⋖	⋖	≡

(3) 输入串 aad#的算符优先分析过程见表 5-40。显然，aad#是 G[S′] 的句子。

表 5-40　输入串 aad#的算符优先分析过程

步骤	分析栈	优先关系	当前输入串	移进或归约
1	#	⋖	aad#	移进
2	#a	⋗	ad#	归约
3	#N	⋖	ad#	移进
4	#Na	⋖	d#	移进
5	#Nad	⋗	#	归约
6	#NaN	⋗	#	归约
7	#N	≡	#	接受

输入串 aaddb#的算符优先分析过程见表 5-41。显然，aaddb#的不是 G[S′] 的句子。

表 5-41　输入串 aaddb#的算符优先分析过程

步骤	分析栈	优先关系	当前输入串	移进或归约
1	#	⋖	aaddb#	移进
2	#a	⋗	addb#	归约
3	#N	⋖	addb#	移进
4	#Na	⋖	ddb#	移进
5	#Nad	⋖	db#	移进
6	#Nadd	无	b#	报错

6 LR 分析

6.1 知识结构

本章的知识结构如图 6-1 所示。

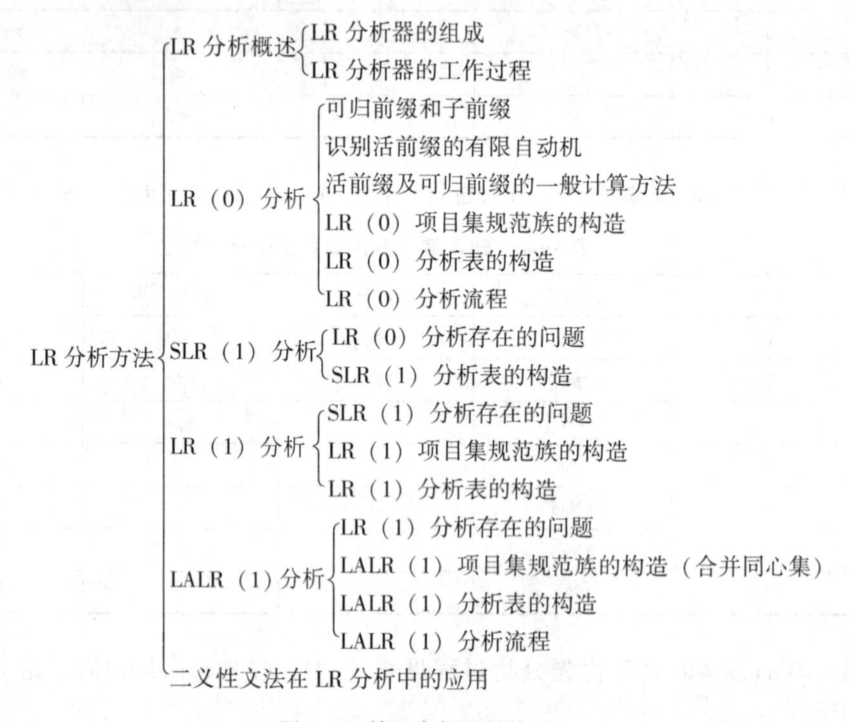

图 6-1 第 6 章知识结构图

6.2 知识要点

本章的知识要点包括以下内容：

【知识要点 1】LR(k) 分析方法

（1）LR 分析方法是一种可以唯一确定句柄的自底向上分析方法。LR(k) 分析方法由 knuth 于 1965 年提出。括号中的 k 表示向右查看输入串符号的个数。LR(k) 分析方法根据当前分析栈中的符号串（通常以状态表示）和向右顺序查看输入串的 k 个（k≥0）符号，唯一地确定分析器的动作是“移进”还是“归约”，以及用哪个产生式归约。

（2）LR分析方法的归约过程是规范推导的逆过程，故LR分析是一种规范归约。LR分析方法比自顶向下的LL(k)分析方法和算符优先分析方法对文法的限制要少得多。对于大多数用无二义性上下文无关文法描述的语言，都可以用相应的LR分析器进行识别。

（3）LR分析方法的优点是分析速度快，能准确、及时地指出出错位置。但对于一个实用语言文法来说，LR分析器的构造工作量相当大（k愈大，构造愈复杂，实现相当困难）。

【知识要点2】LR分析器的组成

LR分析器由三个部分组成：

（1）总控程序，即驱动程序。所有的LR分析器的总控程序都相同。

（2）分析表（或分析函数）。分析表又可分为动作表（ACTION）和状态转换（GOTO）表两个部分，它们都可用二维数组表示。不同的LR文法的分析表的构造方法略有不同。同一个文法采用不同的LR分析器分析时，分析表也将不同。

（3）分析栈。分析栈包括文法符号栈和相应的状态栈，它们均是先进后出栈。分析器的动作由栈顶状态和当前输入符号所决定。

【知识要点3】活前缀和可归前缀

（1）若$S' \overset{*}{=}> \alpha A\gamma \Rightarrow \alpha\beta\gamma$是G的拓广文法G′的一个规范推导，则称$\alpha\beta$为可归前缀。若有串W是$\alpha\beta$的前缀，则称W是G的一个活前缀。注意：S′为文法拓广后的开始符，它只出现在产生式左部。

（2）把形成可归前缀之前包括可归前缀在内的所有规范句型的前缀都称为活前缀。可归前缀是包含句柄的活前缀。

（3）活前缀为一个或若干规范句型的前缀。在规范归约过程中的任何时刻，如果已分析过的部分（即在符号栈中的符号串）均为规范句型的活前缀，则表明输入串已被分析过的部分是该文法某规范句型的一个正确部分。

（4）LR分析需要构造识别该文法活前缀的有穷自动机。在实际的LR分析过程中，并不是直接去分析文法符号栈中的符号是否形成句柄。因此，可以把终结符和非终结符都看成一个有限自动机的输入符号，把每一个已进栈的符号都看成已识别过的符号。当识别到可归前缀时，相当于在栈中已形成句柄，即认为已到达了识别句柄的终态。

【知识要点4】LR分析算法（四种LR分析方法算法完全一致）

（1）置输入指针IP指向输入串的第一个符号，令S是栈顶状态，a是IP所指向的符号，将#压入符号栈，将开始状态0压入状态栈；

（2）重复执行如下过程：

```
{
if(ACTION[S,a]=Sj){
   把符号a入符号栈,把状态j入状态栈;
   使IP指向下一个输入符号;
   }
else if(ACTION[S,a]=rj){
```

```
        从栈顶弹出第j条产生式右部串长|β|个符号;
        把归约得到的非终结符A压入符号栈;
        将GOTO[S,A]的值j压入状态栈;
        输出产生式A→β;
        }
        else if(ACTION[S,a]=acc)
                return;
            else
                error();
    }
```

【知识要点5】LR(0) 项目

(1) 在文法G中每个产生式的右部适当位置添加一个圆点，构成项目。

(2) 一个产生式可对应的项目个数是它的右部符号长度加1，值得注意的是，对空产生式 A→ε 仅有一个项目 A→·（点号不可省略）。

(3) 每个项目的含义与圆点的位置有关。概括地说，圆点的左部表示分析过程的某时刻用该产生式归约时句柄已识别过的部分；圆点右部表示待识别的部分。

(4) 识别文法所有活前缀的有限自动机NFA的每个状态都由若干个“项目”构成。

【知识要点6】LR(0) 项目的分类

LR(0) 项目分为四类：形如［A→α. aβ］的移进项目，形如［A→α. Bβ］的待约项目，形如［A→αBβ.］的归约项目，形如［S′→α.］的接受项目。

【知识要点7】项目集规范族

识别该文法活前缀的DFA项目集（状态）的全体，称为项目集规范族。

【知识要点8】项目集闭包计算方法

给定项目集I，则其闭包CLOSURE（I）的计算方法如下：

(1) 项目集I中所有的项目均在CLOSURE（I）中。

(2) 若有“［A→α. Bβ］∈CLOSURE（I）”，则每一个形如［B→. γ］的项目也属于CLOSURE（I）。

(3) 重复（2），直到CLOSURE（I）中不出现新项目为止。

【知识要点9】后继项目和核

任意项目［A→α. Xβ］中圆点后移一个符号得到其后继项目［A→αX. β］。各状态的初始项目称为核。初态的核为［S′→. S］。其他所有圆点不在产生式右部最左位置的项目都称为核。

【知识要点10】闭包之间的转移

GO(I, X)=CLOSURE(J)={A→αX. β | A→α. Xβ∈I}。其中，J为I状态中圆点从X

前移到 X 后形成的项目集状态。

【知识要点 11】计算 LR(0) 项目集规范族 C(即分析器状态集合) 的算法

```
LR0FUNC ( ){
        C=CLOSURE({S'→.S});
        while(C 中有新项目出现){
          for(∀I∈C,∀X∈(V_N∪V_T))
            if(GO(I,X)≠Φ 且 GO(I,X)没包含在 C 中)
                C=C∪GO(I,X);
          }
        }
```

【知识要点 12】LR(0) 分析表的构造算法

设 G′的 LR(0) 项目集规范族为 $\{I_0, I_1, \cdots, I_n\}$，用 i 表示闭包 I_i 对应的分析器状态（即相应的 DFA 状态），则按如下步骤构造 LR(0) 分析表：

(1) 置 0 为开始状态。

(2) 对 $I_i \in C$：

if([A→α. aβ] ∈ I_i 且 GO(I_i,a) = I_j) ACTION[i,a] = S_j。

f([A→α. Bβ] ∈ I_i 且 GO(I_i,B) = I_j) GOTO[i,B] = j。

if([A→α.] ∈ I_i) for(∀a ∈ V_T ∪ {#}) do ACTION[i,a] = r_j。

if([S′→S.] ∈ I_i) ACTION[i,#] = acc。

(3) 所有空格置 error。

【知识要点 13】LR(0) 文法

(1) 如果 I 中至少含两个归约项目，则称 I 中存在“归约—归约”冲突。如果 I 中既含归约项目，又含移进项目，则称 I 中存在“移进—归约”冲突。如果 I 既没有“归约—归约”冲突，又没有“移进—归约”冲突，则称 I 是相容的；否则，称 I 是不相容的。

(2) 对文法 G，如果任意 I∈C，都是相容的，则称 G 为 LR(0) 文法。

【知识要点 14】SLR(1) 文法

(1) 对含有“移进—归约”和“归约—归约”冲突的项目集：I = {X→α. bβ，A→γ.，B→δ.}，若所有含有 A 和 B 的句型都满足：

FOLLOW(A) ∩ FOLLOW(B) = Φ 且 FOLLOW(A) ∩ {b} = FOLLOW(B) ∩ {b} = Φ

则在状态 I 中面临输入符 a 的动作可由下面规定决策：若 a = b，则移进；若 a ∈ FOLLOW(A)，则用项目 [A→γ.] 归约，若 a ∈ FOLLOW(B)，则用项目 [B→δ.] 归约；此外，报错。类似地，可推出含多个移进项目和归约项目的一般情况。

(2) 能用上述方法解决冲突的文法，称为 SLR(1) 文法。

【知识要点15】SLR(1) 分析表的构造算法

设G的LR(0) 项目集规范族为 $\{I_0, I_1, \cdots, I_n\}$，用i表示闭包 I_i 对应的分析器状态（即相应的DFA状态），则按如下步骤构造SLR(1) 分析表：

（1）置0为开始状态。

（2）对 $I_i \in C$：

```
if([A→α.aβ]∈Ii 且 GO(Ii,a)=Ij)ACTION[i,a]=Sj;
if([A→α.Bβ]∈Ii 且 GO(Ii,B)=Ij)GOTO[i,B]=j;
if([A→α.]∈Ii)for ∀a∈FOLLOW(A)do ACTION[i,a]=rj;
if([S′→S.]∈Ii)ACTION[i,#]=acc;
```

（3）所有空格置error。

如果G的SLR(1) 分析表无冲突，则称G为SLR(1) 文法。

【知识要点16】SLR(1) 分析的特点和局限性

（1）SLR(1) 描述能力强于LR(0)，因为考虑了FOLLOW集中的符号，而LR(0) 仅考虑产生式的首符号。

（2）如果一个文法的SLR(1) 分析表中仍有“移进—归约”冲突或“归约—归约”冲突存在，则说明该文法不是SLR(1) 文法。同时，也表明使用LR(0) 项目集和FOLLOW集还不足以分析这种文法。

【知识要点17】LR(k) 项目

（1）LR(k) 项目由心（即LR(0) 项目）和向前搜索字符集合两部分构成。对于产生式 $[A\rightarrow\alpha.\beta, a_1a_2\cdots a_k]$ 可包含如下项目：

归约项目：$[A\rightarrow\alpha., a_1a_2\cdots a_k]$；

移进项目：$[A\rightarrow\alpha.a\beta, a_1a_2\cdots a_k]$；

待约项目：$[A\rightarrow\alpha.B\beta, a_1a_2\cdots a_k]$。

（2）利用LR(k) 项目进行LR(k) 分析。当 $k=1$ 时，即为LR(1) 项目，相应的分析称为LR(1) 分析。

【知识要点18】LR(1) 项目集规范族的构造

（1）当项目集I的核/初始项目为 $[A\rightarrow\alpha.B\beta, a]$，计算CLOSURE（I）时，还要考虑可能出现的向前搜索符：$b\in FIRST(\beta, a)$。当 $\beta=*>\varepsilon$ 时，有 $b=a$，称b为继承的向前搜索符；否则，称b为自生的向前搜索符。

（2）CLOSURE（I）的构造算法。令J=CLOSURE（I），再用如下方法求J：

```
LR1FUNC1(){
    J=I;
    while(J中有新项目出现){
    若[A→α.Bβ,a]是J中项目,B→η是G中的产生式,且b∈FIRST(βa),则[B→.η,b]也是
```

```
J 中项目;
        }
    }
```

(3) 状态 I 和文法符号 X 的转移函数为:

GO(I,X)= CLOSURE([A→αX. β,a] | [A→α. Xβ,a] ∈ I)

(4) 将 $C=\{I_0\}\cup\{I|(J\in C,X\in V_T,I=GO(J,X)\}$ 称为 G′的 LR(1) 项目集规范族。计算 LR(1) 项目集规范族 C 的函数如下:

```
LR1FUNC2(){
    C=CLOSURE({S′→. S,#});
    while(C 中项目有变化){
      for(I∈C, ∀X∈(V_N∪V_T))
          if(GO(I,X)≠Φ 且 GO(I,X)没包含在 C 中)
              C=C∪GO(I,X)
        }
}/* 该算法同于 LR(0),但前面所使用的闭包求法不同 */
```

【知识要点 19】LR(1) 分析表(或 LRLA(1) 分析表)的构造

对项目集规范族 $\{I_0, I_1, \cdots, I_n\}$,用 i 表示闭包 I_i 对应的分析器状态(即相应的 DFA 状态),则构造分析表方法如下:

(1) 置 0 为开始状态;

(2) 对 $I_i\in C$:

```
if([A→α. aβ,b]∈I_i 且 GO(I_i,a)=I_j)ACTION[i,a]=S_j;
if([A→α. Bβ,b]∈I_i 且 GO(I_i,B)=I_j)GOTO[i,B]=j;
if([A→α. ,a]∈I_i)ACTION[i,a]=r_j;
if([S′→S. ,#]∈I_i)ACTION[i,#]=acc;
```

(3) 所有空格置 error。

【知识要点 20】同心集

(1) 心相同的项目集合并后构成同心集。合并后的向前搜索符集为合并前向前搜索符的并集。

(2) 合并同心集后,转换函数自动合并,且转换函数也为同心集。

(3) 合并同心集可能会推迟对某些错误的发现,但出错位置依然是准确的。

【知识要点 21】LALR(1) 文法

对文法 G 构造 LR(1) 项目集规范族,若不含任何冲突,则合并同心集;若合并后不产生“归约—归约“冲突,则 G 为 LALR(1) 文法。

【知识要点 22】LALR(1) 分析表的构造

(1) 构造 G 的 LR(1) 项目集规范族 $C=\{I_0, I_1, \cdots, I_n\}$。

（2）合并所有同心集，得项目集规范族：$C'=\{J_0, J_1, \cdots, J_n\}$。

（3）用同于 LR(1) 的方法，由 C′构造 ACTION 表、GOTO 表。

【知识要点 23】二义性文法在 LR 分析中的应用

（1）二义性文法不可能是 LR(k) 文法、OPG、LL(k) 文法。对某些二义性文法，通过人为规定无二义性的原则后，可以用 LR 方法进行分析，并且对应的 LR 分析器比非二义性文法的 LR 分析器性能更好。

（2）对某些二义性文法，人为规定无二义性的原则：当存在“移进—归约”冲突时，移进优先；当存在“归约—归约”冲突时，优先使用出现在前面的产生式进行归约。

（3）对二义性算术表达式文法进行 SLR(1) 分析时，可利用运算符的优先关系和结合性解决冲突。

6.3 例题分析

【例题 6-1】拓广文法 G[S] 后有：

[0]S′→S
[1]S→A
[2]S→B
[3]A→aAe
[4]A→a
[5]B→bBd
[6]B→b

（1）构造该文法的 LR(0) 项目集规范族。

（2）计算非终结符的 FOLLOW 集并构造该文法的 SLR(1) 分析表。

（3）用 SLR(1) 方法分析输入串 aae#。

分析与解答：

（1）构造 G[S′] 的 LR(0) 项目集规范族（即 LR(0) 识别 G[S′]活前缀的 DFA）如图 6-2 所示。

（2）计算文法非终结符的 FOLLOW 集，见表 6-1。

表 6-1 非终结符的 FOLLOW 集

非终结符	S	A	B
FOLLOW 集	#	#, e	#, d

计算文法的 SLR(1) 分析表，见表 6-2。

表 6-2 SLR(1) 分析表

状态	ACTION					COTO		
	a	b	e	d	#	S	A	B
0	S_4	S_5				1	2	3

续表 6-2

状态	ACTION					COTO		
	a	b	e	d	#	S	A	B
1					acc			
2					r_1			
3					r_2			
4	S_4		r_4		r_4		6	
5		S_5		r_6	r_6			7
6			S_8					
7				S_9				
8			r_3		r_3			
9				r_5	r_5			

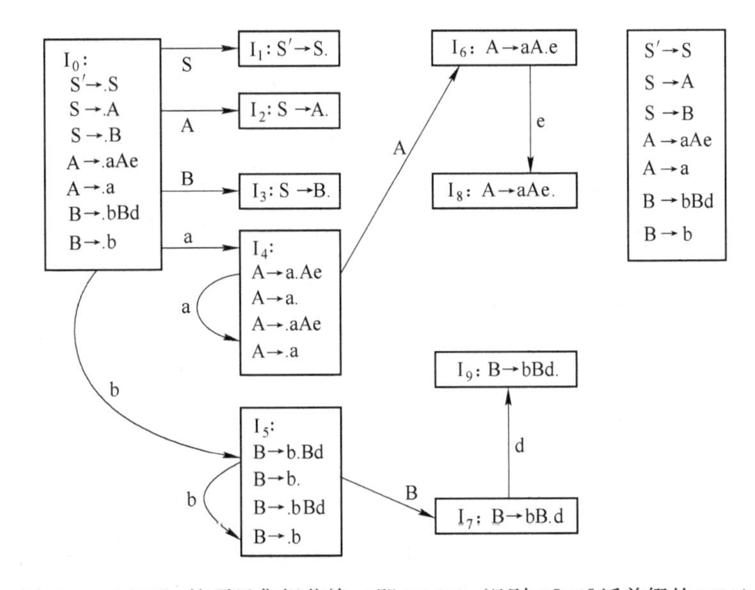

图 6-2 G[S′] 的项目集规范族（即 LR(0) 识别 G[S′]活前缀的 DFA）

（3）对输入串 aae#进行 SLR(1) 分析的过程见表 6-3。

表 6-3 输入串 aae#进行 SLR(1) 分析过程

步骤	状态栈	符号栈	当前输入串	ACTION	GOTO
1	0	#	aae#.	S_4	
2	04	#a	ae#.	S_4	
3	044	#aa	e#	r_4	6
4	046	#aA	e#	S_8	
5	0468	#aAe	#	r_3	2
6	02	#A	#	r_1	1
7	01	#S	#	acc	

【例题 6-2】现有文法 G[S′]：

[0]S′→S

[1]S→L=R

[2]S→R

[3]L→∗R

[4]L→i

[5]R→L

(1) 构造 G[S′] 的 LR(1) 项目集规范族 DFA。

(2) 判断 G[S′] 是否为 LR(1) 文法或 LALR(1) 文法。

(3) 构造 G[S′] 的 LALR(1) 分析表。

分析与解答：

(1) G[S′] 的 LR(1) 项目集规范族 DFA 如图 6-3 所示。

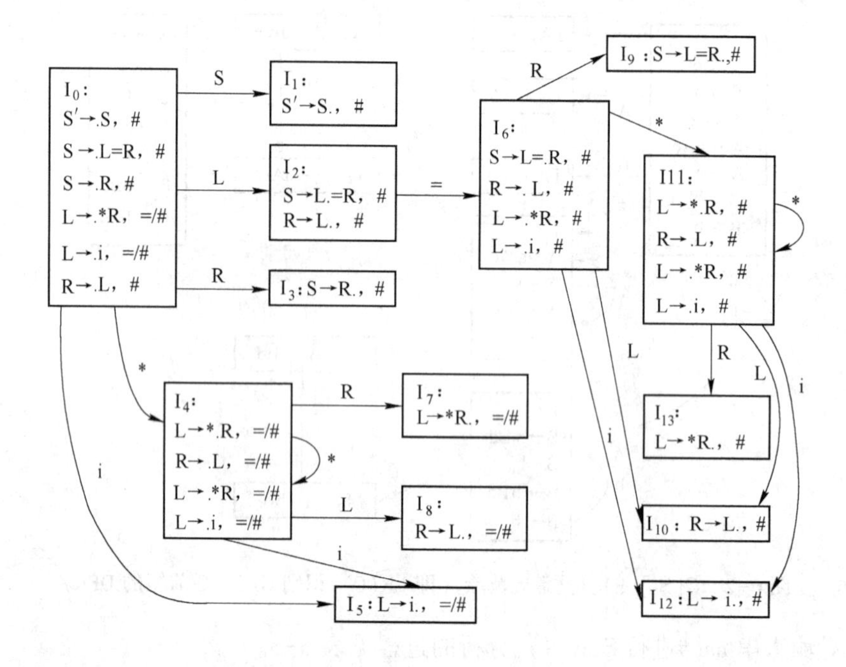

图 6-3 G[S′] 的 LR(1) 项目集规范族

(2) 上面 LR(1) 项目集规范族的 I_2 中，因 FOLLOW(B) = {#，=}，仅当输入#号时，才用项目 R→L. 归约；当输入“=”号时，用项目 S→L. =R 作移进。显然，SLR(1) 方法不能解决的“移进—归约”冲突，可以用 LR(1) 方法解决。故该文法是 LR(1) 文法。进一步将 LR(1) 项目集规范族中的同心集 I_4、I_{11}，同心集 I_5、I_{12}，同心集 I_7、I_{13}，同心集 I_8、I_{10}，合并为 I_4、I_5、I_7 和 I_8。显然，合并同心集后得到的项目集不含“归约—归约”冲突。故该文法是 LALR(1) 文法。

(3) G[S′] 的 LALR(1) 分析表见表 6-4。

表 6-4 LALR(1) 分析表

状态	ACTION				GOTO		
	=	*	i	#	S	L	R
0		S_4	S_5		1	2	3
1				acc			
2	S_6			r_5			
3				r_2			
4		S_4	S_5			8	7
5	r_4			r_4			
6		S_4	S_5			8	9
7	r_3			r_3			
8	r_5			r_5			
9				r_1			

【例题 6-3】 对文法 G[S′]：

[0]S′→S
[1]S→M
[2]S→N
[3]M→mMc
[4]M→m
[5]N→nNd
[6]N→n

（1）构造 G[S′] 的 LR(0) 项目集规范族 DFA。
（2）判断该文法是否为 LR(0)、SLR(1)、LR(1) 和 LALR(1) 文法。

分析与解答：

（1）G[S′] 的 LR(0) 项目集规范族 DFA 如图 6-4 所示。

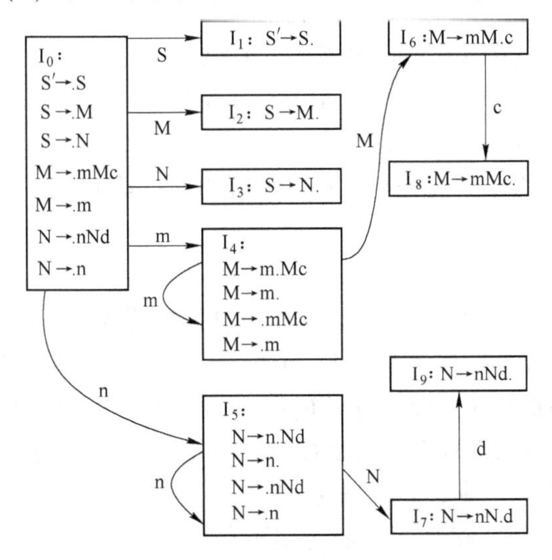

图 6-4 G[S] 的 LR(0) 项目集规范族

（2）检查上面的 DFA，发现 I_4 = {M→m.，M→. mMc，M→. m} 和 I5 = {N→n.，N→. nNd，N→. n} 中存在“移进—归约”冲突，故 G[S′] 不是 LR(0) 文法。

在 I_4 = {M→m.，M→. mMc，M→. m} 中，根据归约项目“M→m.”计算出得到：

FOLLOW(M) = {c，#}

因为 FOLLOW(M) 中不含移进项目“M→. mMc”或“M→. m”中的待移进符号“m”，在构造 SLR(1) 分析表时，遇到移进项目“M→. mMc”或“M→. m”，则在“m”列置移进标记 S_4；遇到归约项目“M→m.”时，只在“c”、“#”两列置归约标记 r_4。故 I_4 中的“移进—归约”冲突通过引入 FOLLOW 集得到了解决。

同样，在 I_5 = {N→n.，N→. nNd，N→. n} 中，根据归约项目 N→n. 计算出：

FOLLOW(N) = {d，#}

因为 FOLLOW(N) 中不含 I_5 中两个移进项目的待移进符号“n”，在构造 LR 分析表时，遇到移进项目 N→. nNd，N→. n，则在“n”列置移进标记 S_5；遇到归约项目“N→n.”，则只在“d”、“#”两列置归约标记 r_5。故 I_5 中的“移进—归约”冲突通过引入 FOLLOW 集也得到了解决。

因此，G[S′] 是 SLR(1) 文法。

依各种 LR 分析方法的能力由强到弱的排列次序（LR(1)>LALR(1)>SLR(1)>LR(0)）可知，一个 LR(0) 文法肯定是 SLR(1) 文法；一个 SLR(1) 文法肯定是 LALR(1) 文法；而一个 LALR(1) 文法肯定是 LR(1) 文法。既然 G[S′] 是 SLR(1) 文法，那么，它肯定也是 LR(1) 文法和 LALR(1) 文法。

【例题 6-4】对文法 G[S′]：

[0]S′→S
[1]S→AS
[2]S→ε
[3]A→aA
[4]A→b

（1）构造 G[S′] 的 LR(1) 项目集规范族 DFA。

（2）证明该文法是 LR(1) 文法和 LALR(1) 文法。

（3）构造 G[S′] 的 LR(0) 和 LR(1) 分析表。

（4）给出输入串 abab#的 LR 分析过程，并说明该串是否为 G[S′] 的句子。

分析与解答：

（1）LR(1) 项目集和转换函数如图 6-5 所示。

（2）证明：检查发现，G[S′] 的 LR(1) 项目集规范族 DFA 的状态 I_0 和 I_2 中在含有移进项目“A→. aA，a/b/#”和“A→. b，a/b/#”的同时，都还含有归约项目“S→.，#”。但是，由于归约项目的向前搜索符只有#，不含 a 或 b，所以只有当输入符号为#号时，才用该项目归约；而当输入符号为 a 或 b 时，做移进动作。即存在的“移进—归约”冲突可用 LR(1) 分析方法解决，所以该文法是 LR(1) 文法。

由于 LR(1) 项目集规范族 DFA 的状态集不存在同心集，故该文法是 LALR(1) 文法。

（3）G[S′] 的 LR(0) 分析表见表 6-5 左栏，LR(1) 分析表见表 6-5 右栏。

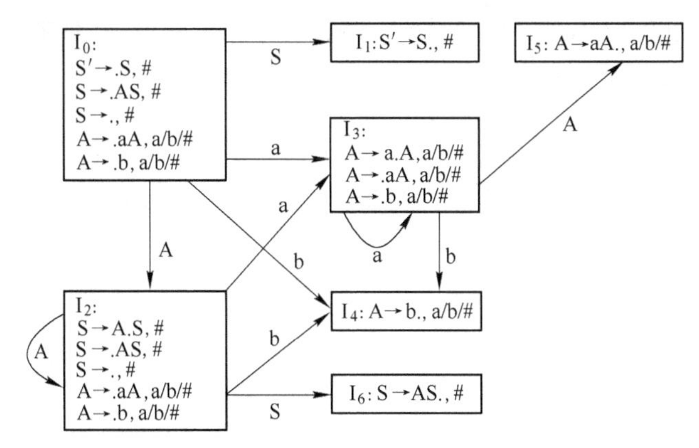

图 6-5　G[S′] 的 LR(1) 项目集规范族

表 6-5　G[S′] 的 LR(0) 分析表和 LR(1) 分析表

LR(0) 分析表

状态	ACTION			GOTO	
	a	b	#	S	A
0	S_3/r_2	S_4/r_2	r_2	1	2
1			acc		
2	S_3/r_2	S_4/r_2	r_2	6	2
3	S_3	S_4			5
4	r_4	r_4	r_4		
5	r_3	r_3	r_3		
6	r_1	r_1	r_1		

LR(1) 分析表

状态	ACTION			GOTO	
	a	b	#	S	A
0	S_3	S_4	r_2	1	2
1			acc		
2	S_3	S_4	r_2	6	2
3	S_3	S_4			5
4	r_4	r_4	r_4		
5	r_3	r_3	r_3		
6			r_1		

(4) 输入串 abab#的 LR(1) 分析过程见表 6-6。

表 6-6　输入串 abab#的 LR(1) 分析过程

步骤	状态栈	符号栈	当前输入串	ACTION	GOTO
1	0	#	abab#	S_3	
2	03	#a	bab#	S_4	
3	034	#ab	ab#	r_4	5
4	035	#aA	ab#	r_3	2
5	02	#A	ab#	S_3	
6	023	#Aa	b#	S_4	
7	0234	#Aab	#	r_4	5
8	0235	#AaA	#	r_3	2
9	022	#AA	#	r_2	6
10	0226	#AAS	#	r_1	6
11	026	#AS	#	r_1	1
12	01	#S	#	acc	

因为输入串 abab#的 LR(1) 分析成功，所以该串是 G[S′] 的句子。

【例题 6-5】 对文法 G[S′]：

[0]S′→S

[1]S→aMd

[2]S→bNd

[3]S→aNe

[4]S→bMe

[5]M→f

[6]N→f

(1) 构造 G[S′] 的 LR(1) 项目集规范族 DFA。

(2) 判别该文法是否为 LR(1) 文法和 LALR(1) 文法。

(3) 构造 G[S′] 的 LR(1) 分析表。

(4) 给出输入串 afd#的 LR 分析过程，并说明该串是否为 G[S′] 的句子。

分析与解答：

(1) LR(1) 项目集和转换函数如图 6-6 所示。

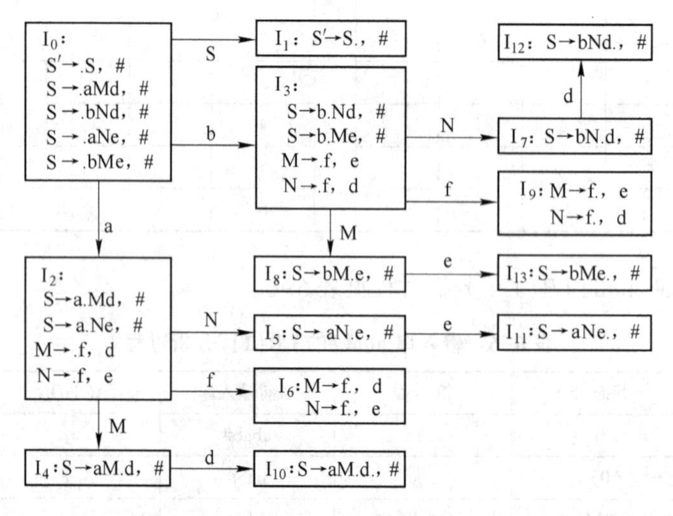

图 6-6 G[S′] 的 LR(1) 项目集和转换函数

(2) 检查发现，G[S′] 的 LR(1) 项目集规范族 DFA 的所有状态都不含“移进—归约”冲突和“归约—归约”冲突，所以该文法是 LR(1) 文法。

由于 LR(1) 项目集规范族 DFA 的状态中 I_6 和 I_9 是同心集，但合并同心集后变为 $\{I_{6,9}$：M→f.，d/e，N→f.，e/d$\}$，产生了新的“归约—归约”冲突。此时，不管面临输入符是“d”还是“e”，都可用“M→f”和“N→f”两个产生式归约，所以该文法不是 LALR(1) 文法。

(3) G[S′] 的 LR(1) 分析表见表 6-7。

表 6-7 G[S′] 的 LR(1) 分析表

状态	ACTION						GOTO		
	a	b	f	d	e	#	S	M	N
0	S_2	S_3					1		
1						acc			
2			S_6					4	5
3			S_9					8	7
4				S_{10}					
5					S_{11}				
6				r_5	r_6				
7				S_{12}					
8					S_{13}				
9				r_6	r_5				
10						r_1			
11						r_3			
12						r_2			
13						r_4			

(4) 输入串 afd#的 LR(1) 分析过程见表 6-8。由分析过程可知，串 afd#是 G[S′] 的句子。

表 6-8 输入串 afd#的 LR(1) 分析过程

步骤	状态栈	符号栈	当前输入串	ACTION	GOTO
1	0	#	afd#	S_2	
2	02	#a	fe#	S_6	
3	026	#af	e#	r_6	5
4	025	#aN	e#	S_{11}	
5	025 (11)	#aNe	#	r_3	1
6	01	#S	#	acc	

6.4 习 题

6-1 自底向上的分析方法包括________分析方法和________分析方法，它们的分析过程实际上都是________过程。

6-2 对一个文法 G，在其 LR(0) 项目集规范族 DFA 中，当有归约项目和________项目或________项目共存于同一个状态 I 中时，会产生“归约—归约”冲突或“移进—归约”冲突。如果 I 中既没有“归约—归约”冲突，又没有“移进—归约”冲突，则称 I 是相容的；否则，称 I 是不相容的。对文法 G，如果 $\forall I \in DFA$，都是相容的，则称 G 为________文法。

6-3 若 $S'=^{*}>\alpha A\gamma\Rightarrow\alpha\beta\gamma$ 是 G 的拓广文法 G′的一个规范推导，则称 αβ 为________；若有串 W 是 αβ 的前缀，则称 W 是 G 的一个________（S′为文法拓广后的开始符，它只出现在产生式左部）。可归前缀本身就是活前缀，它是包含________在内的活前缀。

6-4 LR 分析器由 LR 分析程序（即总控程序）、LR 分析表（或分析函数）和分析栈三个部分组成。对所有的 LR 分析器，其总控程序完全________。LR 分析表包括________表 ACTION[S，a] 和状态转换表 GOTO [S，X] 两部分。不同 LR 分析方法构造 LR 分析表的原则不同。分析栈包括文法符号栈和相应的________。

6-5 在文法 G 中每个产生式的右部适当位置，添加一个圆点构成一个 LR(0) 项目。圆点左边部分代表用该产生式进行归约时，________中已识别过的部分；圆点右边部分为未识别过的部分。当产生式的右部串长为________时，该产生式含 m+1 个 LR(0) 项目。特别地，对产生式“A→ε”，只有唯一的一个项目，即________。

6-6 给定文法 G，若其 LR(0) 项目集规范族 C 中的某个项目集 I 中至少含有两个归约项目，则称 I 中存在“归约—归约”冲突。如果 I 中既含归约项目，又含移进项目，则称 I 中存在“移进—归约”冲突。如果 I 中既没有“归约—归约”冲突，又没有“移进—归约”冲突，则称 I 是________的；否则，称 I 是________的。对文法 G，如果 ∀I∈C，都是________，则称 G 为 LR(0) 文法。

6-7 对含有“移进—归约”和“归约—归约”冲突的项目集 I={X→α. bβ，A→γ.，B→δ.}，若所有含有 A 和 B 的句型都满足：FOLLOW(A) ∩ FOLLOW(B) = Φ 且 FOLLOW(A)∩{b}=FOLLOW(B)∩{b}=Φ，则在状态 I 中面临输入符“a”的动作时，可由下面规定决策：若 a = b，则移进；若 a ∈ FOLLOW(A)，则用产生式________归约；若 a∈FOLLOW(B)，则用产生式________归约；此外报错。类似地，可推出含多个移进项目和归约项目的一般情况。能用上述方法解决冲突的文法称为________。

6-8 LR(k) 项目由心和向前搜索字符集合两部分构成，心即________项目。LR(k) 项目分为：归约项目 [A→αβ.，$a_1/a_2/\cdots/a_k$]、移进项目 [________] 和待约项目 [________]。

6-9 构造 LR(1) 识别 G′活前缀的 DFA 时，若某状态的初始项目或其他项目为形如 [A→α. Bβ，a]的待约项目，则在产生以 B 为左部的新初始项目时，需要计算新项目的向前搜索符 b，其中，b∈________。当 β=*>ε 时，有 b=a，此时称 b 为________的向前搜索符，否则，称 b 为________的向前搜索符。

6-10 进行 LR(1) 分析时，如果 LR(1) 项目集个数很多，可能存在不同的 LR(1) 项目闭包含有相同的________项目（即同心），但________不同的情况。此时，可以考虑将同心的 LR(1) 闭包/状态合并，但合并同心集后有可能带来________冲突。

6-11 一个 SLR(1) 文法不一定是________文法，却一定是 LR(1) 文法；而一个________文法不一定是________文法和 SLR(1) 文法，却一定是 LR(1) 文法。

6-12 一个 LALR(1) 文法不一定是________文法和 LR(0) 文法，一定是________文法；而一个________文法不一定是 LR(0) 文法，却一定是 LR(1) 文法。

6-13 二义性文法不可能是 LR(k) 文法、OPG(即________文法) 和 LL(k) 文法。对某些二义性文法，通过人为规定________性和优先级后，可以用________方法进行分析，并且对应的 LR 分析器的性能比非二义性文法的 LR 分析器更好。

6-14 构造 LR(0) 项目集中的项目类型分为四种：形如 [A→α. aβ] 的________，形如 [________] 的待约项目，形如 [A→αBβ.] 的归约项目和形如 [S′→α.] 的________。

6-15 LR 分析步骤描述如下：

(1) 置输入指针 IP 指向输入串的第一个符号，令 S 是栈顶状态，a 是 IP 所指向的符号，将#压入符号栈，将开始状态 0 压入状态栈；

(2) 根据分析表重复执行如下过程：如果 ACTION[S, a] = ________，则把 a 压入符号栈，把 j 压入状态栈，并让 IP 指向下一个输入符号；如果 ACTION[S, a] = r_j，则从两个栈顶都弹出第 j 条产生式 A→β 的右部串长 |β| 个符号，把________压入符号栈，将 GOTO [S, A] 的值 j 压入状态栈，并输出产生式；如果 ACTION[S, a] = ________，则分析成功，否则报错。

6-16 对项目集 I = {X→α. bβ, A→γ.}，若所有含 A 的句型都满足________ = Φ，则"移进—归约"冲突可以用 SLR(1) 分析方法解决。对项目集 I = {A→γ., B→δ.}，若所有含有 A 和 B 的句型，都满足________ = Φ，则________冲突可以用 SLR(1) 分析方法解决。

6-17 对含有"移进—归约"和"归约—归约"冲突的项目集 I = {X→α. bβ, A→γ., B→δ.}，若所有含有 A 和 B 的句型都满足 FOLLOW(A) ∩ FOLLOW(B) = Φ 且 FOLLOW(A) ∩ {b} = FOLLOW(B) ∩ {b} = Φ，则在状态 I 中面临输入符 a 的动作可由下面规定决策：若________，则移进 a；若 a ∈ ________，则用产生式 A→γ 归约；若 a ∈ ________，则用产生式 B→δ 归约；此外报错。

6-18 用自然语言或类高级语言描述 LR(0) 分析算法。

6-19 简述判断文法 G[S] 是否为 LALR(1) 文法的过程。

6-20 用自然语言或类高级语言描述计算 LR(1) 项目集规范族 C（即分析器状态集合）的算法。

6-21 简述四种 LR 分析表构造方法的异同。

6-22 给定文法 G[S′]，其产生式集 P 中元素为：

[0]S′→S
[1]S→S;M
[2]S→M
[3]M→MbD
[4]M→D
[5]D→D(S)
[6]D→ε

简述为 G[S′] 构造 LR(1) 项目集规范族初态 I_0 的过程。

6-23 给定文法 G[S′]，其产生式集 P 中元素为：

[0]S′→S

[1]S→L=R

[2]S→R

[3]L→ * R

[4]L→i

[5]L→ε

[6]R→L

列出 G[S′] 的 LR(1) 项目集规范族初态 I_0 所含项目，并说明 I_0 中是否含有冲突。若有冲突，是否可以用 LR(1) 方法解决。

6-24 已知文法 G[A]：

A→aAd|aAb|ε

判断该文法是否是 SLR(1) 文法。若是，构造相应分析表，并对输入串 ab#给出具体分析过程。

6-25 若有如下所示定义二进制数的文法 G[S]：

S→L. L|L

L→LB|B

B→0|1

(1) 试为该文法构造 LR 分析表，并说明属哪类 LR 分析表。

(2) 给出输入串 101. 110 的分析过程。

6-26 文法 G=({U,T,S},{a,b,c,d,e},P,S)。其中，产生式集合 P 包括如下元素：

S→UTa

S→Tb

T→S

T→Sc

T→d

U→US

U→e

(1) 判断 G 是 LR(0)、SLR(1)、LALR(1) 和 LR(1) 文法中的哪一型文法，并说明理由。

(2) 构造相应的 SLR(1) 分析表。

6-27 给定如下文法 G[A]：

A→BaBb|DbDa

B→ε

D→ε

试证明文法 G[S] 是 LR(1) 文法，但不是 SLR(1) 文法，并构造 G[S] 的 LR(1) 分析表。

6-28 给定文法 G[S]：

S→do S or S|do S|S;S|act

(1) 构造识别该文法活前缀的 DFA。

(2) 该文法是 LR(0) 文法吗，是 SLR(1) 文法吗？说明理由。

(3) 若对一些终结符的优先级以及算符“;”的结合产生式做如下规定：

① “or” 优先性大于 “do”。

② “;” 服从左结合。

③ “;” 优先性大于 “do”。

④ “;” 优先性大于 “or”。

试构造该文法的 LR(0) 分析表，并说明 LR(0) 项目集中是否存在冲突。如果有冲突，该冲突应该如何解决？

6-29 对文法 G[S′]：

[0]S′→E
[1]E→aA
[2]E→bB
[3]A→cA
[4]A→d
[5]B→cB
[6]B→d

(1) 构造该文法的 LR(0) 项目集规范族（即识别 G′活前缀的 DFA）。

(2) 构造其 LR(0) 分析表。

(3) 对输入串 bccd#进行 LR(0) 分析，并判断该输入串是否为文法 G[S′] 的句子。

(4) 对输入串 babdaa#进行 LR(0) 分析，并判断该输入串是否为文法 G[S′] 的句子。

6-30 拓广文法 G[E] 后有：

[0]E′→E
[1]E→E+T
[2]E→T
[3]T→T*F
[4]T→F
[5]F→(E)
[6]F→i

(1) 构造该文法的 LR(0) 项目集规范族（即识别 G′活前缀的 DFA）。

(2) 构造该文法的 SLR(1) 分析表。

(3) 对输入串 i+i*i#进行 LR 分析。

6-31 拓广文法 G[S′] 后有：

[0]S′→S
[1]S→M

[2]S→N

[3]M→mMc

[4]M→m

[5]N→nNd

[6]N→n

(1) 构造G[S′] 的LR(0) 项目集规范族DFA。

(2) 构造G[S′] 的SLR(1) 分析表。

(3) 给出输入串nnd#的SLR(1) 分析过程。

6-32 对文法G[S′]：

[0]S′→S

[1]S→BB

[2]B→aB

[3]B→b

(1) 构造G[S′] 的LR(1) 项目集规范族DFA。

(2) 构造G[S′] 的LR(1) 分析表。

(3) 合并G[S′] 的LR(1) 项目集规范族DFA的同心集，判断该文法是否为LALR(1) 文法。

6-33 对文法G[S′]：

[0]S′→S

[1]S→AB

[2]A→aBa

[3]A→ε

[4]B→bAb

[5]B→ε

(1) 构造G[S′] 的LR(0) 项目集规范族DFA。

(2) 构造G[S′] 的SLR(1) 分析表。

(3) 给出输入串aabb#的SLR(1) 分析过程。

6-34 对文法G[S′]：

[0]S′→S

[1]S→AS

[2]S→ε

[3]A→aA

[4]A→b

(1) 构造G[S′] 的LR(1) 项目集规范族DFA。

(2) 证明该文法是LR(1) 文法和LALR(1) 文法。

(3) 构造G[S′] 的LR(0) 分析表和LR(1) 分析表。

6-35 对文法G[S′]：

[0]S′→S

[1]S→BS
[2]S→ε
[3]B→bB
[4]B→d

(1) 构造 G[S′] 的 LR(1) 项目集规范族 DFA。
(2) 证明该文法是 LR(1) 文法和 LALR(1) 文法。
(3) 构造 G[S′] 的 LR(0) 分析表和 LR(1) 分析表。
(4) 给出输入串 bdbd#的 LR 分析过程，并说明该串是否为 G[S′] 的句子。

6-36 对文法 G[S′]：

[0]S′→S
[1]S→aAd
[2]S→bBd
[3]S→aBe
[4]S→bAe
[5]A→c
[6]B→c

(1) 构造 G[S′] 的 LR(1) 项目集规范族 DFA。
(2) 判别该文法是否为 LR(1) 文法和 LALR(1) 文法。
(3) 构造 G[S′] 的 LR(1) 分析表。
(4) 给出输入串 bce#的 LR 分析过程，并说明该串是否为 G[S′] 的句子。

6.5 习题解答

6-1 算符优先；LR；归约。
6-2 归约；移进；LR(0)。
6-3 可归前缀；活前缀；句柄。
6-4 相同；动作；状态栈。
6-5 句柄；m；A→.。
6-6 相容；不相容的；相容的。
6-7 A→γ；B→δ；SLR(1) 文法。
6-8 LR(0)；A→α. aβ，$a_1/a_2/\cdots/a_k$；A→α. Bβ，$a_1/a_2/\cdots/a_k$。
6-9 FIRST(βa)；继承；自生。
6-10 LR(0)；向前搜索符（或后跟符）；归约—归约。
6-11 LR(0)；LALR(1)；LR(0)。
6-12 SLR(1)；LR(1)；SLR(1)。
6-13 算符优先；结合；LR。
6-14 移进项目；A→α. Bβ；接受项目。
6-15 S_j；A；acc。
6-16 FOLLOW(A)∩{b}；FOLLOW(A)∩FOLLOW(B)；归约—归约。

6-17 a=b；FOLLOW(A)；FOLLOW(B)。

6-18 用自然语言或类高级语言描述 LR(0) 分析算法如下：

(1) 置输入指针 IP 指向输入串的第一个符号，令 S 为栈顶状态，a 为 IP 所指向的符号，将“#”压入符号栈，将开始状态 0 压入状态栈。

(2) 重复执行如下过程：

```
{
if(ACTION[S,a]=Sj){
    把符号 a 压入符号栈,把状态 j 压入状态栈;
        使 IP 指向下一个输入符号;
    }
else if(ACTION[S,a]=rj){
    从两个栈的栈顶弹出第 j 条产生式右部串长|β|个符号;
    把归约得到的非终结符 A 压入符号栈;将 GOTO[S,A]的值 j 压入状态栈;
    输出产生式 A→β。
    }
else if(ACTION[S,a]=acc)
        return;
    else
        error();
        }
```

6-19 判断文法 G[S] 是否为 LALR(1) 文法的过程如下：

(1) 首先，在 G[S] 中加入一条产生式“S′→SG[S′]”，拓广 G[S] 为 G[S′]；然后，构造 G[S′] 的 LR(0) 项目集规范族 DFA。再检查 DFA 的项目集中有无“移进—归约”冲突或“归约—归约”冲突。若无，则 G[S′] 是 LR(0) 文法，同时也是 LALR(1) 文法。

(2) 如果 DFA 的项目集中存在“移进—归约”冲突或“归约—归约”冲突，但通过使用归约项目左部非终结符的 FOLLOW 集能够解决这两类冲突，则 G[S′] 是 SLR(1) 文法，也是 LALR(1) 文法。

(3) 如果使用归约项目左部非终结符的 FOLLOW 集后，还有不能解决的“移进—归约”冲突或“归约—归约”冲突，则考虑使用向前搜索符来构造 G[S′] 的 LR(1)项目集规范族 DFA。如果 LR(1) 项目集规范族 DFA 的项目集中不含“移进—归约”冲突或“归约—归约”冲突，则 G[S′] 是 LR(1) 文法；否则，不是 LR(1)文法，也不可能是 LALR(1) 文法。

(4) 若是 LR(1) 文法，则进一步合并 LR(1) 项目集规范族 DFA 中同心集，如果不产生新的“归约—归约”冲突，则 G[S′] 是 LALR(1) 文法。

6-20 计算 LR(1) 项目集规范族 C（即分析器状态集合）的算法描述如下：

(1) 初始化：置 C=CLOSURE({S′→. S，#})；

(2) 做循环：

```
while(C 中项目有变化){
```

```
for( ∀I∈C, ∀X∈(V_N∪V_T))
  if(GO(I,X)≠Φ 且 GO(I,X)没包含在 C 中)
  C=C∪GO(I,X);
    }
```

6-21 (1) 对项目集规范族 $C=\{I_0, I_1, \cdots, I_n\}$，用 i 表示闭包 I_i 对应的分析器状态（即 DFA 状态），则四种 LR 分析表构造方法的相同之处在于：首先，置 0 为开始状态；然后，对任意 $I_i \in C$，按如下情况处理：

①如果 I_i 中遇到移进项目，且 GO（I_i，a）= I_j,其中 a 为移进终结符，则置表中 ACTION[i,a] = S_j。

②如果 I_i 中遇到待约项目，且 GO（I_i，B）= I_j,其中 B 为待约非终结符，则置表中 GOTO［i，B］=j。

③如果 I_i 中遇到接受项目，则表中 ACTION[i，#] =acc。最后，所有空格置 error。

(2) 四种 LR 分析表构造方法的不同之处在于：对任意 $I_i \in C$，如果在 I_i 中遇到归约项目，则在 LR 分析表中的 ACTION 部分填 r_j 值（其中的 j 表示归约项目所对应产生式的编号）的位置不同。针对不同 LR 分析表的具体处理方法如下：

①LR(0) 分析表中，对任意 $a \in V_T$ 或 {#}，置 ACTION[i，a] = r_j。

②SLR(1) 分析表中，对所有归约项目左部非终结符的全部 FOLLOW 集元素 a，置 ACTION[i，a] = r_j。

③LR(1) 分析表和 LALR(1) 分析表遇到归约项目时的处理方法一致，只对所有归约项目的全部向前搜索符 a，置 ACTION[i，a] = r_j。

6-22 (1) 首先，构造初态 I_0 的核为［S′→. S，#］，由于它是待约项目，引出以 S 为左部的初始项目［S→. S；M，#］和［S→. M，#］。

(2) 由待约项目［S→. S；M，#］引出以 S 为左部的初始项目［S→. S；M，;］和［S→. M，;］。

(3) 合并后跟符，得［S→. S；M，; /#］和［S→. M，; /#］。

(4) 由待约项目［S→. M，; /#］引出以 M 为左部的初始项目［M→. MbD，; /#］和［M→. D，; /#］。由待约项目［M→. MbD，; /#］引出以 M 为左部的初始项目［M→. MbD，b］和［M→. D，b］。

(5) 合并后跟符，得［M→. MbD，b/; /#］和［M→. D，b/; /#］。

(6) 由待约项目［M→. D，b/; /#］引出以 D 为左部的初始项目［D→. D（S），b/; /#］和［D→. ，b/; /#］。由待约项目［D→. D（S），b/; /#］引出以 D 为左部的初始项目［D→. D（S），(］和［D→. ，(］。

(7) 合并后跟符，得［D→. D（S），b/; /#/ (］和［D→. ，b/; /#/ (］。

因此，最终初态 I_0 包含以下 7 个项目：

```
S′→. S,#
S→. S;M,;/#
S→. M,;/#
M→. MbD,b/;/#
M→. D,b/;/#
```

D→. D(S),b/,;/#/(

D→. ,b/,;/#/(

6-23 (1) 从初态 I_0 的核 “S′→. S, #” 出发，由待约项目可以反复引出 6 个项目。最终初态 I_0 包含的 7 个项目如下：

S′→. S,#

S→. L=R,#

S→. R,#

R→. L,#

L→. *R,#/=

L→. i,#/=

L→. ,#/=

(2) 初态 I_0 中既有移进项目 [L→. *R, #/=]、[L→. i, #/=]，又有归约项目 [L→. , #/=]，故含有“移进—归约”冲突。

(3) 由于当输入“#”号和“=”号时才用项目 [L→.] 归约，当输入“*”号时用项目 [L→. *R] 作移进，当输入“i”时用项目 [L→. i] 作移进，故“移进—归约”冲突可用 LR(1) 方法解决。

6-24 (1) 将文法 G 拓广为文法 G′，增加产生式 S′→A，将所有产生式按以下次序排序：

[0]S′→A

[1]A→aAd

[2]A→aAb

[3]A→ε

计算文法中非终结符的 FIRST 集和 FOLLOW 集如下：

FIRST(S′)={ε,a}

FIRST(A)={ε,a}

FOLLOW(S′)={#}

FOLLOW(A)={d,b,#}

(2) 构造 G′的 LR(0) 项目集族及识别该文法活前缀的 DFA，如图 6-7 所示。

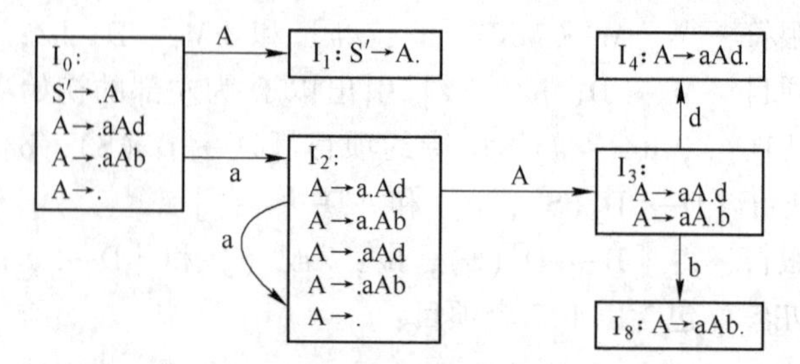

图 6-7 G[S′] 的 LR(0) 项目集规范族及识别该文法活前缀的 DFA

在 I_0、I_2 中，[A→. aAd] 和 [A→. aAb] 为移进项目，[A→.] 为归约项目，存在“移进—归约”冲突，因此，所给文法不是 LR(0) 文法。但由于 FOLLOW(A) ∩{a}={d,b,#}∩{a}=Φ，故在状态 I_0、I_2 中的“移进—归约”冲突可以通过

FOLLOW 集解决，故 G 是 SLR(1) 文法。

(3) 构造的 SLR(1) 分析表见表 6-9。

表 6-9 SLR(1) 分析表

状态	ACTION				GOTO
	a	d	b	#	A
0	S_2	r_3	r_3	r_3	1
1				acc	
2	S_2	r_3	r_3	r_3	3
3		S_4	S_5		
4		r_1	r_1	r_1	
5		r_2	r_2	r_2	

(4) 对输入串 ab#的分析过程见表 6-10。

表 6-10 输入串 ab#的分析过程

步骤	状态栈	符号栈	当前输入串	ACTION	GOTO
1	0	#	ab#.	S_2	
2	02	#a	b#.	r_3	3
3	023	#aA	b#	S_5	
4	0235	#aAb	#	r_2	1
5	01	#A	#	acc	

输入串 ab#的 SLR(1) 分析成功，说明输入串 ab#是题中所给定文法的句子。

6-25 (1) 将文法 G 拓广为文法 G′，增加产生式 S′→S，将所有产生式按以下次序排序：

[0]S′→S
[1]S→L. L
[2]S→L
[3]L→LB
[4]L→B
[5]B→0
[6]B→1

由产生式计算该文法中所有非终结符的 FIRST 集和 FOLLOW 集如下：

FIRST(S′)= {0,1}
FIRST(S)= {0,1}
FIRST(L)= {0,1}
FIRST(B)= {0,1}
FOLLOW(S′)= {#}
FOLLOW(S)= {#}

FOLLOW(L)={.,0,1,#}

FOLLOW(B)={.,0,1,#}

构造G′的LR(0)项目集族及识别该文法活前缀的DFA如图6-8所示。

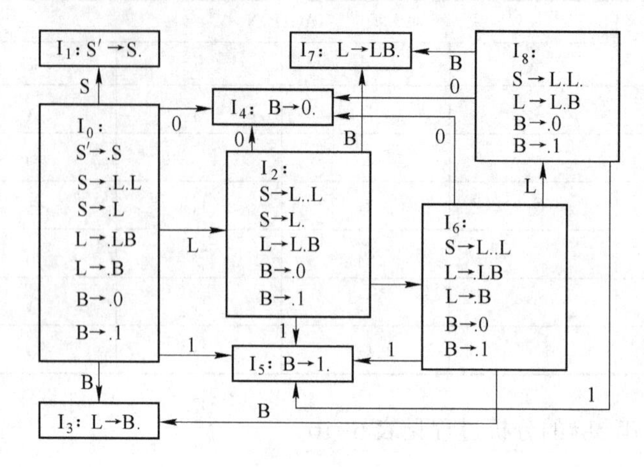

图6-8 G[S′]的LR(0)项目集规范族及识别该文法活前缀的DFA

在I_2中，[B→.0]和[B→.1]为移进项目，[S→L.]为归约项目，存在“移进—归约”冲突。在I_8中，[B→.0]和[B→.1]为移进项目，[S→L.L.]为归约项目，也存在“移进—归约”冲突。因此，所给文法不是LR(0)文法。但由于FOLLOW(S)∩{0,1}={#}∩{0,1}=Φ，即I_2和I_8中的“移进—归约”冲突都可以通过FOLLOW集解决，所以所给文法是SLR(1)文法。

故可构造该文法的SLR(1)分析表，见表6-11。

表6-11 SLR(1)分析表

状态	ACTION				GOTO		
	.	0	1	#	S	L	B
0		S_4	S_5		1	2	3
1				acc			
2	S_6	S_4	S_5	r_2			7
3	r_4	r_4	r_4	r_4			
4	r_5	r_5	r_5	r_5			
5	r_6	r_6	r_6	r_6			
6		S_4	S_5			8	3
7	r_3	r_3	r_3	r_3			
8		S_4	S_5	r_1			7

(2)对输入串101.110#的SLR(1)分析过程见表6-12。

表 6-12 输入串 101. 110#的分析过程

步骤	状态栈	符号栈	当前输入串	ACTION	GOTO
1	0	#	101. 110#	S_5	
2	05	#1	01. 110#.	r_6	3
3	03	#B	01. 110#	r_4	2
4	02	#L	01. 110#	S_4	
5	024	#L0	1. 110#	r_5	7
6	027	#LB	1. 110#	r_3	2
7	02	#L	1. 110#	S_5	
8	025	#L1	. 110#	r_6	7
9	027	#LB	. 110#	r_3	2
10	02	#L	. 110#	S_6	
11	026	#L.	110#	S_5	
12	0265	#L. 1	10#	r_6	3
13	0263	#L. B	10#	r_4	8
14	0268	#L. L	10#	S_5	
15	02685	#L. L1	0#	r_6	7
16	02687	#L. LB	0#	r_3	8
17	0268	#L. L	0#	S_4	
18	02684	#L. L0	#	r_5	7
19	02687	#L. LB	#	r_3	8
20	0268	#L. L	#	r_1	1
21	01	#S	#	acc	

输入串“101. 110”的 SLR(1) 分析成功，说明输入串“101. 110”是所给文法的句子。

6-26 (1) 将文法 G 拓广文法为 G′，增加产生式 S′→S，将所有产生式按以下次序排序：

[0]S′→S
[1]S→UTa
[2]S→Tb
[3]T→S
[4]T→Sc
[5]T→d
[6]U→US
[7]U→e

由产生式计算该文法中所有的非终结符的 FIRST 集和 FOLLOW 集如下：

FIRST(S′)= {d,e}
FIRST(S)= {d,e}
FIRST(U)= {e}

FIRST(T)={d,e}

FOLLOW(S')={#}

FOLLOW(S)={a,b,c,d,e,#}

FOLLOW(U)={d,e}

FOLLOW(T)={a,b}

构造 G[S'] 的 LR(0) 项目集族及识别该文法活前缀的DFA，如图 6-9 所示。

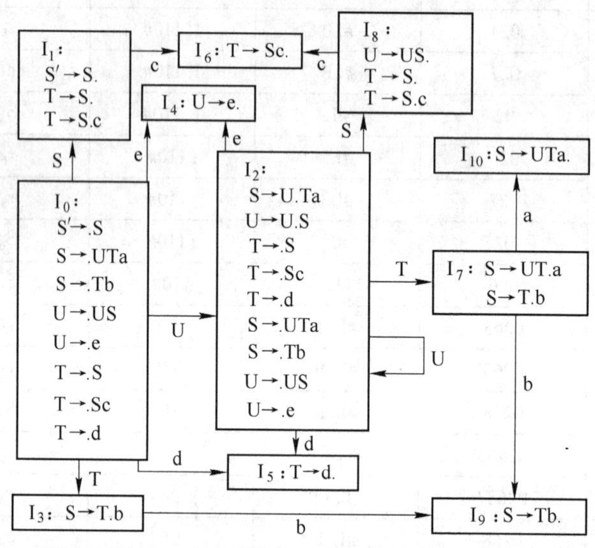

图 6-9 G[S'] 的 LR(0) 项目集规范族及识别该文法活前缀的 DFA

在 I_1 中，[T→S.] 是归约项目，[T→S. c] 是移进项目，存在“移进—归约”冲突。在 I_8 中，[T→S.] 和 [U→US.] 为归约项目，[T→S. c] 为移进项目，存在“归约—归约”和“移进—归约”冲突。因此，所给文法不是 LR (0) 文法。但由于 FOLLOW(T)∩{c}={a,b}∩{c}=Φ, FOLLOW(U)∩ FOLLOW(T)∩{c}={d,e}∩{a,b}∩{c}=Φ，故 I_1 和 I_8 中的“移进—归约”和“归约—归约”冲突都可以通过 FOLLOW 集解决。故所给文法是 SLR(1) 文法，同时也是 LALR(1) 文法和 LR (1) 文法。

(2) 构造 G 的 SLR(1) 分析表见表 6-13。

表 6-13 SLR(1) 分析表

状态	ACTION						GOTO		
	a	b	c	d	e	#	S	U	T
0				S_5	S_4		1	2	3
1	r_3	r_3	S_6			acc			
2				S_5	S_4		8	2	7
3		S_9							
4				r_7	r_7				
5	r_5	r_5							

续表 6-13

状态	ACTION						GOTO		
	a	b	c	d	e	#	S	U	T
6	r_4	r_4							
7	S_{10}	S_9							
8	r_3	r_3	S_6	r_6	r_6				
9	r_2	r_2	r_2	r_2	r_2	r_2			
10	r_1	r_1	r_1	r_1	r_1	r_1			

6-27 （1）证明：将文法 G 拓广为文法 G′，增加产生式 S′→A，若将所有产生式按以下次序排序：

[0]S′→A

[1]A→BaBb

[2]A→DbDa

[3]B→ε

[4]D→ε

由产生式计算该文法中所有的非终结符的 FIRST 集和 FOLLOW 集如下：

FIRST(S′)= {a,b}

FIRST(A)= {a,b}

FIRST(B)= {ε}

FIRST(D)= {ε}

FOLLOW(S′)= {#}

FOLLOW(A)= {#}

FOLLOW(B)= {a,b}

FOLLOW(D)= {a,b}

构造 G′的 LR(1) 项目集族及转换函数，如图 6-10 所示。

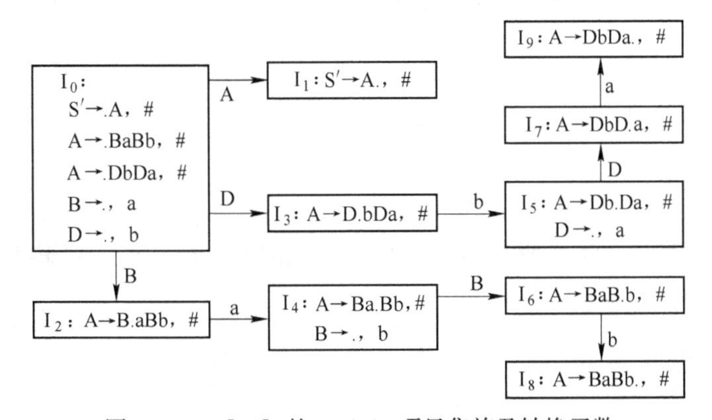

图 6-10 G[S′] 的 LR(1) 项目集族及转换函数

在 I_0 中，［B→.，a］和［D→.，b］为归约项目，存在“归约—归约”冲突，但它们的向前搜索符不同，若当前输入符为“a”时，用产生式“B→ε”归约；若当前输入符为“b”时，用产生式“D→ε”归约。所以，该文法是LR(1)文法。若不看向前搜索符，因FOLLOW(B)∩FOLLOW(D)={a,b}∩{a,b}≠Φ，说明I_0中的项目［B→.］和［D→.］引发的“归约—归约”冲突不能用FOLLOW集解决。所以，该文法不是SLR(1)文法。

（2）构造G[S]的LR(1)分析表，见表6-14。

表6-14 LR(1)分析表

状态	ACTION			GOTO		
	a	b	#	A	B	D
0	r_3	r_4		1	2	3
1			acc			
2	S_4					
3		S_5				
4		r_3			6	
5	r_4					7
6		S_8				
7	S_9					
8			r_1			
9			r_2			

6-28 （1）首先，简化文法G[S]，用“d”代替“do”，用“o”代替“or”，用“a”代替“act”，将文法写成G[S]：

S→dSoS
S→dS
S→S;S
S→a

然后，拓广文法为G′，增加产生式S′→S，将所有产生式按以下次序排序：

[0]S′→S
[1]S→dSoS
[2]S→dS
[3]S→S;S
[4]S→a

由产生式计算该文法中所有的非终结符的FIRST集和FOLLOW集如下：

FIRST(S′)={d,a}
FIRST(S)={d,a}
FOLLOW(S′)={#}
FOLLOW(S)={o,;,#}

该文法LR(0)项目集规范族及识别该文法活前缀的DFA，如图6-11所示。

（2）因为在I_5、I_6和I_8中存在“移进—归约”冲突，故所给文法不是LR(0)文

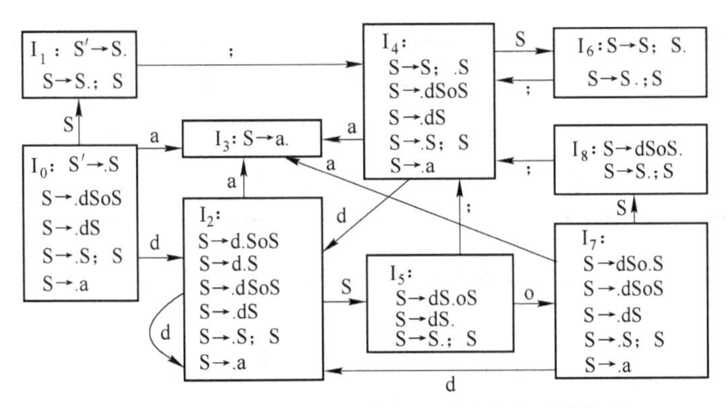

图 6-11 LR(0) 项目集规范族及识别该文法活前缀的 DFA

法。又由于 FOLLOW(S)= {o,;,#}，而在 I_6 和 I_8 中，FOLLOW(S)∩{;}={o,;,#}∩{;}={;}≠Φ；在 I_5 中，FOLLOW(S)∩{;,o}={o,;,#}∩{;,o}={;,o}≠Φ，故该文法也不是 SLR(1) 文法。此外，很容易证明该文法是二义性的，而二义性文法不可能满足任何 LR 文法。

(3) 对一些终结符的优先级以及算符的结合性规定如下：

1) “or” 优先性大于 “do”。

2) “;” 服从左结合。

3) “;” 优先性大于 “do”。

4) “;” 优先性大于 “or”。

根据以上规定，则有：在 I_5 中，“or” 和 “;” 优先性都大于 “do”，故遇输入符 “o” 和 “;” 时，优先移进 “;”，遇 “#” 号时进行归约；在 I_6 中，“;” 号服从左结合，故遇到的输入符属于 FOLLOW(S) 时，则应进行归约；在 I_8 中，“;” 号优先性大于 “or”，故遇输入符为 “;” 号时，优先移进 “;”，遇 “o” 和 “#” 号时进行归约。此外，在 I_1 中的接受项目和移进项目共存，可以不看成冲突，因为只有遇 “#” 号才会接受。

由以上分析可知，DFA 中所存在的 “移进—归约” 冲突可用规定的终结符优先级以及算符的结合性规定解决。故可据此构造 G[S] 的 LR(0) 分析表，见表 6-15。

表 6-15 LR(0) 分析表

状态	ACTION					GOTO
	d	o	;	a	#	S
0	S_2			S_3		1
1			S_4		acc	
2	S_2			S_3		5
3	r_4	r_4	r_4	r_4	r_4	
4	S_2			S_3		6
5	r_2	S_7	S_4	r_2	r_2	
6	r_3	r_3	r_3	r_3	r_3	

续表 6-15

状态	ACTION					GOTO
	d	o	;	a	#	S
7	S_2			S_3		8
8	r_1	r_1	S_4	r_1	r_1	

6-29 （1）其 LR(0) 项目集规范族及识别 G′活前缀的 DFA 构造如图 6-12 所示。

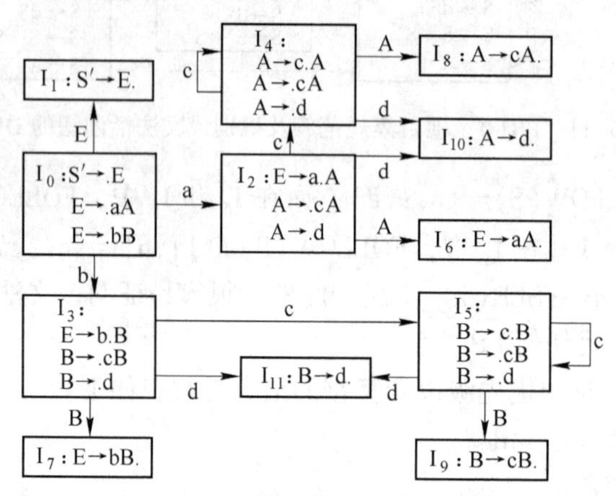

图 6-12　G[S′] 的 LR(0) 项目集规范族及识别该文法活前缀的 DFA

（2）其 LR(0) 分析表见表 6-16。

表 6-16　LR(0) 分析表

状态	ACTION					GOTO		
	a	b	c	d	#	E	A	B
0	S_2	S_3				1		
1					acc			
2			S_4	S_{10}			6	
3			S_5	S_{11}				7
4			S_4	S_{10}			8	
5			S_5	S_{11}				9
6	r_1	r_1	r_1	r_1	r_1			
7	r_2	r_2	r_2	r_2	r_2			
8	r_3	r_3	r_3	r_3	r_3			
9	r_5	r_5	r_5	r_5	r_5			
10	r_4	r_4	r_4	r_4	r_4			
11	r_6	r_6	r_6	r_6	r_6			

（3）对输入串 bccd#进行 LR(0) 分析过程见表 6-17。

表 6-17 输入串 bccd#的 LR(0) 分析过程

步骤	状态栈	符号栈	当前输入串	ACTION	GOTO
1	0	#	bccd#	S_3	
2	03	#b	ccd#	S_5	
3	035	#bc	cd#	S_5	
4	0355	#bcc	d#	S_{11}	
5	0355（11）	#bccd	#	r_6	9
6	03559	#bccB	#	r_5	9
7	0359	#bcB	#	r_5	7
8	037	#bB	#	r_2	1
9	01	#E	#	acc	

显然，输入串 bccd#是文法 G[S′] 的合法句子。

（4）对输入串 babdaa#进行 LR(0) 分析过程见表 6-18。

表 6-18 输入串 babdaa#的 LR(0) 分析过程

步骤	状态栈	符号栈	当前输入串	ACTION	GOTO
1	0	#	babdaa#	S_3	
2	03	#b	abdaa#	报错	

显然，输入串 babdaa#不是文法 G[S′] 的合法句子。

6-30 （1）其项目集规范族及 LR(0) 识别 G′活前缀的 DFA 构造如图 6-13 所示。

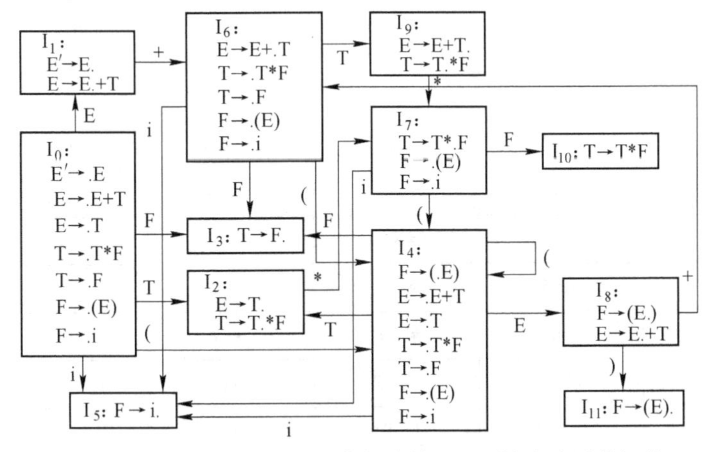

图 6-13 G[S′] 的 LR(0) 项目集规范族及识别该文法活前缀的 DFA

（2）首先，求非终结符的 FOLLOW 集如下：

FOLLOW(E)= {),+,# }

FOLLOW(T)= {),+,#, * }

FOLLOW(F)= {),+,#, * }

由 FOLLOW 集可得到该文法的 SLR(1) 分析表见表 6-19。

表 6-19 SLR(1) 分析表

状态	ACTION						GOTO		
	i	+	*	(	)	#	E	T	F
0	S_5			S_4			1	2	3
1		S_6				acc			
2		r_2	S_7		r_2	r_2			
3		r_4	r_4		r_4	r_4			
4	S_5			S_4			8	2	3
5		r_6	r_6		r_6	r_6			
6	S_5			S_4				9	3
7	S_5			S_4					10
8		S_6			S_{11}				
9		r_1	S_7		r_1	r_1			
10		r_3	r_3		r_3	r_3			
11		r_5	r_5		r_5	r_5			

（3）对输入串 i+i＊i#进行 LR 分析的过程见表 6-20。

表 6-20 输入串 i+i＊i#的 SLR(1) 分析过程

步骤	状态栈	符号栈	当前输入串	ACTION	GOTO
1	0	#	i+i＊i#	S_5	
2	05	#i	+i＊i#	r_6	3
3	03	#F	+i＊i#	r_4	2
4	02	#T	+i＊i#	r_2	1
5	01	#E	+i＊i#	S_6	
6	016	#E+	i＊i#	S_5	
7	0165	#E+i	＊i#	r_6	3
8	0163	#E+F	＊i#	r_4	9
9	0169	#E+T	＊i#	S_7	
10	01697	#E+T＊	i#	S_5	
11	016975	#E+T＊i	#	r_6	10
12	01697（10）	#E+T＊F	#	r_3	9
13	0169	#E+T	#	r_1	1
14	01	#E	#	acc	

6-31 （1）G[S′] 的 LR(0) 项目集规范族及识别该文法活前缀的 DFA，如图 6-14 所示。

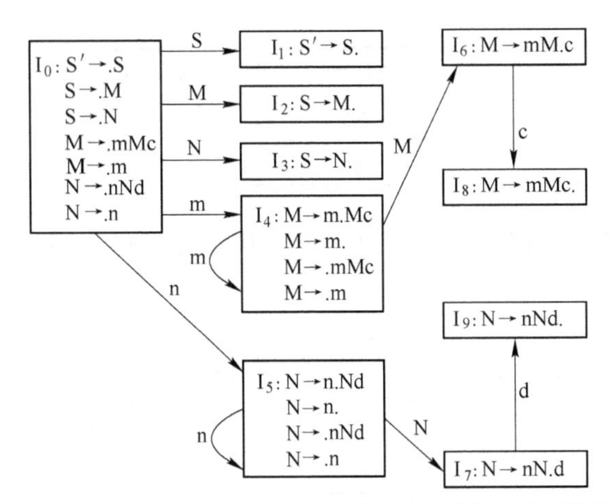

图 6-14 G[S′] 的 LR(0) 项目集规范族及识别该文法活前缀的 DFA

(2) 计算非终结符的 FOLLOW 集：FOLLOW(S)= {#},FOLLOW(M)= {c,# },FOLLOW(N)= {d,# }。根据 FOLLOW 集构造法 G[S′] 的 SLR (1) 分析表，见表 6-21。

表 6-21 SLR(1) 分析表

状态	ACTION					GOTO		
	m	n	c	d	#	S	M	N
0	S_4	S_5				1	2	3
1					acc			
2					r_1			
3					r_2			
4	S_4		r_4		r_4		6	
5		S_5		r_6	r_6			7
6			S_8					
7				S_9				
8			r_3		r_3			
9				r_5	r_5			

(3) 对输入串 nnd#进行 LR 分析的过程见表 6-22。

表 6-22 输入串 nnd#的 LR 分析过程

步骤	状态栈	符号栈	当前输入串	ACTION	GOTO
1	0	#	nnd#	S_5	
2	05	#n	nd#	S_5	
3	055	#nn	d#	r_6	7
4	057	#nN	d#	S_9	
5	0579	#nNd	#	r_5	3

续表 6-22

步骤	状态栈	符号栈	当前输入串	ACTION	GOTO
6	03	#N	#	r_2	1
7	01	#S	#	acc	

6-32 （1）文法 G[S′] 的 LR(1) 项目集和转换函数如图 6-15 所示。

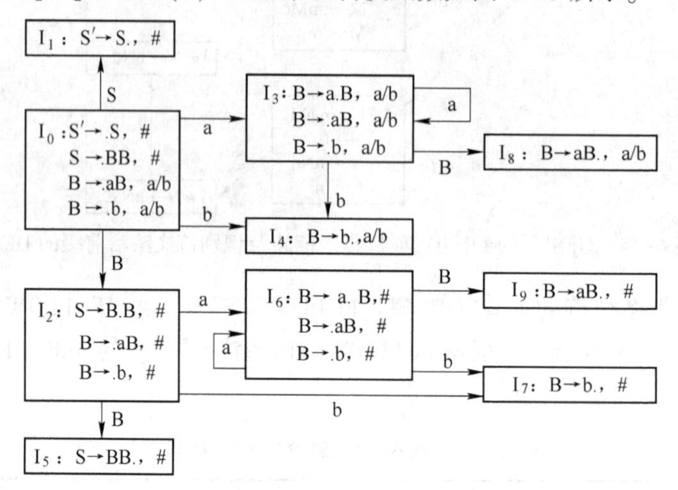

图 6-15 G[S′] 的 LR(1) 项目集及转换函数

（2）G[S′] 的 LR(1) 分析表见表 6-23。

表 6-23 LR(1) 分析表

状态	ACTION			GOTO	
	a	b	#	S	B
0	S_3	S_4		1	2
1			acc		
2	S_6	S_7			5
3	S_3	S_4			8
4	r_3	r_3			
5			r_1		
6	S_6	S_7			9
7			r_3		
8	r_2	r_2			
9			r_2		

（3）LR(1) 项目集族合并同心集后的 LALR(1) 项目集及转换函数如图 6-16 所示。由于合并同心集 $I_{3,6}$、$I_{4,7}$ 和 $I_{8,9}$ 后，图中各状态均不含“归约—归约”冲突，所以，该文法是 LALR(1) 文法。

6-33 （1）LR(0) 项目集规范族 DFA 如图 6-17 所示。

（2）计算非终结符的 FOLLOW 集：FOLLOW(S)={#},FOLLOW(A)={b,#},FOLLOW(B)={a,#}。根据 FOLLOW 集构造该 G[S′] 的 SLR(1) 分析表，见表 6-24。

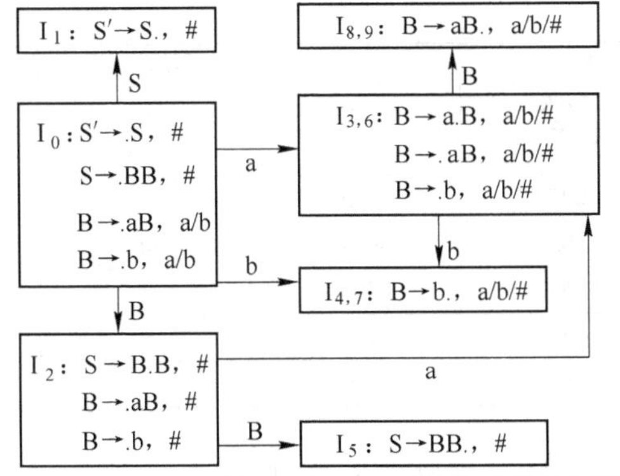

图 6-16 G[S′] 的 LALR(1) 项目集及转换函数

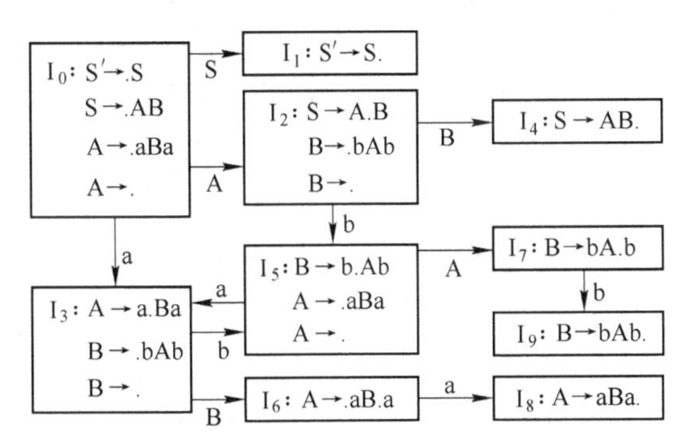

图 6-17 LR(0) 项目集规范族 DFA

表 6-24 G[S′] 的 SLR(1) 分析表

状态	ACTION			GOTO		
	a	b	#	S	A	B
0	S_3	r_3	r_3	1	2	
1			acc			
2	r_5	S_5	r_5			4
3	r_5	S_5	r_5			6
4			r_1			
5	S_3	r_3	r_3		7	
6	S_8					
7		S_9				
8		r_2	r_2			
9	r_4		r_4			

(3) 输入串 aabb#的 SLR(1) 分析过程见表 6-25。

表 6-25 输入串 aabb#的 SLR(1) 分析过程

步骤	状态栈	符号栈	当前输入串	ACTION	GOTO
1	0	#	aabb#	S_3	
2	03	#a	abb#	r_5	6
3	036	#aB	abb#	S_8	

续表 6-25

步骤	状态栈	符号栈	当前输入串	ACTION	GOTO
4	0368	#aBa	bb#	r_5	2
5	02	#A	bb#	S_5	
6	025	#Ab	b#	r_3	7
7	0257	#AbA	b#	S_9	
8	02579	#AbAb	#	r_4	4
9	024	#AB	#	r_1	1
10	01	#S	#	acc	

6-34 (1) LR(1) 项目集和转换函数如图 6-18 所示。

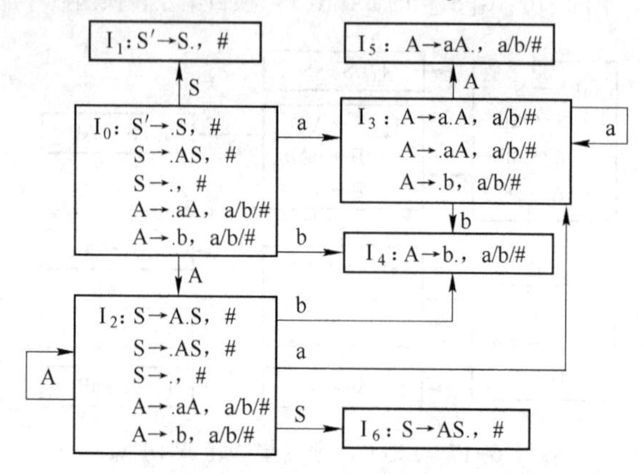

图 6-18 G[S′] 的 LR(1) 项目集及转换函数

(2) **证明**：检查发现 G[S′] 的 LR(1) 项目集规范族 DFA 的状态 I_0 和 I_2 中都含有移进项目 [A→. aA, a/b/#] 和 [A→. b, a/b/#]，同时含有归约项目[S→. , #]。但是由于归约项目的向前搜索符只有“#”，不含“a”或“b”，所以只有当输入符号为“#”号时，才用该项目归约；而当输入符号为“a”或“b”时，做移进动作。即存在的“移进—归约”冲突可用 LR(1) 分析方法解决。所以该文法是 LR(1) 文法。又由于 LR(1) 项目集规范族的状态中不存在同心集，所以该文法肯定也是 LALR(1) 文法。

(3) G[S′] 的 LR(0) 分析表见表 6-26 左栏，LR(1) 分析表见表 6-26 右栏。

表 6-26 G[S′] 的 LR(0) 分析表和 LR(1) 分析表

状态	LR(0) 分析表 ACTION			GOTO		状态	LR(1) 分析表 ACTION			GOTO	
	a	b	#	S	A		a	b	#	S	A
0	S_3/r_2	S_4/r_2	r_2	1	2	0	S_3	S_4	r_2	1	2
1			acc			1			acc		
2	S_3/r_2	S_4/r_2	r_2	6	2	2	S_3	S_4	r_2	6	2
3	S_3	S_4			5	3	S_3	S_4			5
4	r_4	r_4	r_4			4	r_4	r_4	r_4		
5	r_3	r_3	r_3			5	r_3	r_3	r_3		
6	r_1	r_1	r_1			6			r_1		

6-35 （1）LR(1) 项目集和转换函数如图 6-19 所示。

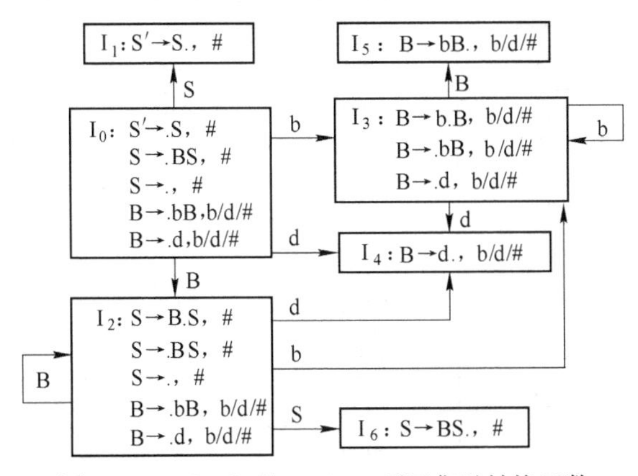

图 6-19 G[S′] 的 LR(1) 项目集及转换函数

（2）证明：检查发现 G[S′] 的 LR(1) 项目集规范族 DFA 的状态 I_0 和 I_2 中都含有移进项目 [B→. bB, b/d/#] 和 [B→. d, b/d/#]，同时含有归约项目 [S→. , #]。但是由于归约项目的向前搜索符只有 "#"，不含 "b" 或 "d"，所以只有当输入符号为 "#" 号时，才用该项目归约；而当输入符号为 b 或 d 时，做移进动作。即存在的 "移进—归约" 冲突可用 LR(1) 分析方法解决，所以该文法是 LR(1) 文法。由于 LR(1) 项目集规范族 DFA 的状态中不存在同心集，所以该文法肯定也是 LALR(1) 文法。

（3）G[S′] 的 LR(0) 分析表见表 6-27 左栏，LR(1) 分析表见表 6-27 右栏。

表 6-27 LR(0) 分析表和 LR(1) 分析表

LR(0) 分析表						LR(1) 分析表					
状态	ACTION			GOTO		状态	ACTION			GOTO	
	b	d	#	S	B		b	d	#	S	B
0	S_3/r_2	S_4/r_2	r_2	1	2	0	S_3	S_4	r_2	1	2
1			acc			1			acc		
2	S_3/r_2	S_4/r_2	r_2	6	2	2	S_3	S_4	r_2	6	2
3	S_3	S_4			5	3	S_3	S_4			5
4	r_4	r_4	r_4			4	r_4	r_4	r_4		
5	r_3	r_3	r_3			5	r_3	r_3	r_3		
6	r_1	r_1	r_1			6			r_1		

（4）串 bdbd#的 LR(1) 分析过程见表 6-28。由表可知，bdbd#是 G[S′] 的句子。

表 6-28 bdbd#的 LR(1) 分析过程

步骤	状态栈	符号栈	当前输入串	ACTION	GOTO
1	0	#	bdbd#	S_3	
2	03	#b	dbd#	S_4	

续表 6-28

步骤	状态栈	符号栈	当前输入串	ACTION	GOTO
3	034	#bd	bd#	r_4	5
4	035	#bB	bd#	r_3	2
5	02	#B	bd#	S_3	
6	023	#Bb	d#	S_4	
7	0234	#Bbd	#	r_4	5
8	0235	#BbB	#	r_3	2
9	022	#BB	#	r_2	6
10	0226	#BBS	#	r_1	6
11	026	#BS	#	r_1	1
12	01	#S	#	acc	

6-36　(1) LR(1) 项目集和转换函数如图 6-20 所示。

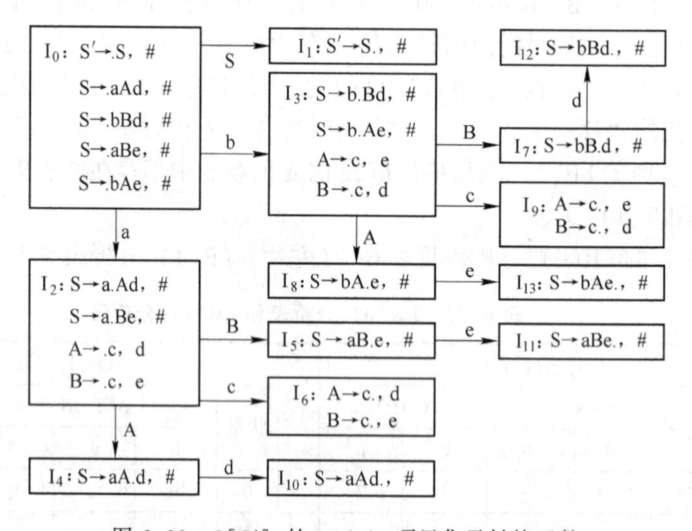

图 6-20　G[S′] 的 LR(1) 项目集及转换函数

(2) 检查发现 G[S′] 的 LR(1) 项目集规范族 DFA 的所有状态都无“移进—归约”冲突和“归约—归约”冲突，所以该文法是 LR(1) 文法。由于 LR(1) 项目集规范族 DFA 的状态中 I_6 和 I_9 是同心集，合并同心集后变为 $\{I_{6,9}$: A→c.，d/e，B→c.，e/d$\}$，产生了新的“归约—归约”冲突。因为不管面临输入符是“d”还是“e”都可用“A→c”和“B→c”两个产生式归约，所以该文法不是 LALR(1) 文法。

(3) G[S′] 的 LR(1) 分析表见表 6-29。

表 6-29　LR(1) 分析表

状态	ACTION						GOTO		
	a	b	c	d	e	#	S	A	B
0	S_2	S_3					1		

续表 6-29

状态	ACTION						GOTO		
	a	b	c	d	e	#	S	A	B
1						acc			
2			S_6					4	5
3			S_9					8	7
4				S_{10}					
5					S_{11}				
6				r_5	r_6				
7				S_{12}					
8					S_{13}				
9				r_6	r_5				
10						r_1			
11						r_3			
12						r_2			
13						r_4			

(4) 输入串 bce#的 LR(1) 分析过程见表 6-30。由表所示的分析过程可知，输入串 bce#是 G[S′] 的句子。

表 6-30 输入串 bce#的 LR(1) 分析过程

步骤	状态栈	符号栈	当前输入串	ACTION	GOTO
1	0	#	bce#	S_3	
2	03	#b	ce#	S_9	
3	039	#bc	e#	r_5	8
4	038	#bA	e#	S_{13}	
5	038 (13)	#bAe	#	r_4	1
6	01	#S	#	acc	

语法制导的语义计算

7.1 知识结构

本章知识结构如图 7-1 所示。

- 语法制导的语义计算
  - 基于属性文法的语义计算
    - 属性文法
    - 遍历分析树进行语义计算
    - S-属性文法和 L-属性文法
    - 基于 S-属性文法的语义计算
    - 基于 L-属性文法的语义计算
  - 基于翻译模式的语义计算
    - 翻译模式
    - 基于 S-翻译模式的语义计算
    - 基于 L-翻译模式的自顶向下语义计算
    - 基于 L-翻译模式的自底向上语义计算
  - 分析和翻译程序的自动生成工具
    - YACC 描述文件
    - 使用 YACC 的一个简单例子

图 7-1 第 7 章知识结构图

7.2 知识要点

本章的知识要点主要包括以下内容：

【知识要点 1】语法制导的语义计算概念和模型

（1）语法制导的语义计算，是指由语法分析程序的分析过程来主导语义分析及翻译的过程。它以上下文无关文法的语法定义为基础，可用于静态语义检查及中间代码（甚至目标代码）生成等各种语义分析与翻译过程，用于语义计算规则及计算过程的定义，也可用于自动构造工具（如 YACC）的设计。

（2）属性文法和翻译模式，是两种重要的语义计算模型。属性文法侧重于语义计算规则的定义，适用于对一般原理的理解；翻译模式侧重于语义计算过程的定义，面向实现，有助于理解 YACC 工作原理等语法制导的语义计算程序自动构造方法。

【知识要点 2】属性文法的基本概念及术语

（1）属性文法。属性文法是指在上下文无关文法 G[S] 基础上，为每个文法符号关联多个有特定意义的属性，并为每个文法产生式关联一个语义规则集合（由相应的语义动作或条件谓词构成）的文法。其中的 G[S] 称为属性文法的基础文法。

（2）属性（Attribute）。用来刻画一个文法符号为我们所关心的任何特性，如：符号的值、符号的名字、符号的类型、符号的偏移地址、符号被赋予的寄存器、代码片断，等。

（3）记号。文法符号 X 关联属性 a 的属性值可通过 X. a 访问。

（4）语义规则（Semantic Rule）。在属性文法中，每个产生式 A→α 都关联一个语义规则的集合，用于描述如何计算当前产生式中文法符号的属性值或附加的语义动作。属性文法中允许如下语义规则：

①复写（Copy）规则，形如：X. a：=Y. b。

②基于语义函数（Semantic Function）的规则，形如：b：=f（c_1，c_2，…，c_k）或 f（c_1，c_2，…，c_k）。其中，c_1，c_2，…，c_k 是该产生式中文法符号的属性。

实践中，语义函数的形式可以更灵活。

【知识要点 3】属性的分类

（1）综合属性（Synthesized Attribute）。对关联于产生式 A→α 的语义规则 b：=f（c_1，c_2，…，c_k），如果 b 是 A 的某个属性，则称 b 是 A 的一个综合属性。综合属性用于“自底向上”传递信息，是指沿着语法分析树向上的属性，即产生式左端的非终结符的属性是由产生式右端的非终结符的属性计算的。终结符的属性通常由词法分析程序提供，然后再作为综合属性由此向上走。例如，对分析树进行自底向上（后序）遍历，根据综合属性执行相应的语义规则，即得到某个表达式的求值过程。

（2）继承属性（Inherited Attribute）。对关联于产生式 A→α 的语义规则 b：=f（c_1，c_2，…，c_k），如果 b 是产生式右部某个文法符号 X 的某个属性，则称 b 是文法符号 X 的一个继承属性。继承属性用于“自顶向下”传递信息，是指沿着语法分析树向下的属性。例如，对某个输入串的分析树进行遍历，自底向上执行综合属性相应的语义动作，再自顶向下执行继承属性相应的语义动作，即可以得到所有属性值的一个求值过程。

【知识要点 4】基于属性文法的语义计算方法分类

基于属性文法的语义计算方法分为两类：树遍历方法（通过遍历分析树进行属性计算）和单遍的方法（语法分析遍的同时进行属性计算）。树遍历方法有一定的通用性，但它只能在语法分析遍之后进行，不能体现语法制导方法的优势。在实际编译程序中，语法制导的语义计算大都采用单遍的过程，即语法分析的同时就完成相应的语义动作。然而，并非所有属性文法都适合单遍的处理过程。实践中，一般要求对属性文法进行某种限制，例如 S-属性文法和 L-属性文法，以适合单遍的处理过程。

【知识要点 5】基于树遍历方法的语义计算方法

（1）依赖图及其构造算法。基于树遍历方法的语义计算方法通过构造依赖图来实现。依赖图是一个有向图，用来描述分析树中的属性与属性之间的相互依赖关系。依赖图的构造算法如下：

```
for（分析树中每一个结点 n）do
    for（结点 n 所用产生式的每个语义规则中涉及的每一个属性 a）do
        为 a 在依赖图中建立一个结点；
    for（结点 n 所用产生式中每个形如 f(c1, c2, …, ck）的语义规则）do
        为该规则在依赖图中也建立一个结点（称为虚结点）；
for（分析树中每一个结点 n）do
    for（结点 n 所用产生式对应的每个语义规则 b:=f(c1, c2, …, ck)）do
        （可以只是 f(c1, c2, …, ck)，此时 b 结点为一个虚结点）
        for  i:=1 to k do
            从 ci 结点到 b 结点构造一条有向边
```

（2）良定义的属性文法。所谓良定义的属性文法，当且仅当它的规则集合能够为所有分析树中的属性集确定唯一的值集。

（3）基于树遍历方法的语义计算步骤。首先，构造输入串的语法分析树；然后，构造依赖图（Dependency graph）。若该依赖图是无圈的，则按照此无圈图的某种拓扑排序（Topological sort）方法对分析树进行遍历，则可以计算所有的属性值；若依赖图含有圈，则相应的属性文法不可采用这种方法进行语义计算，此类属性文法不是良定义的。

【知识要点 6】语法分析树的标注

语法分析树中各结点属性取值的计算过程称为对语法分析树的标注（annotating）或修饰（decorating），用带标注（annotated）的语法分析树表示属性值的计算结果。

【知识要点 7】S-属性文法和 L-属性文法

（1）S-属性文法是只包含综合属性的文法。

（2）L-属性文法。如果对属性文法中每一个产生式 $A \rightarrow X_1X_2 \cdots X_n$，其每个语义动作所涉及的属性或者是综合属性，或者是某个 X_i 的继承属性，而且这个继承属性只依赖于 A 的属性和 X_i 左边符号 X_1，X_2，…，$X_{i-1}(1 \leqslant i \leqslant n)$ 的属性，那么这个属性文法就是 L-属性文法。通俗地说，L-属性文法既可以包含综合属性，也可以包含继承属性，但要求产生式右端某文法符号的继承属性的计算只取决于该符号左边文法符号的属性（对于产生式左边文法符号，只能是继承属性）。

（3）S-属性文法是 L-属性文法的一个特例。

【知识要点 8】基于 S-属性文法的语义计算方法

（1）基于 S-属性文法的语义计算，通常采用自底向上的方式进行（因为综合属性是自底向上传递信息）。若采用 LR 分析技术，可以通过扩充分析栈中的域，形成语义栈来存放综合属性的当前值，且计算相应产生式左部文法符号的综合属性值刚好发生在每一步归约之前的时刻。语义动作中的综合属性可以通过存在于当前语义栈栈顶部分的属性进行计算。

（2）语法分析引擎在访问产生式的同时需要执行相应的语义动作。

【知识要点9】基于L–属性文法的语义计算方法

（1）基于L–属性文法的语义计算，采用自顶向下的方式可以较方便地进行。例如，采用预测分析技术。

（2）对应于自顶向下的预测分析过程，基于LL(1）文法的L–属性文法可以采用下列基于深度优先后序遍历的算法进行属性值计算：

```
procedure dfvisit（n：node）；
    begin
        for（n的每一孩子m，从左到右）do
            begin
                计算m的继承属性值；
                dfvisit（m）
            end；
            计算n的综合属性值；
    end
```

【知识要点10】翻译模式设计

（1）翻译模式是适合于语法制导语义计算的另一种描述形式。它可以体现一种合理调用语义动作的算法，在形式上类似于属性文法，但允许大括号括起来的语义动作出现在产生式右端的任意位置，以显式地表达属性计算的次序。

（2）为确保每个属性值在被访问到的时候已经存在，在设计翻译模式时，必须做某些限制。受S–属性文法的启示得到S–翻译模式。S–翻译模式对于仅需要综合属性的情形，只要创建一个语义规则集合，放在相应产生式右端的末尾，把属性的计算规则加入其中即可。受L–属性文法的启示得到L–翻译模式。L–翻译模式对于既包含继承属性又包含综合属性的情形，需要满足下面两个条件（通常也可将相应的语义动作置于产生式的尾部）：

①产生式右端某个符号继承属性的计算必须位于该符号之前，其语义动作不访问位于它右边符号的属性，只依赖于该符号左边符号的属性（对于产生式左部的符号，只能是继承属性）。

②产生式左部非终结符的综合属性计算只能在所用到的属性都已计算出来之后进行。

【知识要点11】基于S–翻译模式的语义计算

（1）基于翻译模式的语义计算，仅考虑单遍方法，借助预测分析技术进行自顶向下的语义计算，或借助于“移进—归约”分析技术进行自底向上的语义计算。

（2）S–翻译模式在形式上与S–属性文法一致，可采用同样的语义计算方法，一般基于自底向上分析过程，通过增加存放属性值域的语义栈来实现。扩展前述的关于S–属性文法的自底向上计算技术（即在分析栈中增加存放属性值的域），翻译模式中综合属性的求值采用前述的计算方法。

【知识要点12】基于L–翻译模式的自顶向下语义计算

（1）与L–属性文法相比，L–翻译模式已经规定好了产生式右端文法符号和语义动作

（即属性计算）的处理次序，故在很大程度上可简化语义计算程序的设计。

（2）对适合于自顶向下预测技术的翻译模式，语法制导的语义计算程序可以通过改造递归 LL（1）分析程序进行构造。改造的核心思想是扩展各个分析子函数的定义，即对每个非终结符 A，构造一个函数，以 A 的每个继承属性为形参，以 A 的综合属性为返回值（若有多个综合属性，可返回记录类型的值）。如同预测分析程序的构造，该函数代码的流程是根据当前输入符号来决定调用哪个产生式，并根据每个产生式右端依次出现的符号来构造。

（3）语法制导的语义计算程序的构造中，与每个产生式相关的代码根据产生式右端的终结符、非终结符和语义规则集（语义动作），依从左到右的次序完成下列工作：

①对终结符 X，保存其综合属性 x 的值至专为 X. x 而声明的变量，然后调用匹配终结符（match_token）和取下一输入符号（next_token）的函数。

②对非终结符 B，利用相应于 B 的子函数 ParseB 产生赋值语句 $c:=ParseB(b_1,b_2,\cdots,b_k)$，其中变量 b_1，b_2，…，b_k 对应 B 的各继承属性，变量 c 对应 B 的综合属性。

③对语义规则集，直接拷贝其中的每一条语义规则来产生代码，只是将对属性的访问替换为对相应变量的访问。

（4）改造后的分析子函数称为语义计算子函数。改造后的递归下降分析程序称为递归下降语义计算程序或递归下降翻译程序。

【知识要点 13】基于 L-翻译模式的自底向上语义计算

（1）L-翻译模式既有综合属性又有继承属性。基于 L-翻译模式的自底向上语义计算可以将综合属性值存放于语义栈中。因此，若 L-翻译模式中不含继承属性，则可采用基于 S-属性文法或基于 S-翻译模式的语义计算方法实现自底向上的语义计算。此时，只需处理好嵌在产生式中间的语义动作。从翻译模式中去掉嵌在产生式中间的语义规则集的方法如下：

①若语义规则集中未关联任何属性，引入新的非终结符 N 和产生式 $N\rightarrow\varepsilon$，把嵌入在产生式中间的语义动作采用非终结符 N 代替，并把该语义规则集放在产生式后面。

②若语义规则集中有关联的属性，引入新的非终结符 N 和产生式 $N\rightarrow\varepsilon$，以及把该语义规则集放在产生式后面的同时，需要在适当的地方增加复写规则。

③从翻译模式中去掉嵌在产生式中间的语义规则集的目的是，为了使所有嵌入的除复写规则外的语义规则都出现在产生式的末端，以便自底向上计算综合属性。

（2）若 L-翻译模式的语义动作集中关联有继承属性，则需考虑如何处理针对继承属性的求值和访问。

【知识要点 14】继承属性的求值方法

分析栈中继承属性的访问是通过栈中已有文法符号的综合属性值间接进行的，因此，设计翻译模式时，要保证继承属性总可以通过某个文法符号的综合属性体现出来。必要时，可以通过增加新的文法符号以及相应的复写规则以达到上述目的。

①一种简单的情况是，继承属性是通过复写规则以某个综合属性直接定义的。例如，自底向上语义计算程序根据产生式 $A\rightarrow XYZ$ 的归约过程中，假设 X 的综合属性 X. s 已经出

现在语义栈上。因为在根据句柄 XYZ 进行归约之前，亦即 Y 以下子树的任何归约之前，X. s 的值一直存在，因此它可以被 Y 及 Z 继承。如果用复写规则 Y. i: =X. s 来定义 Y 的继承属性 Y. i，则在需要 Y. i 时，可以使用 X. s 来实现。

②较复杂的情况是，继承属性是间接通过复写规则用某个综合属性来定义的。例如，用复写规则 Z. i: =Y. i 来定义 Z 的继承属性 Z. i，则在需要 Z. i 时，可以使用 X. s 来实现。

③更复杂的情况是，若一个继承属性是通过普通函数而非通过复写规则来定义的。例如，“S→aA{C. i: =f(A. s)}C”，在计算 C. i 时，A. s 在语义栈上，但 f(A. s) 并未出现于语义栈。此时，可以引入新的非终结符号，对产生式进行改造。例如，上例可通过引入新终结符 M 改造为“S→aA{M. i: =A. s}M{C. i: =M. s}C”和“M→ε {M. s: =f(M. i)}”。

【知识要点 15】继承属性的访问方法

对继承属性的访问最终归结到访问某个综合属性，和继承属性的求值问题一样，通过变换翻译模式（如增加新的文法符号，增加相应的复写规则和产生式），使嵌在产生式中间的语义动作中仅含有复写规则，并使得在自底向上的语法分析过程中，文法符号的所有继承属性均可通过归约前已出现在分析栈中的综合属性唯一确定地访问。

【知识要点 16】YACC 和语法制导翻译

（1）YACC(Yet Another Compiler-Compiler)，即其他编译器的编译器，是一个基于 LALR(1) 语法分析方法的实用的语法分析/语义计算程序自动构造工具。

（2）YACC 采用语法制导翻译的方法获取翻译和语义处理信息，成为编译程序的生成工具。语法制导翻译指的是编译实现的方法，其源语言的翻译是由语法分析程序（Parser）驱动的。换言之，分析过程和分析树用于制导（Direct）语义分析和源程序的翻译。YACC 的描述文件类似于 L-翻译模式。

（3）YACC 基于 LALR(1) 文法，只能分析 LALR(1) 型文法。YACC 给出了二义性文法终结符之间的优先关系和结合性的书写规定，通过规定优先级和结合性来消除二义性，可以处理某些非 LALR(1) 文法的规则。

（4）YACC 和 LEX 的关系：YACC 的输出函数 int yyparse() 自动调用 LEX 的输出函数 int yylex() 或用户自己编写的取名为 yylex() 的整型函数。用户可通过 LEX 自动生成词法分析器，再用 YACC 自动生成语法分析器。用户的主要精力一般放在 YACC 中的语义分析上。

7.3 例题分析

【例题 7-1】采用添加条件谓词的方法，写出识别语言 $L=\{a^nb^nc^n \mid n \geq 1\}$ 的属性文法。

分析与解答：属性文法是在上下文无关文法 G[S] 基础上，为每个文法符号关联多个有特定意义的属性，并为每个文法产生式关联一个语义规则集合。语言 $L=\{a^nb^nc^n \mid n \geq 1\}$ 所包含的串均是个数相等的 a、b、c 三个字符的连续出现。设计识别该语言的文法时，可以为文法符号关联字符数目属性，并通过为相应产生式关联一个体现字符个数限定条件的谓词作为语义规则的方法，来保证串中出现的 a、b、c 三个字符的个数相等。因此，识别

该语言的属性文法可设计为如下 G[S]:

S→ABC	{(A. num=B. num)and(B. num=C. num)} / * 此条件谓词表示由当前属性的取值所决定的一个限定条件 * /
$A\to A_1a$	{A. num: $=A_1$. num+1}
A→a	{A. num: =1}
$B\to B_1b$	{B. num: $=B_1$. num+1}
B→b	{B. num: =1}
$C\to C_1c$	{C. num: $=C_1$. num+1}
C→c	{C. num: =1}

【例题 7-2】 采用添加提示信息的方法，为语言 $L=\{a^nb^nc^n \mid n\geq1\}$ 设计一个基于属性文法的语义计算模型，并针对输入串 aaabbbccc 构造分析树，且在树上体现该串的语义计算（即综合属性的计算）过程。

分析与解答:

（1）参考例题 7-1，可设计出能够识别语言 $L=\{a^nb^nc^n \mid n\geq1\}$ 的属性文法。在此文法的基础上，通过在语义规则中添加提示信息而非条件谓词的方法，能够显示 $a^nb^nc^n(n\geq1)$ 是合法的，从而达到识别语言 $L=\{a^nb^nc^n \mid n\geq1\}$ 的目的。故对于语言 $L=\{a^nb^nc^n \mid n\geq1\}$，可以设计如下基于属性文法的语义计算模型:

S→ABC	{if(A. num=B. num)and(B. num=C. num)then print("Accepted!") else print("Refused!")}
$A\to A_1a$	{A. num: $=A_1$. num+1}
A→a	{A. num: =1}
$B\to B_1b$	{B. num: $=B_1$. num+1}
B→b	{B. num: =1}
$C\to C_1c$	{C. num: $=C_1$. num+1}
C→c	{C. num: =1}

上述属性文法中，当输入串属于 L，则根据综合属性（A. num、B. num、C. num）进行语义计算的结果会执行 print("Accepted!")，否则会执行 print("Refused!")。

（2）针对输入串 aaabbbccc，可构造如图 7-2(a) 所示的分析树。该串的语义计算（即综合属性的计算）过程是一个自底向上传递信息的过程，可体现在如图 7-2(b) 所示

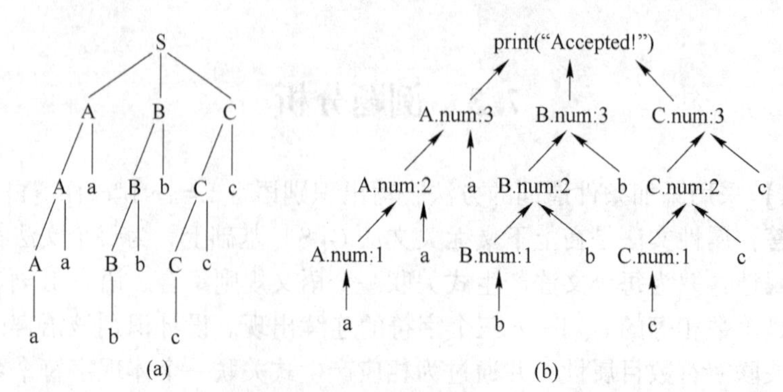

图 7-2 输入串 aaabbbccc 的分析树及基于综合属性的语义计算过程

的语法树上。

【例题 7-3】 为语言 $L=\{a^n b^n c^n \mid n \geq 1\}$ 设计一个含有继承属性的属性文法作为语义计算模型，并针对输入串 aaabbbccc 构造分析树，且在分析树上体现自底向上和自顶向下的语义计算过程。

分析与解答：

（1）参考例题 7-2，为语言 $L=\{a^n b^n c^n \mid n \geq 1\}$ 可设计一个含有继承属性的属性文法语义计算模型如下：

S→ABC	{B. in_num := A. num;　C. in_num := A. num; if (B. num=0) and (C. num=0) then print(“Accepted!”) else print(“Refused!”)}
$A \to A_1 a$	{A. num := A_1. num+1}
A→a	{A. num := 1}
$B \to B_1 b$	{B_1. in_num := B. in_num;　B. num := B_1. num−1}
B→b	{B. num := B. in_num−1}
$C \to C_1 c$	{C_1. in_num := C. in_num;　C. num := C_1. num−1}
C→c	{C. num := C. in_num−1}

上述属性文法既包含综合属性（A. num、B. num、C. num），又包含继承属性（B. in_num、C. in_num）。当输入串属于 L，则根据综合属性和继承属性进行语义计算的结果会执行 print(“Accepted!”)，否则会执行 print(“Refused!”)。

（2）针对输入串 aaabbbccc 可构造如图 7-3(a) 所示的分析树。在分析树中，根据综合属性进行自底向上计算，根据继承属性进行自顶向下计算，得到该串的语义计算过程如图 7-3(b) 所示。

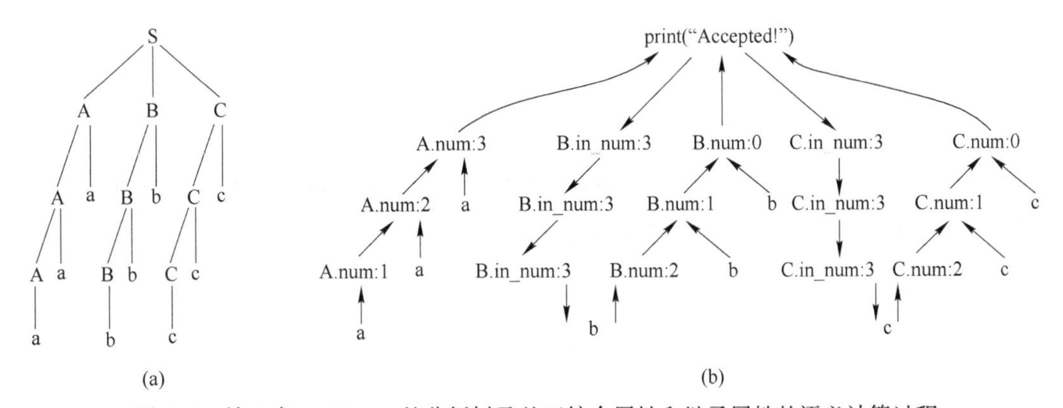

图 7-3　输入串 aaabbbccc 的分析树及基于综合属性和继承属性的语义计算过程

【例题 7-4】 设有如下将二进制无符号小数转化为十进制小数的属性文法 G[N]，试用基于树遍历的方法计算输入串 10.01 的语义，并给出该串语义计算的具体步骤。

$N \to S_1 . S_2$	{N. v := S_1. v+S_2. v;　S_1. f := 1;　S_2. f := $2^{-S2.1}$}
$S \to S_1 B$	{S_1. f := 2S. f;　B. f := S. f;　S. v := S_1. v+B. v;　S. l := S_1. l+1}
S→B	{S. l := 1;　S. v := B. v;　B. f := S. f}
B→0	{B. v := 0}

B→1　　　　{B.v:=B.f}

文法中符号的各个属性具体含义如下：

（1）符号N的综合属性v表示十进制小数形式的转化结果。

（2）符号S的综合属性v表示二进制整数或定点小数（小数点之后的二进制数）对应的十进制数值，符号S的综合属性l表示二进制整数或定点小数的0、1串长度。

（3）符号S的继承属性f表示S推导的0、1串中最末一位为1时对应的十进制数值。

（5）符号B的综合属性v表示二进制整数的当前一位数字（0或1）对应的十进制数值。

（6）符号B的继承属性f表示二进制整数的当前一位数字是1时应该对应的十进制数值。

分析与解答：基于树遍历方法的语义计算方法，通过依赖图来实现。首先，构造输入串的语法分析树；然后，构造依赖图。若该依赖图是无圈的，则按照此无圈图的某种拓扑排序（Topological sort）方法对分析树进行遍历，可以计算所有的属性。

针对题中将二进制无符号小数转化为十进制小数的属性文法G[N]，输入串10.01语义计算的具体步骤可描述如下：

Step1：构造输入串10.01的语法分析树如图7-4所示。

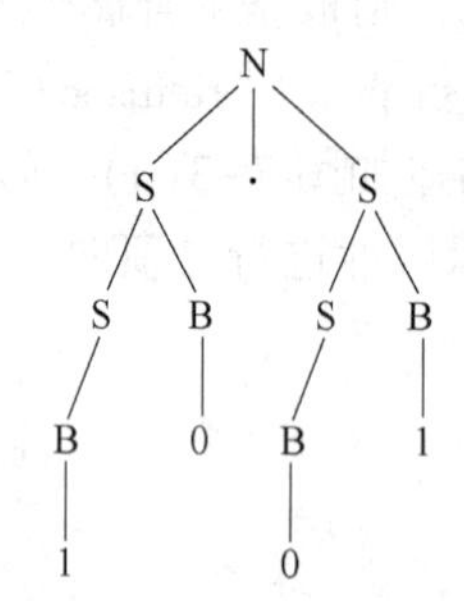

图7-4　输入串10.01的语法分析树

Step2：如图7-5所示，为分析树中所有结点的每个属性建立一个依赖图中的结点，并给定一个标记序号（该图共21个结点）。

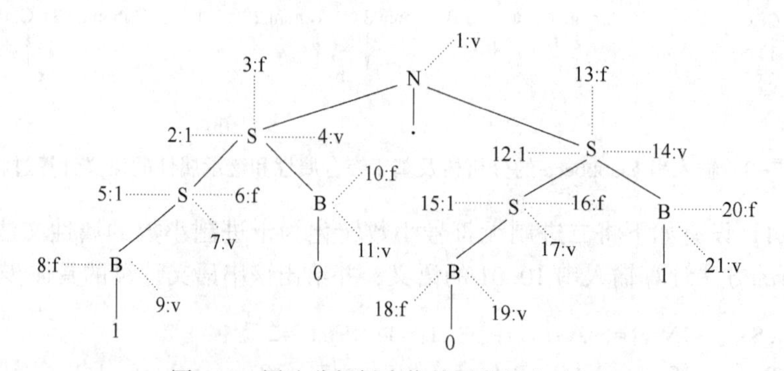

图7-5　语法分析树中依赖图的结点及标记

Step3：根据属性文法中定义的语义动作，建立如图7-6所示的依赖图中的有向边。

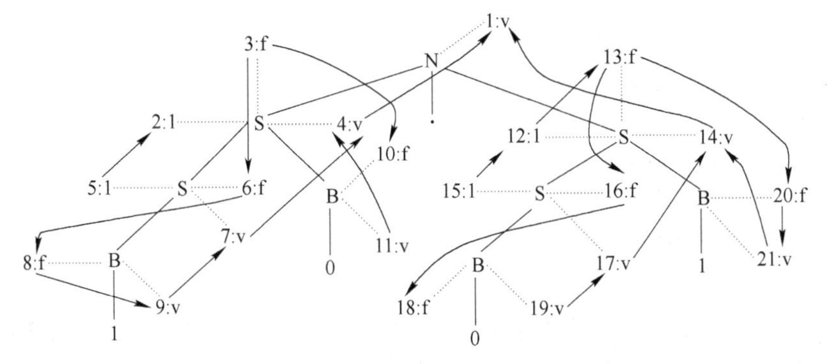

图 7-6　依赖图中的有向边

Step4：从图 7-6 中可以看出，该依赖图是无圈的，因此存在拓扑排序。该依赖图的任何一个拓扑排序，都能够顺利完成属性值的计算。例如，[3，5，2，6，10，8，9，7，11，4，15，12，13，16，20，18，21，19，17，14，1] 就是一种可能的计算次序。

Step5：依据上述计算次序，对输入串 10. 01 根据语义动作计算各结点对应的属性值，如图 7-7 所示。

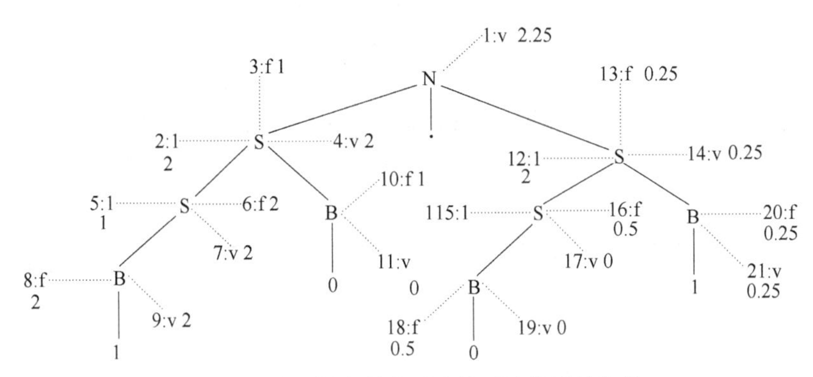

图 7-7　分析树各结点对应的属性值计算结果

图 7-7 中的输入串 10. 01 的计算结果可进一步表示为如图 7-8 所示的带标注语法分析树。

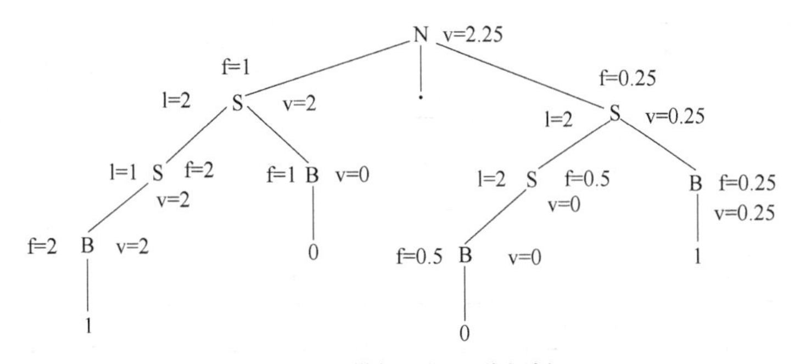

图 7-8　带标注语法分析树

【例题 7-5】 针对下列常量表达式求值的 S-属性文法 G[S]，试用 LR 分析技术进行S-属性文法的语义计算，并通过语义栈体现常量表达式 2+3 * 5 的求值过程。

G[S]:

S→E {print(E. val)}

$E \to E_1 + T$ {E. val: = E_1. val+T. val}

E→T {E. val: = T. val}

$T \to T_1 * F$ {T. val: = T_1. val * F. val}

T→F {T. val: = F. val}

F→(E) {F. val: = E. val}

F→d {F. val: = d. lexval}

文法中，d. lexval 是由词法分析程序所确定的属性，F. val、T. val 和 E. val 都是综合属性，语义函数 print(E. val) 用于显示 E. val 的结果值。

分析与解答：基于 S-属性文法的语义计算通常采用自底向上的方式进行（因综合属性是自底向上传递信息）。若采用 LR 分析技术，可以通过扩充分析栈中的域，形成语义栈来存放综合属性的值，且计算相应产生式左部文法符号的综合属性值刚好发生在每一步归约之前的时刻。语语义动作中的综合属性可以通过存在于当前语义栈栈顶部分的属性进行计算。例如，假设有相应于产生式 A→XYZ 的语义规则 A. a: = f(X. x, Y. y, Z. z)，在 XYZ 归约为 A 之前，Z. z，Y. y 和 X. x 分别存放于语义栈的 top，top-1 和 top-2 的相应域中。因此，A. a 可以顺利求出归约后，X. x、Y. y、Z. z 被弹出，而在栈顶 top 的位置上存放 A. a。

（1）针对本题文法 G[S]，首先，构造如表 7-1 所示的 LR 分析表；然后，基于这一 LR 分析表进行自底向上分析，每一步归约的同时执行相应的语义动作。

表 7-1 LR(1) 分析表

状态	ACTION						GOTO		
	d	*	+	(	)	#	E	T	F
0	S_5			S_4			1	2	3
1			S_6			acc			
2		S_7	r_2		r_2	r_2			
3		r_4	r_4		r_4	r_4			
4	S_5			S_4			8	2	3
5		r_6	r_6		r_6	r_6			
6	S_5			S_4				9	3
7	S_5			S_4					10
8			S_6		S_{11}				
9		S_7	r_1		r_1	r_1			
10		r_3	r_3		r_3	r_3			
11		r_5	r_5		r_5	r_5			

（2）将状态栈、符号栈和语义栈统一为一个分析栈，栈中元素用三元组（状态编号，符号，语义值）表示，分别记录分析栈、符号栈和语义栈的内容。未定义语义值时，栈中元素的语义值用“-”表示。根据表 7-1，对常量表达式 2+3 * 5#进行自底向上分析的同

时，能够体现该表达式求值过程的分析步骤如表 7-2 所示。

表 7-2 常量表达式 2+3 * 5#的 LR 分析过程和语义计算过程

步骤	分析栈（状态 符号 语义值）	当前输入串	分析动作	语义动作	备 注
1	0 #-	2+3 * 5#	S_5		栈底三元素为 0#-
2	0 #- 5 2 2	+3 * 5#	r_6	F. val := d. lexval	新入栈三元素为 522
3	0 #- 3 F 2	+3 * 5#	r_4	T. val := F. val	归约后栈顶三元素为 3F2
4	0 #- 2 T 2	+3 * 5#	r_2	E. val := T. val	归约后栈顶三元素为 2T2
5	0 #- 1 E 2	+3 * 5#	S_6		归约后栈顶三元素为 1E2
6	0 #- 1 E 2 6+-	3 * 5#	S_5		新入栈三元素为 6+-
7	0 #- 1 E 2 6+- 5 3 3	* 5#	r_6	F. val := d. lexval	新入栈三元素为 533
8	0 #- 1 E 2 6+- 3 F 3	* 5#	r_1	T. val := F. val	归约后栈顶三元素为 3F3
9	0 #- 1 E 2 6+- 9 T 3	* 5#	S_7		归约后栈顶三元素为 9T3
10	0 #- 1 E 2 6+- 9 T 3 7 * -	5#	S_5		新入栈三元素为 7 * -
11	0 #- 1 E 2 6+- 9 T 3 7 * - 5 5 5	#	r_6	F. val := d. lexval	新入栈三元素为 555
12	0 #- 1 E 2 6+- 9 T 3 7 * - 10 F 5	#	r_3	T. val := F. val	归约后栈顶三元素为 10F5
13	0 #- 1 E 2 6+- 9 T 15	#	r_1	E. val := T. val	归约后栈顶三元素为 9T15
14	0 #- 1 E 17	#	acc	print(E. val)	归约后栈顶三元素为 1E17

【例题 7-6】 针对下列将定点二进制小数转换为十进制小数的 L-属性文法 G[N]，试采用基于深度优先后序遍历算法进行 L-属性文法的语义计算，在语法树上给出输入串为 .101 时的计算过程。

G[N]:

N→. S　　{S. f := 1; print(S. v)}

S→BS_1　　{S_1. f := S. f+1; B. f := S. f; S. v := S_1. v+B. v}

S→ε　　{S. v := 0}

B→0　　{B. v := 0}

B→1　　{B. v := $2^{-B.f}$}

文法中符号的各个属性具体含义如下：

（1）符号 S 的综合属性 v 表示 S 推导的 0、1 串对应的十进制数值。

（2）符号 S 的继承属性 f 表示 S 推导的 0、1 串中第一位为 1 时对应的十进制数值 2^{-f}。

（3）符号 B 的继承属性 f 表示二进制整数的当前一位数字是 1 时应该对应的十进制数值 2^{-f}。

（4）符号 B 的综合属性 v 表示二进制整数的当前一位数字（0 或 1）对应的十进制数值。

分析与解答： 基于 LL(1) 文法的 L-属性文法，可以采用下列基于深度优先后序遍历的算法进行属性值计算：

```
procedure dfvisit(n:node);
    begin
```

```
            for(n 的每一孩子 m,从左到右)do
                begin
                    计算 m 的继承属性值;
                    dfvisit(m)
                end;
                计算 n 的综合属性值
        end
```

本题中 G[N] 是 LL(1) 文法。故可采用上述基于深度优先后序遍历的算法进行属性值计算。构造输入串 .101 的语法分析树，如图 7-9(a) 所示；然后，采用基于深度优先后序遍历的算法，在深度优先从左至右遍历分析树的同时进行属性值计算，如图 7-9(b) 所示。

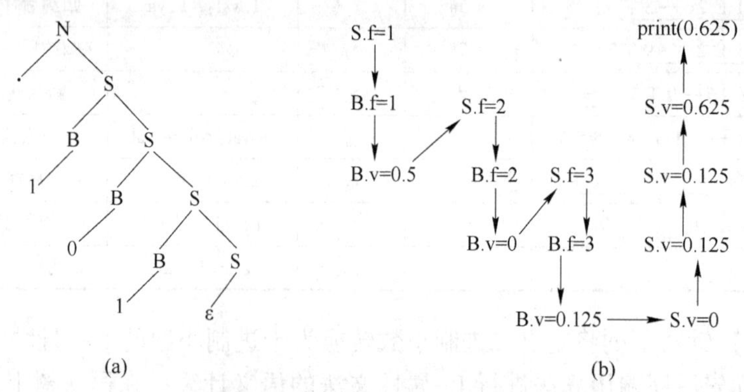

图 7-9 输入串 .101 的语法分析树及属性值计算文法

文法 G[N] 针对输入串 .101 的语义计算过程如图 7-10 所示。

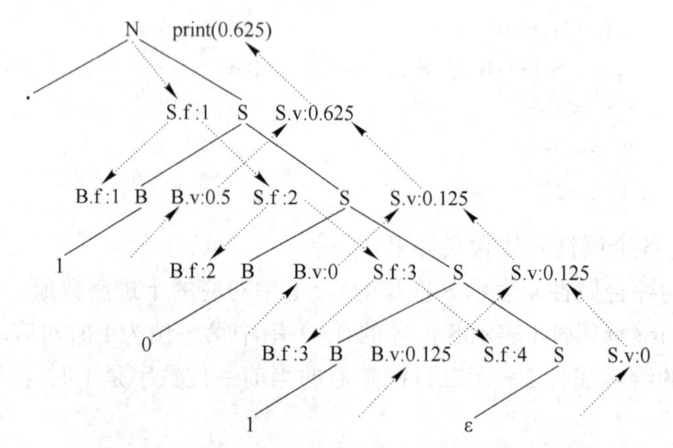

图 7-10 输入串 .101 的属性值计算过程示意图

7.4 习 题

7-1 语义分析阶段按语义产生式对语法分析器归约出的语法单位进行语义分析。语义处理包括两个功能：第一，审查有无静态语义错误（即验证语法结构合法的程序是否

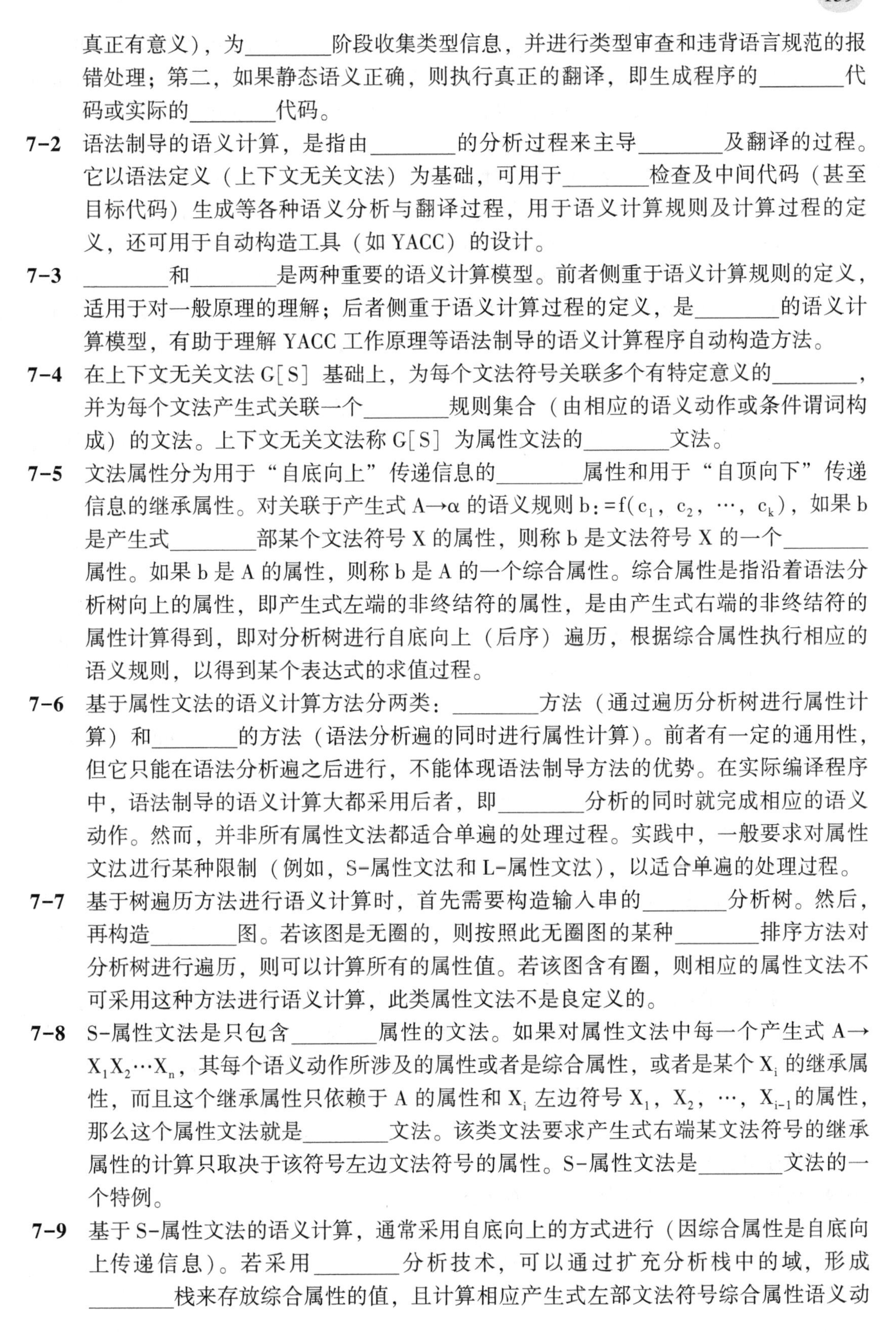

真正有意义)，为________阶段收集类型信息，并进行类型审查和违背语言规范的报错处理；第二，如果静态语义正确，则执行真正的翻译，即生成程序的________代码或实际的________代码。

7-2 语法制导的语义计算，是指由________的分析过程来主导________及翻译的过程。它以语法定义（上下文无关文法）为基础，可用于________检查及中间代码（甚至目标代码）生成等各种语义分析与翻译过程，用于语义计算规则及计算过程的定义，还可用于自动构造工具（如 YACC）的设计。

7-3 ________和________是两种重要的语义计算模型。前者侧重于语义计算规则的定义，适用于对一般原理的理解；后者侧重于语义计算过程的定义，是________的语义计算模型，有助于理解 YACC 工作原理等语法制导的语义计算程序自动构造方法。

7-4 在上下文无关文法 G[S] 基础上，为每个文法符号关联多个有特定意义的________，并为每个文法产生式关联一个________规则集合（由相应的语义动作或条件谓词构成）的文法。上下文无关文法称 G[S] 为属性文法的________文法。

7-5 文法属性分为用于“自底向上”传递信息的________属性和用于“自顶向下”传递信息的继承属性。对关联于产生式 $A\to\alpha$ 的语义规则 $b:=f(c_1, c_2, \cdots, c_k)$，如果 b 是产生式________部某个文法符号 X 的属性，则称 b 是文法符号 X 的一个________属性。如果 b 是 A 的属性，则称 b 是 A 的一个综合属性。综合属性是指沿着语法分析树向上的属性，即产生式左端的非终结符的属性，是由产生式右端的非终结符的属性计算得到，即对分析树进行自底向上（后序）遍历，根据综合属性执行相应的语义规则，以得到某个表达式的求值过程。

7-6 基于属性文法的语义计算方法分两类：________方法（通过遍历分析树进行属性计算）和________的方法（语法分析遍的同时进行属性计算）。前者有一定的通用性，但它只能在语法分析遍之后进行，不能体现语法制导方法的优势。在实际编译程序中，语法制导的语义计算大都采用后者，即________分析的同时就完成相应的语义动作。然而，并非所有属性文法都适合单遍的处理过程。实践中，一般要求对属性文法进行某种限制（例如，S-属性文法和 L-属性文法），以适合单遍的处理过程。

7-7 基于树遍历方法进行语义计算时，首先需要构造输入串的________分析树。然后，再构造________图。若该图是无圈的，则按照此无圈图的某种________排序方法对分析树进行遍历，则可以计算所有的属性值。若该图含有圈，则相应的属性文法不可采用这种方法进行语义计算，此类属性文法不是良定义的。

7-8 S-属性文法是只包含________属性的文法。如果对属性文法中每一个产生式 $A\to X_1X_2\cdots X_n$，其每个语义动作所涉及的属性或者是综合属性，或者是某个 X_i 的继承属性，而且这个继承属性只依赖于 A 的属性和 X_i 左边符号 $X_1, X_2, \cdots, X_{i-1}$ 的属性，那么这个属性文法就是________文法。该类文法要求产生式右端某文法符号的继承属性的计算只取决于该符号左边文法符号的属性。S-属性文法是________文法的一个特例。

7-9 基于 S-属性文法的语义计算，通常采用自底向上的方式进行（因综合属性是自底向上传递信息）。若采用________分析技术，可以通过扩充分析栈中的域，形成________栈来存放综合属性的值，且计算相应产生式左部文法符号综合属性语义动

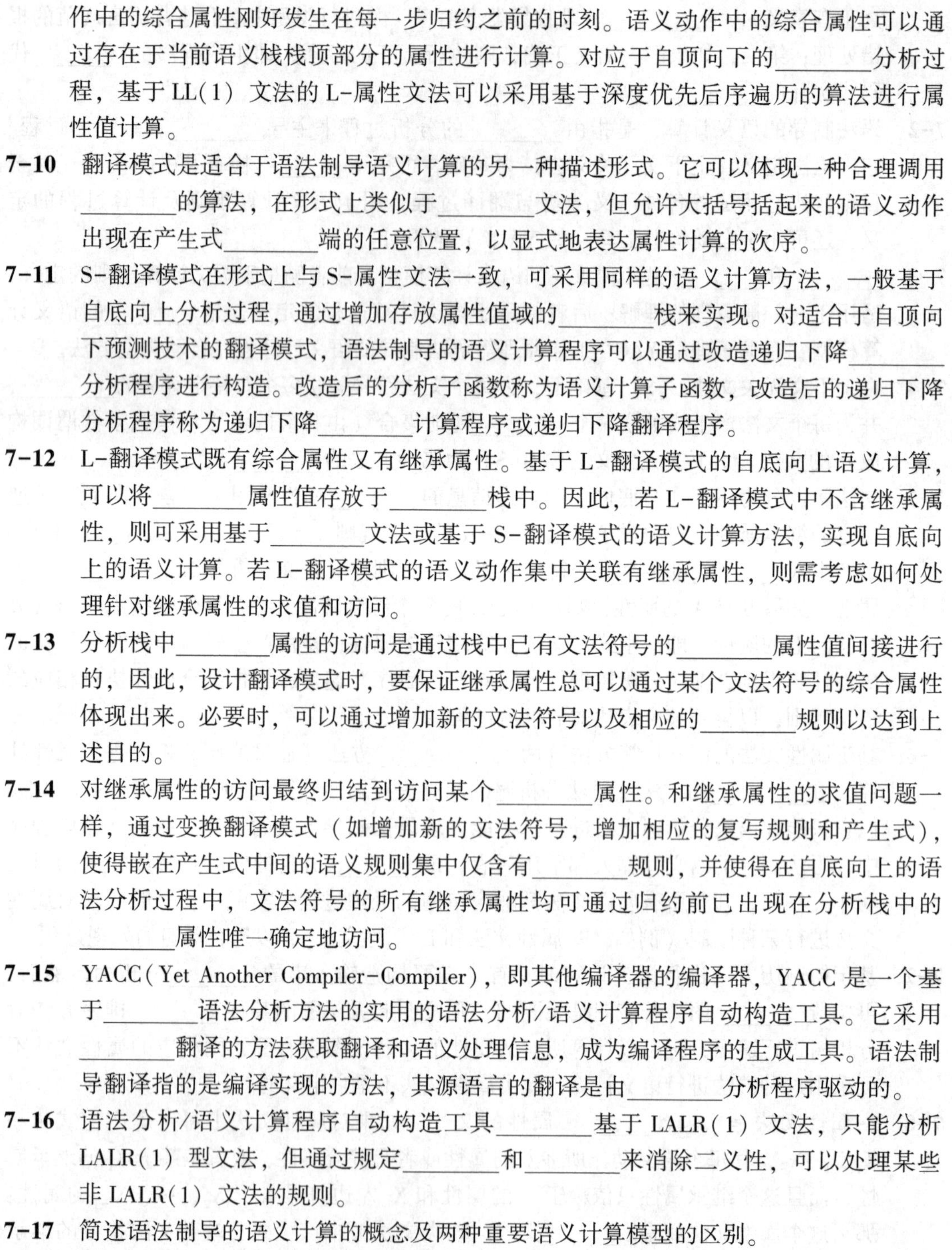

作中的综合属性刚好发生在每一步归约之前的时刻。语义动作中的综合属性可以通过存在于当前语义栈栈顶部分的属性进行计算。对应于自顶向下的________分析过程，基于LL(1) 文法的L-属性文法可以采用基于深度优先后序遍历的算法进行属性值计算。

7-10 翻译模式是适合于语法制导语义计算的另一种描述形式。它可以体现一种合理调用________的算法，在形式上类似于________文法，但允许大括号括起来的语义动作出现在产生式________端的任意位置，以显式地表达属性计算的次序。

7-11 S-翻译模式在形式上与S-属性文法一致，可采用同样的语义计算方法，一般基于自底向上分析过程，通过增加存放属性值域的________栈来实现。对适合于自顶向下预测技术的翻译模式，语法制导的语义计算程序可以通过改造递归下降________分析程序进行构造。改造后的分析子函数称为语义计算子函数，改造后的递归下降分析程序称为递归下降________计算程序或递归下降翻译程序。

7-12 L-翻译模式既有综合属性又有继承属性。基于L-翻译模式的自底向上语义计算，可以将________属性值存放于________栈中。因此，若L-翻译模式中不含继承属性，则可采用基于________文法或基于S-翻译模式的语义计算方法，实现自底向上的语义计算。若L-翻译模式的语义动作集中关联有继承属性，则需考虑如何处理针对继承属性的求值和访问。

7-13 分析栈中________属性的访问是通过栈中已有文法符号的________属性值间接进行的，因此，设计翻译模式时，要保证继承属性总可以通过某个文法符号的综合属性体现出来。必要时，可以通过增加新的文法符号以及相应的________规则以达到上述目的。

7-14 对继承属性的访问最终归结到访问某个________属性。和继承属性的求值问题一样，通过变换翻译模式（如增加新的文法符号，增加相应的复写规则和产生式），使得嵌在产生式中间的语义规则集中仅含有________规则，并使得在自底向上的语法分析过程中，文法符号的所有继承属性均可通过归约前已出现在分析栈中的________属性唯一确定地访问。

7-15 YACC(Yet Another Compiler-Compiler)，即其他编译器的编译器，YACC是一个基于________语法分析方法的实用的语法分析/语义计算程序自动构造工具。它采用________翻译的方法获取翻译和语义处理信息，成为编译程序的生成工具。语法制导翻译指的是编译实现的方法，其源语言的翻译是由________分析程序驱动的。

7-16 语法分析/语义计算程序自动构造工具________基于LALR(1) 文法，只能分析LALR(1) 型文法，但通过规定________和________来消除二义性，可以处理某些非LALR(1) 文法的规则。

7-17 简述语法制导的语义计算的概念及两种重要语义计算模型的区别。

7-18 简述文法属性的概念。

7-19 简述属性文法中文法属性的分类及区别。

7-20 简述基于属性文法的两类语义计算方法的区别。

7-21 简述S-属性文法和L-属性文法的区别。

7-22 简述基于S-属性文法的语义计算方法。

7-23 简述基于S-翻译模式的语义计算方法。

7-24 简述适合于自顶向下预测技术的L-翻译模式的语义计算方法。

7-25 设有如下将二进制无符号小数转化为十进制小数的属性文法G[N]，试用基于树遍历的方法计算输入串11.11的语义，并给出该串语义计算的具体步骤。

$N \to S_1 . S_2$ {N.v:=S_1.v+S_2.v; S_1.f:=1; S_2.f:=$2^{-S2.1}$}

$S \to S_1 B$ {S_1.f:=2S.f; B.f:=S.f; S.v:=S_1.v+B.v; S.l:=S_1.l+1}

$S \to B$ {S.l:=1; S.v:=B.v; B.f:=S.f}

$B \to 0$ {B.v:=0}

$B \to 1$ {B.v:=B.f}

文法中符号的各个属性具体含义如下：

（1）符号N的综合属性v表示十进制小数形式的转化结果。

（2）符号S的综合属性v表示二进制整数或定点小数（小数点之后的二进制数）对应的十进制数值，符号S的综合属性l表示二进制整数或定点小数的0、1串长度。

（3）符号S的继承属性f表示S推导的0、1串中最末位为1时对应的十进制数值。

（4）符号B的综合属性v表示二进制整数的当前位数字（0或1）对应的十进制数值。

（5）符号B的继承属性f表示二进制整数的当前位数字是1时对应的十进制数值。

7-26 针对下列常量表达式求值的S-属性文法G[S]，试用LR分析技术进行S-属性文法的语义计算，并通过语义栈体现常量表达式4+6/3#的求值过程。

G[S]:

$S \to A$ {print(A.val)}

$A \to A_1 + B$ {A.val:=A_1.val+B.val}

$A \to B$ {A.val:=B.val}

$B \to B_1 / D$ {B.val:=B_1.val/D.val}

$B \to D$ {B.val:=D.val}

$D \to (A)$ {D.val:=A.val}

$D \to i$ {D.val:=i.lexval}

文法G[S]中，i.lexval是由词法分析程序所确定的属性，D.val、B.val和A.val都是综合属性，语义函数print(A.val)用于显示A.val的结果值。

7-27 针对下列将定点二进制小数转换为十进制小数的L-属性文法G[N]，试采用基于深度优先后序遍历算法计算L-属性文法的语义，在语法树上给出输入串.111的计算过程。

G[N]:

$N \to .S$ {S.f:=1; print(S.v)}

$S \to BS_1$ {S_1.f:=S.f+1; B.f:=S.f; S.v:=S_1.v+B.v}

$S \to \varepsilon$ {S.v:=0}

$B \to 0$ {B.v:=0}

$B \to 1$ {B.v:=$2^{-B.f}$}

文法中符号的各个属性具体含义如下：

(1) 符号 S 的综合属性 v 表示 S 推导的 0、1 串对应的十进制数值。

(2) 符号 S 的继承属性 f 表示 S 推导的 0、1 串中第一位为 1 时对应的十进制数值 2^{-f}。

(3) 符号 B 的继承属性 f 表示二进制整数的当前位数字是 1 时对应的十进制数值 2^{-f}。

(4) 符号 B 的综合属性 v 表示二进制整数的当前位数字（0 或 1）对应的十进制数值。

7.5 习题解答

7-1 代码生成；中间；目标。

7-2 语法分析程序；语义分析；静态语义。

7-3 属性文法；翻译模式；面向实现。

7-4 属性；语义；基础。

7-5 综合；右部；继承。

7-6 树遍历；单遍；语法。

7-7 语法；依赖；拓扑。

7-8 综合；L-属性；L-属性。

7-9 LR；语义；预测。

7-10 语义动作；属性；右。

7-11 语义；LL(1)；语义。

7-12 综合；语义；S-属性。

7-13 继承；综合；复写。

7-14 综合；复写；综合。

7-15 LALR(1)；语法制导；语法。

7-16 YACC；优先级；结合性。

7-17 (1) 语法制导的语义计算的概念：语法制导的语义计算，是指由语法分析程序的分析过程来主导语义分析及翻译的过程。它以语法定义（上下文无关文法）为基础，可用于静态语义检查及中间代码（甚至目标代码）生成等各种语义分析与翻译过程，用于语义计算规则及计算过程的定义，还可用于自动构造工具（如 YACC）的设计。

(2) 属性文法和翻译模式是两种重要的语义计算模型。属性文法侧重于语义计算规则的定义，适用于对一般原理的理解；翻译模式侧重于语义计算过程的定义，面向实现，有助于理解 YACC 工作原理等语法制导的语义计算程序自动构造方法。

7-18 (1) 属性文法是指在上下文无关文法 G[S] 的基础上，为每个文法符号关联多个有特定意义的属性，并为每个文法产生式关联一个语义规则集合（由相应的语义动作或条件谓词构成）的文法。称上下文无关文法 G[S] 为属性文法的基础文法。

（2）属性（Attribute）用来刻画一个文法符号为我们所关心的任何特性，如：符号的值、符号的名字、符号的类型、符号的偏移地址、符号被赋予的寄存器、代码片段，等。

（3）文法符号 X 关联属性 A 的属性值可通过 X. A 访问。

（4）属性文法中，每个产生式 $A \to \alpha$ 都关联一个语义规则（Semantic Rule）的集合，用于描述如何计算当前产生式中文法符号的属性值或附加的语义动作。

7-19 属性文法中，文法属性分为综合属性和继承属性两类。两者区别如下：

（1）综合属性（Synthesized Attribute）。对关联于产生式 $A \to \alpha$ 的语义规则 $b := f(c_1, c_2, \cdots, c_k)$，如果 b 是 A 的某个属性，则称 b 是 A 的一个综合属性。综合属性用于"自底向上"传递信息，是指沿着语法分析树向上的属性，即产生式左端的非终结符的属性是由产生式右端的非终结符的属性计算的；终结符的属性通常由词法分析程序提供，然后再作为综合属性由此向上走。例如，对分析树进行自底向上（后序）遍历，根据综合属性执行相应的语义规则，即得到某个表达式的求值过程。

（2）继承属性（Inherited Attribute）。对关联于产生式 $A \to \alpha$ 的语义规则 $b := f(c_1, c_2, \cdots, c_k)$，如果 b 是产生式右部某个文法符号 X 的某个属性，则称 b 是文法符号 X 的一个继承属性。继承属性用于"自顶向下"传递信息，是指沿着语法分析树向下的属性。例如，对某个输入串的分析树进行遍历，自底向上执行综合属性相应的语义动作，再自顶向下执行继承属性相应的语义动作，即可以得到所有属性值的一个求值过程。

7-20 基于属性文法的语义计算方法分为两类：树遍历方法（通过遍历分析树进行属性计算）和单遍的方法（语法分析遍的同时进行属性计算）。树遍历方法有一定的通用性，但它只能在语法分析遍之后进行，不能体现语法制导方法的优势。在实际编译程序中，语法制导的语义计算大都采用单遍的过程，即在语法分析的同时就完成相应的语义动作。然而，并非所有属性文法都适合单遍的处理过程。实践中，一般要求对属性文法进行某种限制（例如，S 属性文法和 L 属性文法），以适合单遍的处理过程。

7-21 S-属性文法和 L-属性文法的区别如下：

（1）S-属性文法是只包含综合属性的文法。

（2）L-属性文法。如果对属性文法中每一个产生式 $A \to X_1X_2\cdots X_n$，其每个语义动作所涉及的属性或是综合属性，或是某个 X_i 的继承属性，且该继承属性只依赖于 A 的属性和 X_i 左边符号 X_1，X_2，…，X_{i-1} 的属性，则该属性文法就是 L-属性文法。L-属性文法可以包含综合属性，也可以包含继承属性，但要求产生式右端某文法符号的继承属性的计算只取决于该符号左边文法符号的属性（对于产生式左边文法符号，只能是继承属性）。

（3）S-属性文法是 L-属性文法的一个特例。

7-22 基于 S-属性文法的语义计算，通常采用自底向上的方式进行（因综合属性是自底向上传递信息）。若采用 LR 分析技术，可以通过扩充分析栈中的域，形成语义栈来存放综合属性的值，且计算相应产生式左部文法符号的综合属性值，刚好发生在每一步归约之前的时刻。语义动作中的综合属性可以通过存在于当前语义栈栈顶部分的属性进行计算。语法分析引擎在访问产生式的同时执行相应的语义动作。

7-23 基于翻译模式的语义计算仅考虑单遍的方法，借助预测分析技术进行自顶向下的语义计算，或借助于“移进—归约”LR 分析技术进行自底向上的语义计算。S-翻译模式在形式上与 S-属性文法一致，可采用同样的语义计算方法，一般基于自底向上分析过程，通过增加存放属性值域的语义栈来实现。扩展前述的关于 S-属性文法的自底向上计算技术（即在分析栈中增加存放属性值的域），翻译模式中综合属性的求值采用前述的计算方法。

7-24 (1) 与 L-属性文法相比，L-翻译模式已经规定好了产生式右端文法符号和语义动作（即属性计算）的处理次序，故在很大程度上简化了语义计算程序的设计。

(2) 翻译模式，语法制导的语义计算程序可以通过改造递归 LL(1) 分析程序进行构造。改造的核心思想是扩展各个分析子函数的定义：对每个非终结符 A，构造一个函数，以 A 的每个继承属性为形参，以 A 的综合属性为返回值（若有多个综合属性，可返回记录类型的值）。如同预测分析程序的构造，该函数代码的流程是根据当前的输入符号来决定调用哪个产生式，并根据每个产生式右端依次出现的符号来构造。

(3) 语法制导的语义计算程序的构造中，与每个产生式相关的代码根据产生式右端的终结符、非终结符和语义规则集（语义动作），依从左到右的次序完成下列工作：

1）首先，对终结符 x，将其综合属性 x 的值保存至专为 X. x 而声明的变量中；然后，调用匹配终结符（match_token）和取下一输入符号（next_token）的函数。

2）对非终结符 B，利用对应 B 的函数 ParseB 产生赋值语句 $c := B(b_1, b_2, \cdots, b_k)$，其中变量 $b_1, b_2, \cdots, b_k$ 对应 B 的各继承属性，变量 c 对应 B 的综合属性。

3）对语义规则集，直接 copy 其中每一语义规则来产生代码，只是将对属性的访问替换为对相应变量的访问。

7-25 针对题中将二进制无符号小数转化为十进制小数的属性文法 G[N]：

$N \to S_1.S_2$　　{N. v: = S_1. v+S_2. v;　S_1. f: = 1;　S_2. f: = $2^{-S2.1}$}

$S \to S_1B$　　{S_1. f: = 2S. f;　B. f: = S. f;　S. v: = S_1. v+B. v;　S. l: = S_1. l+1}

$S \to B$　　{S. l: = 1;　S. v: = B. v;　B. f: = S. f}

$B \to 0$　　{B. v: = 0}

$B \to 1$　　{B. v: = B. f}

输入串 11. 11 的语义计算的具体步骤描述如下：

Step1：构造输入串 11. 11 的语法分析树如图 7-11 所示。

Step2：为分析树建立依赖图并根据属性文法中定义的语义动作，建立图 7-12 所示的依赖图中的有向边。

Step3：从图 7-12 中可看出，该依赖图是无圈的，因此存在拓扑排序。该依赖图的任何一个拓扑排序，都能够顺利完成属性值的计算。例如，[3, 5, 2, 6, 10, 8,

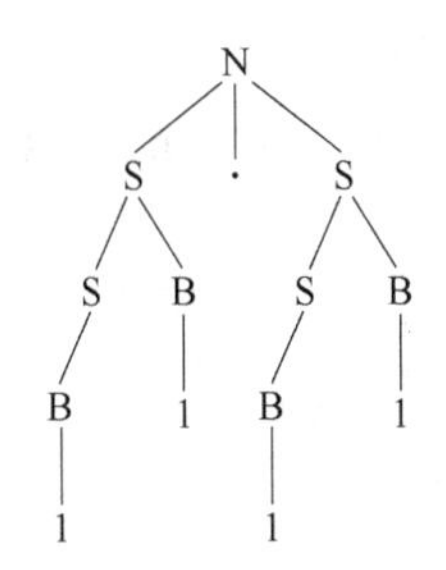

图 7-11　输入串 11.11 的语法分析树

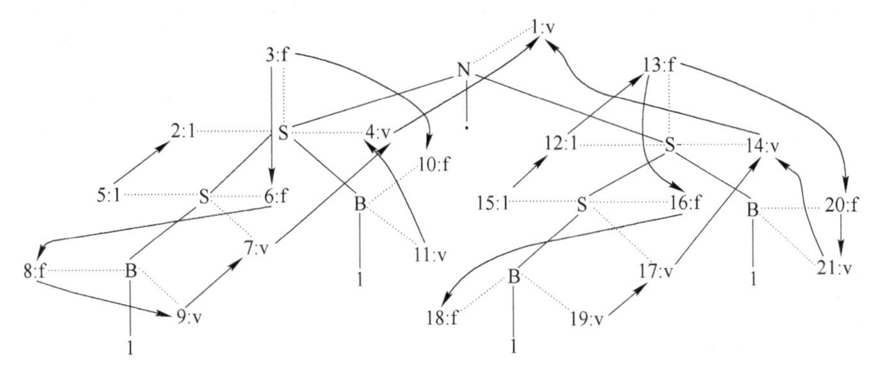

图 7-12　依赖图中的有向边

9，7，11，4，15，12，13，16，20，18，21，19，17，14，1］就是一种可能的计算次序。依据该计算次序，对输入串 11.11 根据语义动作计算各结点对应的属性值并表示为带标注语法分析树，如图 7-13 所示。

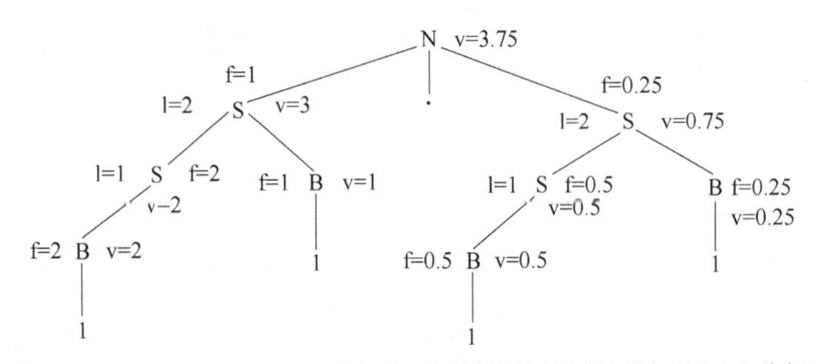

图 7-13　基于分析树各结点对应的属性值计算结果的带标注语法分析树

7-26　针对下列常量表达式求值的 S-属性文法 G[S]：

S→A	{print(A.val)}
$A→A_1$+B	{A.val:=A_1.val+B.val}
A→B	{A.val:=B.val}
$B→B_1$/D	{B.val:=B_1.val/D.val}
B→D	{B.val:=D.val}
D→(A)	{D.val:=A.val}
D→i	{D.val:=i.lexval}

（1）构造如表 7-3 所示的 LR 分析表，基于这一 LR 分析表进行自底向上分析，每

一步归约的同时执行相应的语义动作。

表 7-3　LR(1) 分析表

状态	ACTION						GOTO		
	i	/	+	(	)	#	A	B	D
0	S_5			S_4			1	2	3
1			S_6			acc			
2		S_7	r_2		r_2	r_2			
3		r_4	r_4		r_4	r_4			
4	S_5			S_4			8	2	3
5		r_6	r_6		r_6	r_6			
6	S_5			S_4				9	3
7	S_5			S_4					10
8			S_6		S_{11}				
9		S_7	r_1		r_1	r_1			
10		r_3	r_3		r_3	r_3			
11		r_5	r_5		r_5	r_5			

(2) 将状态栈、符号栈和语义栈统一为一个分析栈，栈中元素用三元组（状态编号，符号，语义值）表示，分别记录分析栈、符号栈和语义栈的内容。未定义语义值时，栈中元素的语义值用“-”表示。根据表 7-3，对常量表达式 4+6/3#进行自底向上分析的同时，能够体现该表达式求值过程的分析步骤如表 7-4 所示。

表 7-4　常量表达式 4+6/3#的 LR 分析过程和语义计算过程

步骤	分析栈（状态　符号　语义值）	当前输入串	分析动作	语义动作	备　注
1	0 #-	4+6/3#	S_5		栈底三元素为 0#-
2	0 #- 5 4 4	+6/3#	r_6	D. val: = i. lexval	新入栈三元素为 544
3	0 #- 3 D 4	+6/3#	r_4	B. val: = D. val	归约后栈顶三元素为 3D4
4	0 #- 2b4	+6/3#	r_2	A. val: = B. val	归约后栈顶三元素为 2B4
5	0 #- 1A4	+6/3#	S_6		归约后栈顶三元素为 1A4
6	0 #- 1A46+-	6/3#	S_5		新入栈三元素为 6+-
7	0 #- 1A46+- 5 6 6	/3#	r_6	D. val: = i. lexval	新入栈三元素为 566
8	0 #- 1A46+- 3 D 6	/3#	r_1	B. val: = D. val	归约后栈顶三元素为 3D6
9	0 #- 1A46+- 9b6	/3#	S_7		归约后栈顶三元素为 9B6
10	0 #- 1A46+- 9b67 /-	3#	S_5		新入栈三元素为 7/-
11	0 #- 1A46+- 9b67 /- 5 3 3	#	r_6	D. val: = i. lexval	新入栈三元素为 533
12	0 #- 1A46+- 9b67 /- 10 D 3	#	r_3	B. val: = D. val	归约后栈顶三元素为 10D3
13	0 #- 1A46+- 9b2	#	r_1	A. val: = B. val	归约后栈顶三元素为 9B2
14	0 #- 1A6	#	acc	print(A. val)	归约后栈顶三元素为 1A6

7-27 下列将定点二进制小数转换为十进制小数的 L-属性文法是 LL(1) 文法。故可采用上述基于深度优先后序遍历的算法进行属性值计算。

G[N]：

N→. S	{S. f: = 1; print(S. v)}
$S \to BS_1$	{S_1. f: = S. f+1; B. f: = S. f; S. v: = S_1. v+B. v}
S→ε	{S. v: = 0}
B→0	{B. v: = 0}
B→1	{B. v: = $2^{-B.f}$}

构造输入串 . 111 的语法分析树，如图 7-14(a) 所示。然后，采用基于深度优先后序遍历的算法，在深度优先从左至右遍历分析树的同时进行属性值计算，如图 7-14(b) 所示。

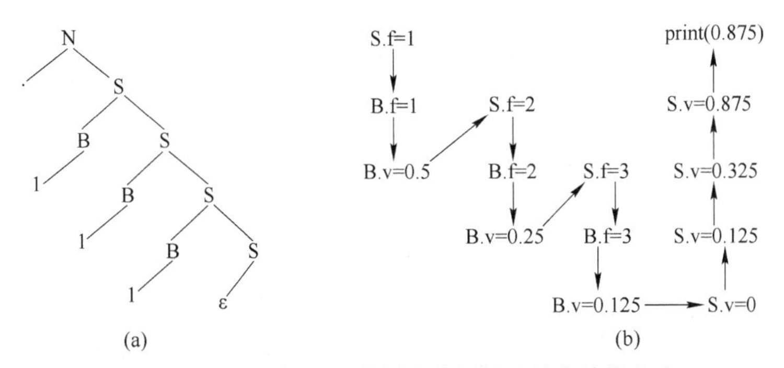

图 7-14 输入串 . 111 的语法分析树及性值计算文法

文法 G[N] 针对输入串 111 的语义计算过程，如图 7-15 所示。

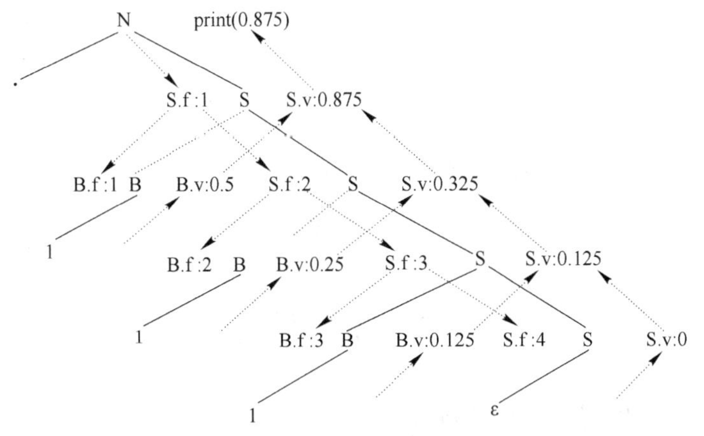

图 7-15 输入串 . 111 的属性值计算过程示意图

静态语义分析和中间代码生成

8.1 知识结构

本章知识结构如图 8-1 所示。

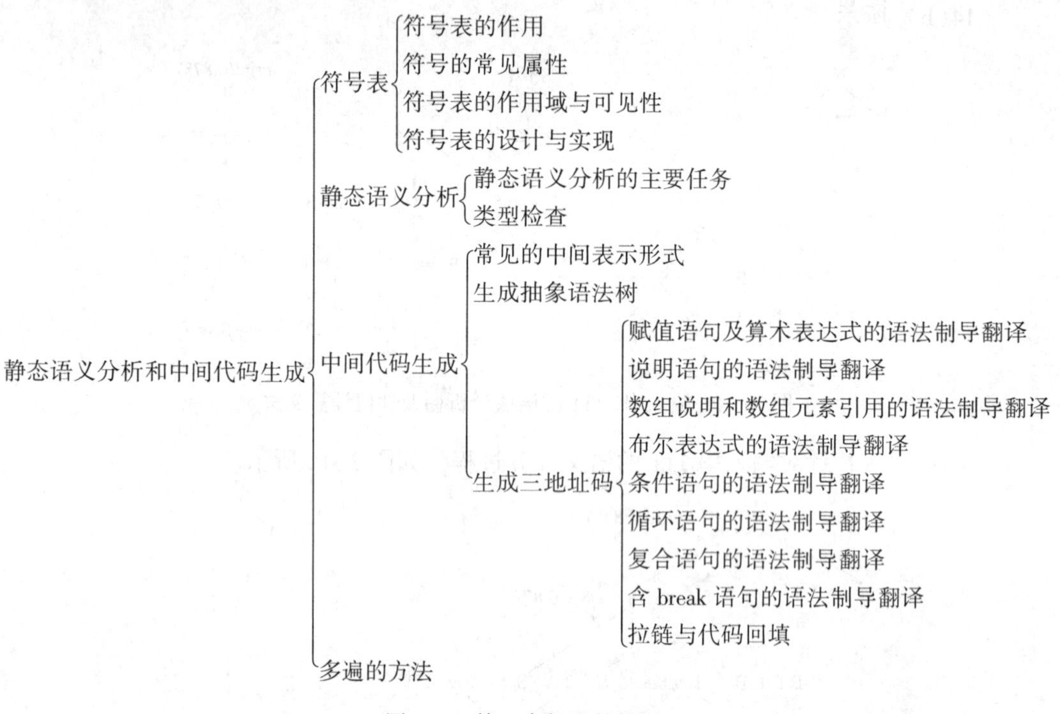

图 8-1　第 8 章知识结构图

8.2 知识要点

本章的知识要点主要包括以下内容：

【知识要点 1】符号表的作用

（1）符号表用于收集符号（标识符）的属性信息。编译程序扫描说明部分收集有关标识符的属性，并在符号表中建立符号的相应属性信息。

（2）符号表中所登记的内容是进行上下文语义合法性检查的依据。同一个标识符可能在程序的不同地方出现，而有关该符号的属性是在这些不同情况下收集的。特别是在多趟编译及程序分段编译（在PASCAL及C中以文件为单位）的情况下，更需检查标识符属性在上下文中的一致性和合法性。通过符号表中的属性记录可进行相应上下文的语义检查。

（3）符号表是目标代码生成阶段对符号名进行地址分配的依据。符号变量由它被定义的存储类别（如C、FORTRAN语言）或被定义的位置（如分程序结构的位置）来确定将来被分配的存储位置。首先，要确定其被分配的区域。例如在C语言中，首先要确定该符号变量是分配在公共区、文件静态区、函数静态区，还是函数运行时的动态区等。其次，要根据变量出现的次序（一般来说是先声明的在前）决定该变量在某个区中所处的具体位置。这通常使用在该区域中相对区头的相对位置确定。而有关区域的标志及相对位置，都是作为该变量的语义信息被收集在该变量的符号表属性中。

【知识要点2】符号的常见属性

符号表中设置的标识符属性包括：

（1）符号名字。一个标识符可以是一个变量的名字、一个函数的名字或一个过程的名字。符号表中设置一个符号名域，存放该标识符。该域通常是符号表的关键字域。

（2）符号类别。符号可分为常量符号、变量符号、函数/过程符号、类名符号等不同类别。

（3）符号类型。常量符号和变量符号都具有对应的数据类型。函数/过程符号也可以有类型（如参数类型和返回值类型复合而成的函数类型）。符号的类型属性决定了该变量的数据在存储空间的存储格式，还决定了在该变量上可以施加的运算操作。符号表中设置一个符号类型域，存放该符号的类型。对复合数据类型，通常还需要设置该类型的扩展成分，以存放复合类型完整的类型属性。

（4）符号的存储类别和存储分配信息。符号的存储类别信息有：符号的存储是在数据区还是代码区，是在静态数据区还是动态数据区，是在动态分配的栈区还是堆区，等等。存储分配信息有：符号数据单元的大小（字节数），相对某个存储基地址的位置偏移，等等。

（5）符号的作用域与可见性。符号的作用域与可见性分别指符号在程序中的有效范围和可访问范围。

（6）其他属性。比如：用于确定数组分配时所占空间及具体位置的数组内情向量（首地址、维数、每维的长度）；用于确定结构型变量存储分配时所占空间及具体位置记录结构的成员信息（C语言中的struct，PASCAL中的record）；用于作进程调用时的匹配处理和语义检查的函数或过程的形参。

【知识要点3】符号表的实现

（1）符号表的操作包括：创建符号表，插入表项，查询表项，修改表项，删除表项，以及释放符号表空间等。

（2）实现符号表的几种常用数据结构包括：一般线性表（数组、链表等），有序表，二叉搜索树，Hash表。

（3）符号表至少应在静态语义分析之前创建，通常在语法分析的同时创建，也可在语法分析之后而在语义检查之前创建。

【知识要点4】符号表体现作用域与可见性

（1）作用域。一个符号变量在程序中起作用的范围，称为它的作用域。拥有共同有效范围的符号所在的程序单元构成一个作用域。作用域可以嵌套但不可交错。相对于程序中特定的一点而言，其所在的作用域称为当前作用域。当前作用域与包含它的程序单元所构成的作用域称为开作用域。不属于开作用域的作用域称为闭作用域。

（2）可见性。可见性是指在程序的某一特定点，哪些符号是可访问的。程序中常用的可见性规则如下：在程序的任何一点，只有在该点的开作用域中声明的符号才可访问；若一个符号在多个开作用域中被声明，则把离该符号的某个引用最近的声明作为该引用的解释；新的声明只能出现在当前作用域中。符号的可见性还与具体的实现有关。

（3）每个作用域都有自己的符号表，称为多符号表组织。所有嵌套的作用域共用一个全局符号表，称为单符号表组织。

【知识要点5】语义处理的两个功能

（1）审查每个语法结构的静态语义，即验证语法结构合法的程序是否真正有意义。这个工作称为静态语义分析或静态审查。静态语义刻画程序在静态一致性或完整性方面的特征。

（2）如果静态语义正确，语义处理则要执行真正的翻译，即：将源程序翻译成中间代码，或者将源程序翻译成目标代码。动态语义刻画程序执行时的行为。

【知识要点6】静态语义分析的主要任务

（1）静态语义检查最基本的工作就是检查程序结构（控制结构和数据结构）的一致性和完整性。主要包括如下工作：

1）控制流检查。控制流语句必须使控制转移到合法的地方。例如，控制转移目标语句必须存在，再如 C 语言中 break 语句必须使控制跳离包括该语句的最小 while、for 或 switch 语句。

2）唯一性检查。在很多场合，要求对象只能被定义一次。例如，Pascal 语言规定同一标识符在一个分程序中只能被说明一次，同一 case 语句的标号不能相同，枚举类型的元素不能重复出现，等等。

3）名字的上下文相关性检查。名字的出现在遵循作用域与可见性规则的前提下，应满足一定的上下文相关性，如：标识符需先声明后使用，类声明和类实现之间需要规定相应的匹配关系，相关名字检查，等等。

4）类型检查。验证程序中执行的每个操作是否遵守语言的类型系统的过程，编译程序必须报告不符合类型系统的信息，例如操作数是否与给定运算兼容。类型检查是语义分析阶段最重要的工作。类型检查程序主要负责以下工作：验证程序的结构是否匹配上下文所期待的类型；为代码生成阶段搜集及建立必要的类型信息；根据类型表达式实现某个类型系统（基于语法制导的类型检查，将类型表达式作为属性值赋给程序各个部分的规则集合，就构成一个类型系统），等等。

（2）静态语义分析的另一项工作就是收集语义信息。这些信息服务于语义检查或后续的代码生成。

【知识要点 7】中间代码的作用及形式

中间代码是源语言和目标语言之间的桥梁，可以避开两者之间较大的语义跨度，使编译程序的逻辑结构更加简单明确；利于编译程序的重定向；利于进行与目标机无关的优化。

中间代码有不同层次不同目的之分。几种常用的中间代码形式如下：

（1）AST(Abstract Syntax Tree，抽象语法树)。

（2）TAC(Three-Address Code，三地址码，即四元式)：其语句一般形如“x：=y op z”，其中，op 为操作符，y 和 z 为操作数，x 为结果。

（3）P-code(特别用于 Pasal 语言实现)。

（4）Bytecode(Java 编译器的输出，Java 虚拟机的输入)。

（5）SSA(Static Single Assignment form，静态单赋值形式)。

【知识要点 8】常用的 TAC 语句类型

（1）二元算术/逻辑运算赋值语句 x：=yop z。

（2）一元运算赋值语句 x：=op y。

（3）y 的值赋给 x 的复写语句 x：=y。

（4）跳转至标号 L 的无条件跳转语句 goto L。

（5）基于关系运算 rop 的条件跳转语句 if x rop y goto L。

（6）定义标号语句 L：。

（7）过程调用语句序列 param x_1…param x_n call p，n。

（8）过程返回语句 return y（y 可选，存放返回值）。

（9）下标赋值语句 x：=y[i](表示将地址 y 起第 i 个存储单元的值赋给 x）和 x[i]：=y。

（10）指针赋值语句 x：=*y 和*x：=y。

【知识要点 9】生成抽象语法树 AST 的语法制导翻译的方法

（1）语义函数/过程说明

mknode：构造语法树的内部结点；

mkleaf：构造语法树的叶子结点。

（2）翻译模式

S→id：=E {S. ptr：=mknode(‘assign’,mkleaf(id. entry),E. ptr)}

S→if E then S_1 {S. ptr：=mknode(‘if_then’,E. ptr,S_1. ptr)}

S→while E do S_1 {S. ptr：=mknode(‘while_do’,E. ptr,S_1. ptr)}

S→S_1;S_2 {S. ptr：=mknode(‘seq’,S_1. ptr,S_2. ptr)}

E→id {E. ptr：=mkleaf(id. entry)}

E→E_1+E_2 {E. ptr：=mknode(‘add’,E_1. ptr,E_2. ptr)}

E→E_1 * E_2 {E. ptr：=mknode(‘mul’,E_1. ptr,E_2. ptr)}

E→(E_1) {E. ptr：=E_1. ptr}

【知识要点 10】赋值语句及算术表达式的语法制导翻译

（1）相关语义属性说明

id. place：id 对应的存储位置；

E. place：用来存放 E 的值的存储位置；

E. code：E 求值的 TAC 语句序列；

S. code：对应于 S 的 TAC 语句序列。

（2）相关语义函数/过程说明

gen：生成一条 TAC 语句；

newtemp：在符号表中新建一个从未使用过的名字，并返回该名字的存储位置；

‖：TAC 语句序列之间的链接运算。

（3）翻译模式

```
S→id:=E        {S.code:=E.code ‖ gen(id.place':='E.place)}
E→id           {E.place:=id.place;E.code:=""}
E→int          {E.place:=newtemp;E.code:=gen(E.place':='int.val)}
E→real         {E.place:=newtemp;E.code:=gen(E.place':='real.val)}
E→E1+E2        {E.place:=newtemp;
                E.code:=E1.code ‖ E2.code ‖ gen(E.place':='E1.place'+'E2.place)}
E→E1 * E2      {E.place:=newtemp;
                E.code:=E1.code ‖ E2.code ‖ gen(E.place':='E1.place' * 'E2.place)}
E→-E1          {E.place:=newtemp;
                E.code:=E1.code ‖ gen(E.place':=''uminus'E1.place)}
E→(E1)         {E.place:=E1.place;E.code:=E1.code}
```

【知识要点 11】说明语句的语法制导翻译

（1）相关语义属性说明

id. name：id 的词法名字（符号表中的名字）；

T. type：类型属性（综合属性）；

T. width，V. width：数据宽度（字节数）；

L. offset：列表中第一个变量的偏移地址；

L. type：变量列表被声明的类型（继承属性）；

L. num：变量列表中变量的个数。

（2）相关语义函数/过程说明

enter(id. name，t，o)：将符号表中 id. name 所对应表项的 type 域置为 t，offset 域置为 o。

（3）翻译模式

```
V→V1;T    {L.type:=T.type;L.offset:=V1.width;L.width:=T.width}
      L   {V.type:=make_product_3(V1.type,T.type,L.num);
           V.width:=V1.width+L.num×T.width}
```

V→ε　　{V. type: =<>; V. width: =0}

T→boolean　　{T. type: =bool; T. width: =1}

T→integer　　{T. type: =int; T. width: =4}

T→real　　{T. type: =real; T. width: =8}

T→array[num] of T_1　　{T. type: =array(1. . num. lexval, T_1. type);
　　T. width: =num. lexval×T_1. width}

T→^T_1　　{T. type: =pointer(T_1. type); T. width: =4}

L→{L_1. type: =L. type; L_1. offset: =L. offset; L_1. width: =L. width;}
　　L_1, id　{enter(id. name, L. type, L. offset+L_1. num×L. width);
　　L. num: =L_1. num+1}

L→id　{enter(id. name, L. type, L. offset); L. num: =1}

【知识要点 12】数组说明和数组元素引用的语法制导翻译

(1) 数组说明的翻译模式

……

T→array[num] of T_1{T. type: =array(1. . num. lexval, T_1. type);
　　T. width: =num. lexval×T_1. width}

……

L→{L_1. type: =L. type; L_1. offset: =L. offset; L_1. width: =L. width;}
　　L_1, id　　{enter(id. name, L. type, L. offset+L_1. num×L. width);
　　L. num: =L_1. num+1}

L→id　{enter(id. name, L. type, L. offset); L. num: =1}

(2) 数组引用的翻译模式

S→E_1[E_2]: =E_3　　{S . code: =E_2. code ‖ E_3. code ‖
　　gen(E_1. place'['E_2. place']'':='E_3. place)}

E→E_1[E_2]　　{E. place: =newtemp;
　　E. code: =E_2. code ‖ gen(E. place':='E_1. place'['E_2. place']')}

(3) 数组的内情向量

在处理数组时，通常会将数组的有关信息记录在一些单元中，称为内情向量。对于静态数组，内情向量可放在符号表中；对于动态可变数组，将在运行时建立相应的内情向量。例如，对于静态数组说明 a[l_1: u_1, l_2: u_2, …, l_n: u_n]，可在符号表中建立第 i 维的下界 l_i、第 i 维的上界 u_i、数组元素的类型 type、数组首元素的地址 a、数组维数 n 等内情向量。

(4) 数组元素的地址计算

对于静态数组 a[l_1: u_1, l_2: u_2, …, l_n: u_n]，若数组布局采用行优先的连续布局，数组首元素的地址为 a，则数组元素 a[i_1, i_2, …, i_n] 的地址 D 可以如下计算：

$$D = a + (i_1 - l_1)(u_2 - l_2)(u_3 - l_3)\cdots(u_n - l_n) + (i_2 - l_2)(u_3 - l_3)(u_4 - l_4)\cdots(u_n - l_n) + \cdots + (i_{n-1} - l_{n-1})(u_n - l_n) + (i_n - l_n)$$

重新整理后得：D=A-C+V，其中：

$$C = (\cdots(l_1(u_2 - l_2) + l_2)(u_3 - l_3) + l_3)(u_4 - l_4) + \cdots + l_{n-1})(u_n - l_n) + l_n$$

$$V = (\cdots((i_1(u_2 - l_2) + i_2)(u_3 - l_3) + i_3)(u_4 - l_4) + \cdots + i_{n-1})(u_n - l_n) + i_n$$

【知识要点13】布尔表达式的语法制导翻译

（1）直接对布尔表达式求值

可以用数值“1”表示 true，用数值“0”表示 false，再采用与算术表达式类似的方法对布尔表达式进行求值。假设用 nextstat 返回输出代码序列中下一条 TAC 语句的下标，则直接对布尔表达式求值的翻译模式如下：

$E \to E_1 \vee E_2$ {E. place: =newtemp; E. code: =E_1. code ‖ E_2. code
‖ gen(E. place‘: =’E_1. place‘or’E_2. place)}

$E \to E_1 \wedge E_2$ {E. place: =newtemp; E. code: =E_1. code ‖ E_2. code
‖ gen(E. place‘: =’E_1. place‘and’E_2. place)}

$E \to \neg E_1$ {E. place: =newtemp; E. code: =E_1. code ‖ gen(E. place‘: =’‘not’E_1. palce)}

$E \to (E_1)$ {E. place: =E_1. place; E. code: =E_1. code}

$E \to \underline{id}_1\ \underline{rop}\ \underline{id}_2$ {E. place: =newtemp;
E. code: =gen(‘if’$\underline{id}_1$. place $\underline{rop}$. op $\underline{id}_2$. place‘goto’nextstat+3)
‖ gen(E. place‘: =’‘0’) ‖ gen(‘goto’nextstat+2) ‖ gen(E. place‘: =’‘1’)}

E→true {E. place: =newtemp; E. code: =gen(E. place‘: =’‘1’)}

E→false {E. place: =newtemp; E. code: =gen(E. place‘: =’‘0’)}

（2）通过控制流体现布尔表达式的语义

通过控制流体现布尔表达式的语义，就是通过转移到程序中的某个位置来表示布尔表达式的求值结果。这种方法的优点是方便实现控制流语句中布尔表达式的翻译，常可以得到短路（short-circuit）代码，而避免不必要的求值。例如，在已知 E_1 为真时，不必再对 $E_1 \vee E_2$ 中的 E_2 进行求值；同样，在已知 E_1 为假时，不必再对 $E_1 \wedge E_2$ 中的 E_2 进行求值。

例如：布尔表达式 E=a<b or c<d and e<f 可能翻译为如下 TAC 语句序列（采用短路代码，E. true 和 E. false 分别代表 E 为真和假时对应于程序中的位置，可用标号体现）：

```
        if a<b goto E. true
        goto label1
    label1:
        if  c<d goto label2
        goto E. false
    label2:
        if  e<f goto E. true
        goto E. false
```

通过控制流体现布尔表达式的语义的布尔表达式求值的 L-翻译模式（翻译布尔表达式至短路代码）如下：

E→{E_1. true: =E. true; E_1. false: =newlabel} E_1 ∨ {E_2. true: =E. true;
E_2. false: =E. false} E_2 {E. code: =E_1. code ‖ gen(E_1. false‘:’) ‖ E_2. code}

E→{E_1. false: =E. false; E_1. true: =newlabel} E_1 ∧ {E_2. false: =E. false;

E_2. true: = E. true} E_2 {E. code: = E_1. code ‖ gen(E_1. true ':') ‖ E_2. code}

E→¬ {E_1. true: = E. false; E_1. false: = E. true} E_1 {E. code: = E_1. code}

E→({E_1. true: = E. true; E_1. false: = E. false} E_1) {E. code: = E_1. code}

E→<u>id</u>$_1$ <u>rop</u> <u>id</u>$_2$ {E. code: = gen('if' <u>id</u>$_1$. place <u>rop</u>. op <u>id</u>$_2$. place 'goto' E. true)
‖ gen('goto' E. false)}

E→true {E. code: = gen('goto' E. true)}

E→false {E. code: = gen('goto' E. false)}

【知识要点 14】条件语句的语法制导翻译

（1）if-then 语句的 L-翻译模式

S→if {E. true: = newlabel; E. false: = S. next} E then {S_1. next: = S. next}
S_1 {S. code: = E. code ‖ gen(E. true ':') ‖ S_1. code}

其中，newlabel 返回一个新的语句标号；S. next 属性表示 S 之后要执行的首条 TAC 语句的标号。

（2）if-then-else 语句的 L-翻译模式

S→if {E. true: = newlabel; E. false: = newlabel} E then
{S_1. next: = S. next} S_1 else {S_2. next: = S. next} S_2
{S. code: = E. code ‖ gen(E. true ':') ‖ S_1. code ‖
gen('goto' S. next) ‖ gen(E. false ':') ‖ S_2. code}

【知识要点 15】循环语句的语法制导翻译

while 语句（L-翻译模式）如下：

S→while {E. true: = newlabel; E. false: = S. next}
E do {S_1. next: = newlabel} S_1
{S. code: = gen(S_1. next ':') ‖ E. code ‖ gen(E. true ':')
‖ S_1. code ‖ gen('goto' S_1. next)}

【知识要点 16】复合语句的语法制导翻译

顺序复合语句的 L-翻译模式如下：

S→ {S_1. next: = newlabel} S_1; {S_2. next: = S. next} S_2 {S. code: = S_1. code
‖ gen(S_1. next ':') ‖ S_2. code}

【知识要点 17】含 break 语句的语法制导翻译

含 break 语句的翻译模式如下：

P→D; {S. next: = newlabel; S. break: = newlabel} S {gen(S. next ':')}

S→if {E. true: = newlabel; E. false: = S. next} E then {S_1. next: = S. next;
S_1. break: = S. break} S_1 {S. code: = E. code ‖ gen(E. true ':') ‖ S_1. code}

S→if {E. true: =newlabel; E. false: =newlabel} E then {S_1. next: =S. next;
S_1. break: =S. break} S_1 else {S_2. next: =S. next;
S_2. break: =S. break} S_2 {S. code: =E. code ‖ gen(E. true‘:’) ‖ S_1. code
‖ gen(‘goto’S. next) ‖ gen(E. false‘:’) ‖ S_2. code}
S→while {E. true: =newlabel; E. false: =S. next} E do {S_1. next: =newlabel;
S_1. break: =S. next} S_1 {S. code: =gen(S_1. next‘:’)
‖ E. code ‖ gen(E. true‘:’) ‖ S_1. code ‖ gen(‘goto’S_1. next)}
S→ {S_1. next: =newlabel; S_1. break: =S. break} S_1; {S_2. next: =S. next;
S_2. break: =S. break} S_2 {S. code: =S_1. code ‖ gen(S_1. next‘:’) ‖ S_2. code}
S→break; {S. code: =gen(‘goto’S. break)}

【知识要点 18】拉链与代码回填

（1）相关语义属性说明

E. truelist："真链"，链表中的元素表示一系列跳转语句的地址，这些跳转语句的目标标号是体现布尔表达式 E 为"真"的标号；

E. falselist："假链"，链表中的元素表示一系列跳转语句的地址，这些跳转语句的目标标号是体现布尔表达式 E 为"假"的标号；

S. nextlist："next 链"，链表中的元素表示一系列跳转语句的地址，这些跳转语句的目标标号是在执行序列中紧跟在 S 之后的下条 TAC 语句的标号；

S. breaklist："break 链"，链表中的元素表示一系列跳转语句的地址，这些跳转语句的目标标号是直接所属 while 语句的结束位置。

（2）相关语义函数/过程说明

makelist(i)：创建只有一个结点 i 的表，对应存放目标 TAC 语句数组的一个下标；
merge(p_1, p_2)：连接两个链表 p_1 和 p_2，返回结果链表；
backpatch(p, i)：将链表 p 中每个元素所指向的跳转语句的标号置为 i；
nextstm：下一条 TAC 语句的地址；
emit(…)：输出一条 TAC 语句，并使 nextstm 加 1。

（3）处理布尔表达式的翻译模式（规定产生式的优先级依次递增来解决冲突问题）

E→E_1 ∨ M E_2 {backpatch(E_1. falselist, M. gotostm);
E. truelist: =merge(E_1. truelist, E_2. truelist);
E. falselist: =E_2. falselist}
E→E_1 ∧ M E_2 {backpatch(E_1. truelist, M. gotostm);
E. falselist: =merge(E_1. falselist, E_2. falselist);
E. truelist: =E_2. truelist}
E→¬ E_1 {E. truelist: =E_1. falselist; E. falselist: =E_1. truelist}
E→(E_1) {E. truelist: =E_1. truelist; E. falselist: =E_1. falselist}
E→$\underline{id}_1$ rop $\underline{id}_2$ {E. truelist: =makelist(nextstm); E. falselist: =makelist(nextstm+1);
emit(‘if’ $\underline{id}_1$. place rop. op id_2. place‘goto_’); emit(‘goto_’)}
E→true {E. truelist: =makelist(nextstm); emit(‘goto_’)}
E→false {E. falselist: =makelist(nextstm); emit(‘goto_’)}

M→ε {M. gotostm: =nextstm}

(4) 处理条件语句的翻译模式

$S \to$ if E then M S_1 {backpatch(E. truelist, M. gotostm);
S. nextlist: =merge(E. falselist, S_1. nextlist)}

$S \to$ if E then M_1 S_1 N else M_2 S_2 {backpatch(E. truelist, M_1. gotostm);
backpatch(E. falselist, M_2. gotostm);
S. nextlist: =merge(S_1. nextlist, merge(N. nextlist, S_2. nextlist))}

M→ε {M. gotostm: =nextstm}

N→ε {N. nextlist: =makelist(nextstm); emit('goto_')}

(5) 处理循环、复合的翻译模式

$S \to$ while M_1 E do M_2 S_1 {backpatch(S_1. nextlist, M_1. gotostm);
backpatch(E. truelist, M_2. gotostm);
S. nextlist: =E. falselist;
emit('goto', M_1. gotostm)}

$S \to S_1$; M S_2 {backpatch(S_1. nextlist, M_1. gotostm);
S. nextlist: =S_2. nextlist}

M→ε {M. gotostm: =nextstm}

(6) 增加 break 语句后控制语句处理的翻译模式

P→D; SM {backpatch(S. nextlist, M. gotostm);
backpatch(S. breaklist, M. gotostm)}

$S \to$ if E then M S_1 {backpatch(E. truelist, M. gotostm);
S. nextlist: =merge(E. falselist, S_1. nextlist);
S. breaklist: =S_1. breaklist}

$S \to$ if E then M_1 S_1 N else M_2 S_2 {backpatch(E. truelist, M_1. gotostm);
backpatch(E. falselist, M_2. gotostm);
S. nextlist: =merge(S_1. nextlist, merge(N. nextlist, S_2. nextlist);
S. breaklist: =merge(S_1. breaklist, S_2. breaklist)}

$S \to$ while M_1 E then M_2 S_1 {backpatch(S_1. nextlist, M_1. gotostm);
backpatch(E. truelist, M_2. gotostm);
S. nextlist: =merge(E. falselist, S_1. breaklist);
S. breaklist: =""; emit('goto', M_1. gotostm)}

$S \to S_1$; M S_2 {backpatch(S_1. nextlist, M. gotostm);
S. nextlist: =S_2. nextlist;
S. breaklist: =merge(S_1. breaklist, S_2. breaklist)}

S→break; {S. breaklist: =makelist(nextstm);
S. nextlist: =""; emit('goto_')}

M→ε {M. gotostm: =nextstm}

N→ε {N. nextlist: =makelist(nextstm); emit('goto_')}

8.3 例题分析

【例题 8-1】 写出表达式“A+B∗(C-D)+E/(C-D)^N”的 AST（抽象语法树）表示和 TAC（三地址码）表示的中间代码：

分析与解答：

（1）表达式“A+B∗(C-D)+E/(C-D)^N”的 AST（抽象语法树）表示的中间代码如图 8-2 所示。

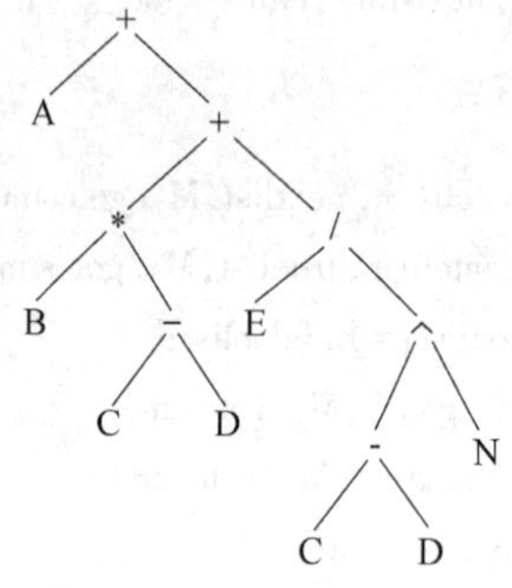

图 8-2 “A+B∗(C-D)+E/(C-D)^N”的 AST 表示

（2）表达式“A+B∗(C-D)+E/(C-D)^N”的 TAC（三地址码）表示的中间代码如下：

①(-,C,D,T_1)		T_1:=C-D
②(∗,B,T_1,T_2)		T_2:=B∗T_1
③(+,A,T_2,T_3)		T_3:=A+T_2
④(-,C,D,T_4)	或	T_4:=C-D
⑤(^,T_4,N,T_5)		T_5:=T_4^n
⑥(/,E,T_5,T_6)		T_6:=E/T_5
⑦(+,T_3,T_6,T_7)		T_7:=T_3+T_6

【例题 8-2】 将下列语句翻译成 TAC 形式的中间代码：

（1）if a<b or c<d and e>f then S^1 else S^2

（2）while(A<B) do if(C<D) then X:=Y+Z

分析与解答：

（1）语句“if a<b or c<d and e>f then S^1 else S^2”可翻生成如下的 TAC 代码序列（假设此语句对应的 TAC 序号从 100 开始）：

```
100  if  a<b  goto  106   /∗106 是整个布尔表达式的真出口∗/
101  goto  102
102  if  c<d  goto  104
103  goto  p+1       /∗p+1 是整个布尔表达式的假出口∗/
104  if  e>f  goto  106
105  goto  p+1
106  (关于 S¹ 的 TAC)
```

……
p+1 （关于 S^2 的 TAC）
……

（2）语句“while(A<B) do if(C<D) then X:=Y+Z”可翻译成如下的 TAC 代码序列（假设此语句对应的 TAC 序号从 100 开始）：

```
100  if A<B goto 102
101  goto 107
102  if C<D goto 104
103  goto 100
104  T:=Y+Z
105  X:=T
106  goto 100
107  ……
```

注意：goto 的目标地址需要在真假出口确定后才能回填。

【例题 8-3】 针对下列表达式文法 G[S]：

S→id:=E
S→if E then S_1
S→while E do S_1
S→S_1;S_2
E→id
E→E_1+E_2
E→E_1 * E_2
E→(E_1)

试根据语法制导翻译的方法，写出将该文法生成抽象语法树 AST 的翻译模式。

分析与解答：

根据语法制导翻译的方法，根据生成抽象语法树 AST 的需要，在文法 C[S] 的每个产生式右边，结合文法符号的相关属性增加相应的语义动作，即可得到相应的翻译模式如下：

S→id:=E {S.ptr:=mknode('assign',mkleaf(id.entry),E.ptr)}
S→if E then S_1 {S.ptr:=mknode('if_then',E.ptr,S_1.ptr)}
S→while E do S_1 {S.ptr:=mknode('while_do',E.ptr,S_1.ptr)}
S→S_1;S_2 {S.ptr:=mknode('seq',S_1.ptr,S_2.ptr)}
E→id {E.ptr:=mkleaf(id.entry)}
E→E_1+E_2 {E.ptr:=mknode('+',E_1.ptr,E_2.ptr)}
E→E_1 * E_2 {E.ptr:=mknode('*',E_1.ptr,E_2.ptr)}
E→(E_1) {E.ptr:=E_1.ptr}

上述翻译模式中涉及的语义函数/过程说明如下：

mknode:构造内部结点；
mkleaf:构造叶子结点。

【例题 8-4】 以 for 循环语句 for I:=1 Step1 until N do M:=M+1 为例，简述布尔表达式的翻译方法。

分析与解答：

（1）翻译布尔表达式 E 时，按照扫描语句中各部分的先后次序，生成转移语句和无条件转移语句的三地址代码的编号。翻译的基本思路是对于布尔表达式 E 为 a rop b 的形式生成三地址代码：if a rop b goto E. true 和 goto E. false。goto 目标等到所有的三地址代码的编号全部得到后再回填。

（2）语句“for I:=1 Step1 until N do M:=M+1”可翻译为如下 TAC 序列：

```
[1]I:=1
[2]goto[4]
[3]I:=I+1
[4]if  I=<N goto[6]
[5]goto[9]
[6]T:=M+1
[7]M:=T
[8]goto[3]
[9]……
```

8.4 习　　题

8-1 在编译程序中用符号表来存放语言程序中出现的有关标识符的属性信息，这些信息集中反映了标识符的语义特征属性。符号表的功能可以归结为三个主要方面，即收集________；作为上下文________检查的依据；作为目标代码生成阶段________的依据。

8-2 程序设计语言中通用的标识符属性主要有：符号的________，符号的类别，符号的________，符号的存储类别和存储分配信息，符号的________和可视性，以及数组的内情向量等其他属性。

8-3 符号的________即该符号（如变量）在程序中起作用的范围，一般由定义该符号的位置及________决定。符号的可视性不仅取决于作用域，对函数、过程来说，还同形参、局部变量、分程序结构有关。同名变量在函数体内和体外的________不同。

8-4 处理数组时，通常会将数组的有关信息记录在一些单元中，称为________。对于静态数组，内情向量可放在________中；对于动态可变数组，将在________时建立相应的内情向量。

8-5 符号表至少应在静态语义分析之前创建，通常在语法分析的同时创建，也可在语法分析之后、语义检查之前创建。实现符号表的几种常用数据结构包括一般的________（数组、链表等），________，二叉搜索树和________等。

8-6 为了实现分程序中的分层结构中同名标识符的语义功能，符号表中需要设立下推链域组织。下推链域组织要求进入到一个内层结构并发生________定义时，把当前符号表中处于________的该符号下推到链中，而在下推表项处建立________同名标识符的表项。

8-7 一个符号变量在程序中起作用的范围，称为它的________。拥有共同有效范围的符号所在的程序单元构成一个作用域。作用域可以嵌套，但不可交错。相对于程序中特定的一点而言，其所在的作用域称为________作用域。当前作用域与包含它的程序单元所构成的作用域称为开作用域。不属于开作用域的作用域称为________。

8-8 静态语义检查最基本的工作就是检查程序结构（控制结构和数据结构）的一致性和完整性。例如：________检查、唯一性检查、名字的________检查、________检查。

8-9 中间代码有不同层次不同目的之分。几种常用的中间代码形式包括：________（即抽象语法树）、________（三地址码，即四元式）、P-code、________（即 Java 编译器的输出，Java 虚拟机的输入），以及 SSA（Static Single Assignment Form，静态单赋值形式）等。

8-10 编译过程中的语义分析阶段，按语义产生式对语法分析器归约出的语法单位进行语义分析。语义处理包括两个功能：其一，审查有无静态语义错误（即验证语法结构合法的程序是否真正有意义），为________阶段收集类型信息，并进行类型审查和违背语言规范的报错处理；其二，如果静态语义正确，则执行真正的翻译，即生成程序的________或实际的________。

8-11 简述符号表的主要作用。

8-12 简述与标识符的存储位置或格式相关的符号的主要属性及作用。

8-13 简述静态语义分析的主要任务。

8-14 简述中间代码的作用及常见的中间代码形式。

8-15 将表达式“-(a+b) * (c+d)-(a+b+c)”分别表示成 AST 和 TAC 序列。

8-16 采用语法制导翻译思想，表达式 E 的“值”的描述如下所示：

产生式	语义动作
(0) $S' \to E$	{print E. val}
(1) $E \to E_1 + E_2$	{E. val: = E_1. val+E_2. val}
(2) $E \to E_1 * E_2$	{E. val: = E_1. val * E_2. val}
(3) $E \to (e_1)$	{E. val: = E_1. val}
(4) $E \to n$	{E. val: = n. LEXval}

假如终结符 n 可以是整数或实数，算符+和 * 的运算对象类型一致，语义处理增加“类型匹配检查”，请给出相应的语义描述。

8-17 简述控制流体现布尔表达式语义的优点，并举例说明。

8.5 习题解答

8-1 符号属性；语义合法性；地址分配。

8-2 名字；类型；作用域。

8-3 作用域；存储类别；可视性。

8-4 内情向量；符号表；运行。

8-5 线性表；有序表；Hash 表。

8-6 重名标识符；外层；内层。

8-7 作用域；当前；闭作用域。

8-8 控制流；上下文相关性；类型。

8-9 AST；TAC；Bytecode。

8-10 代码生成；中间代码；目标代码。

8-11 符号表的作用主要体现在三个方面：

(1) 符号表被用于收集符号（标识符）的属性信息。

(2) 符号表中所登记的内容是进行上下文语义合法性检查的依据。

(3) 符号表是目标代码生成阶段对符号名进行地址分配的依据。

8-12 与通用标识符的存储位置或格式相关的标识符的主要属性及作用，包括如下内容：

(1) 符号的名字。符号表中设置一个符号名域，存放该标识符。该域通常就是符号表的关键字域。

(2) 符号的类别。符号可分为常量符号、变量符号、函数/过程符号、类名符号等不同类别。

(3) 符号的类型。常量符号和变量符号都具有对应的数据类型。函数/过程符号也可以有类型（如参数类型和返回值类型复合而成的函数类型）。符号的类型属性决定了该变量的数据在存储空间的存储格式，还决定了在该变量上可以施加的运算操作。

(4) 符号的存储类别和存储分配信息。

(5) 符号的作用域与可见性。符号的作用域与可见性分别指符号在程序中的有效范围和可访问范围。

(6) 其他属性。例如：数组内情向量、记录结构的成员信息、函数或过程的形参等。

8-13 静态语义分析的主要任务如下：

(1) 检查程序的控制结构及数据结构的一致性和完整性。包括：①控制流检查，以保证控制流语句必须使控制转移到合法的地方；②唯一性检查，以保证程序中对象只被定义一次；③名字的上下文相关性检查；④类型检查，以验证程序中执行的每个操作是否遵守语言的类型系统。

(2) 收集语义信息。这些信息服务于语义检查或后续的代码生成。

8-14 中间代码是用于源语言和目标语言之间的桥梁，以避开两者之间较大的语义跨度，使编译程序的逻辑结构更加简单明确；利于编译程序的重定向；利于进行与目标机无关的优化。几种常用的中间代码形式如下：

(1) AST(Abstract Syntax Tree，抽象语法树)；

(2) TAC(Three-Address Code，三地址码，即四元式)；

(3) P-code(特别用于 Pasal 语言实现)；

(4) Bytecode(Java 编译器的输出，Java 虚拟机的输入)；

(5) SSA(Static Single Assignment form，静态单赋值形式)。

8-15 (1) 表达式“-(a+b)*(c+d)-(a+b)”的 AST 表示如图 8-3 所示。

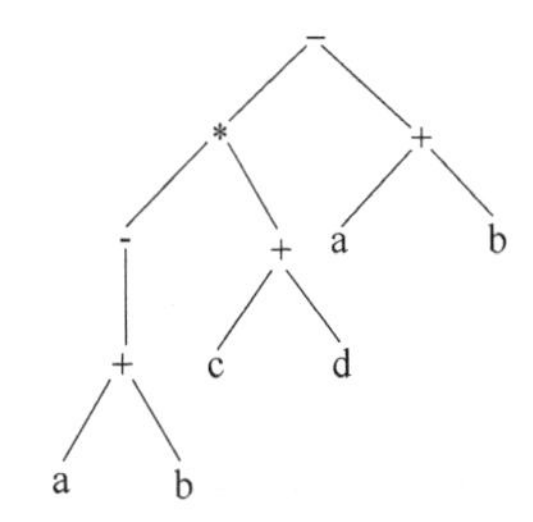

图 8-3 “-(a+b) * (c+d)-(a+b)” 的 AST 表示

(2) 表达式“-(a+b) * (c+d)-(a+b)”的 TAC 表示序列如下：

①$(+,a,b,t_1)$；

②$(-,t_1,t_2)$；

③$(+,c,d,t_3)$；

④$(*,t_2,t_3,t_4)$；

⑤$(+,a,b,t_5)$；

⑥$(-,t_4,t_5,t_6)$。

8-16 根据表达式 E 的“值”的产生式及给出的基本语义描述信息，假定终结符 n 可以是整数或实数，算符+和 * 的运算对象类型一致，如果语义处理增加“类型匹配检查”后，可将相应的语义描述补充如下：

```
(0)S'→E    {if error≠1 then print E.val}
(1)E→E1+E2   {  if  E1.type=int and E2.type=int then
                 Begin
                      E.val:=E1.val+E2.val;
                      E.type:=int;
                   End
                 else if  E1.type=real and E2.type=real then
                           Begin
                             E.val:=E1.val+E2.val;
                             E.type:=real;
                           End
                   else error=1;
                 }
(2)E→E1 * E2   {  if  E1.type=int and E2.type=int then
                   Begin
                      E.val:=E1.val * E2.val;
                      E.type:=int;
                   End
                 else if E1.type=real and E2.type=real then
                       Begin
                            E.val:=E1.val * E2.val;
                            E.type:=real;
                       End
```

```
                    else error = 1;
                    }
(3) E→(E1)    {E. val: = E1. val;
               E. type: = E1. type}
(4) E→n       {E. val: = n. LEXval;
               E. type: = n. LEXtype}
```

8-17 通过控制流体现布尔表达式的语义，就是通过转移到程序中的某个位置来表示布尔表达式的求值结果。这种方法的优点是：方便实现控制流语句中布尔表达式的翻译，常可以得到短路（short-circuit）代码，而避免不必要的求值。例如，在已知 E_1 为真时，不必再对 $E_1 \vee E_2$ 中的 E_2 进行求值；同样，在已知 E_1 为假时，不必再对 $E_1 \wedge E_2$ 中的 E_2 进行求值。

例如：布尔表达式 E=a<b or c<d and e<f 可能翻译为如下 TAC 语句序列（采用短路代码，E. true 和 E. false 分别代表 E 为真和假时对应于程序中的位置，可用标号体现）：

```
if  a<b goto E. true
goto  label1
label1:
if  c<d goto label2
goto E. false
label2:
if  e<f goto E. true
goto E. false
```

运行时存储组织

9.1 知识结构

本章知识结构如图 9-1 所示。

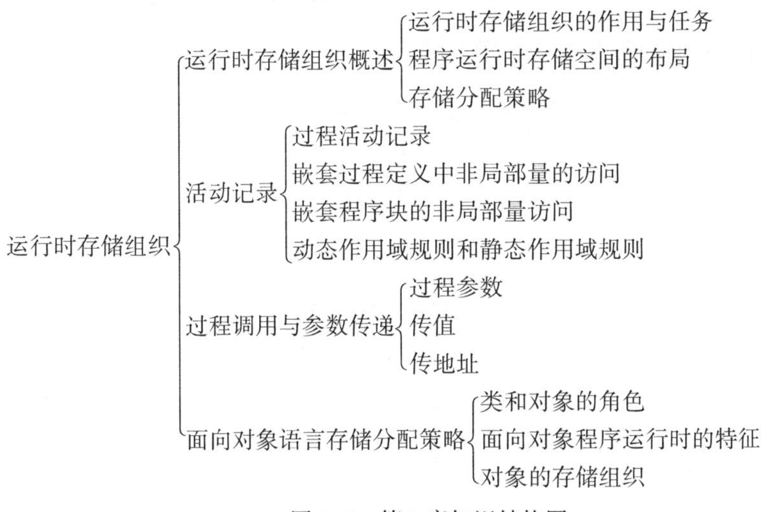

图 9-1 第 9 章知识结构图

9.2 知识要点

本章的知识要点主要包括以下内容：

【知识要点 1】运行时存储组织所关注的重要问题

编译程序在代码生成前安排目标机存储资源的使用时，需要关注以下几个重要问题：

（1）数据对象的表示。即在目标机中如何表示源语言中各类数据对象。数据对象的表示与数据对象的名字（name）、类型（type）、值（value）、复合数据对象（component）等属性相关。数据对象在内存或寄存器中主要有位、字节、字、字节序列等的表示形式。有些机器要求数据存放时，还要按某种方式对齐（alignment），如要求数据存放的起始地址能够被 4 整除。源程序中数据对象在目标机中通常以字节（byte）为单位分配存储空间。对于基本数据类型，可以设定基本数据对象的大小为：char 数据用 1 字节，integer 数据用 4 字节，float 数据用 8 字节，boolean 数据用 1 字节，指针用 4 字节，数组用一块连续的存储区（按行/列存放），结构/记录则将所有域（field）存放在一块连续的存储区，对象的实例变量像结构的域一样存放在一块连续的存储区，操作例程（方法、成员函数）存放在其所属类的代码区。

（2）表达式计算。即在目标机中如何组织表达式的计算。表达式一般在栈区计算。此时，运算数/中间结果存放于当前活动记录或通用寄存器中。某些目标机采用专门的运算数栈用于表达式计算。对于普通表达式（无函数调用），一般可以估算出能否在运算数栈上进行。使用了递归函数的表达式的计算通常在栈区。

（3）存储分配策略。即在目标机中如何为不同作用域或不同生命周期的数据对象分配存储。

（4）过程实现。即在目标机中如何实现过程/函数调用以及参数传递。

【知识要点 2】目标程序运行时典型的程序布局

目标程序运行时典型的程序布局如图 9-2 所示。

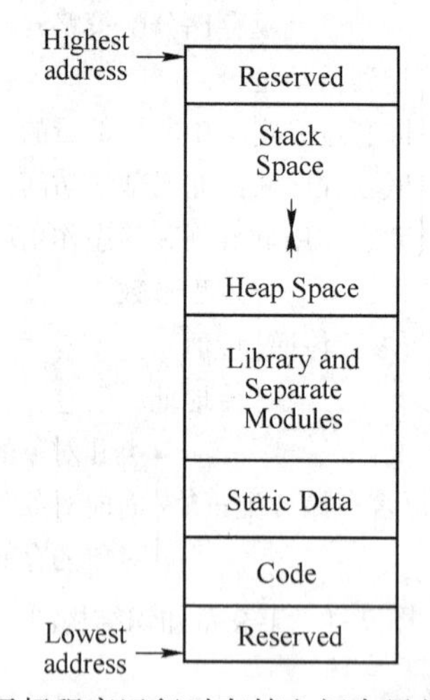

图 9-2 目标程序运行时存储空间布局的典型例子

图 9-2 中各逻辑存储区域的作用为：

（1）保留地址区。专门为目标机体系结构和操作系统保留的内存区。

（2）代码区。静态存放编译程序产生的目标代码。

（3）静态数据区。静态存放编译时能够确定所占用空间的全局数据，是普通程序可读中写的区域。

（4）共享库和分别编译模块区。静态存放共享库模块和分别编译模块的代码和全局数据。

（5）动态数据区。包括程序运行时动态变化的堆区和栈区，用于存放可变数据及管理过程活动的控制信息。

【知识要点 3】静态存储分配策略

（1）静态存储分配在编译期间为数据对象分配存储。

（2）静态分配存储在编译期间就可确定数据对象的大小，故无法支持递归过程或函数。

（3）某些语言中所有存储都是静态分配。如早期的 FORTRAN 语言和 COBOL 语言。

（4）当前多数语言只有部分存储区实施静态分配。可静态分配的数据对象包括大小固定且在程序执行期间可全程访问的全局变量、静态变量、程序中的常量（literals），以及类的虚函数等。

【知识要点 4】动态存储分配策略

（1）栈式分配。该策略将数据对象的运行时存储按照栈的方式来管理。栈式分配用于有效实现可动态嵌套的程序结构（如实现过程/函数，嵌套程序块）。在实现递归过程/函数中，参与运行栈中的数据单元（即存储单位）是活动记录（activation record）。

（2）堆式分配。该策略从数据段的堆区存储空间分配和释放数据对象的运行时存储空间。从堆区存储空间可灵活地为数据对象分配/释放存储，数据对象的存储分配和释放不限时间和次序。堆区存储空间既可以显式的分配或释放（explicit allocation/dealocation），也可隐式的分配或释放（implicit allocation/dealocation）。前一种情况下，由程序员借助编译器与（或）运行时系统所提供的默认存储管理机制，负责应用程序的（堆）存储空间管理。例如，某些语言有显式的堆区存储空间分配和释放命令（如：Pascal 中的 new、deposit，C++中的 new、delete，C 语言中没有堆区存储空间管理机制，但提供了 malloc( ) 和 free( ) 等标准库中的函数）。后一种情况下，（堆）存储空间的分配或释放不需要程序员负责，由编译器与（或）运行时系统自动完成。某些语言支持隐式的堆区存储空间释放，例如采用垃圾回收（garbage collection）机制的语言；再如不需程序员考虑对象析构的 Java 语言。

【知识要点 5】三种堆区存储空间释放方案及其利弊

（1）不释放堆区存储空间的方法。该方法只分配空间，不释放空间，空间耗尽时停止，适合于堆数据对象多数为一旦分配就永久使用的情形，也可用于在虚存很大及无用数据对象不致带来很大零乱的情形。这种存储管理机制比较简单，开销小，但应用面很窄，不具备通用性。

（2）显式释放堆区存储空间的方法。该方法由用户通过执行释放命令负责清空无用的数据空间。这种存储管理机制比较简单，开销小，堆管理程序只维护可供分配命令使用的空闲空间；但对程序员要求高，程序有可能因指针悬挂之类的逻辑错误导致灾难性后果。

（3）隐式释放堆区存储空间的方法。该方法克服了堆区存储空间显式释放方法的缺点，程序员不必考虑存储空间的释放，也不会发生指针悬挂之类的错误，但对存储管理机制要求高，需要堆区存储空间管理程序具备垃圾回收（garbage collection）的能力。

【知识要点 6】堆区存储空间管理

（1）堆区存储空间存储分配算法。堆式存储分配中可在任意时刻以任意次序为数据对象分配/释放存储空间，故程序运行一段时间后，堆区存储空间可能被划分为许多块。在堆区存储空间的管理中，通常需要好的存储分配算法，根据某些优化原则从多个可用的存储块选择最合适的一块分配给当前数据对象。常见的堆区存储空间存储分配算法有：

①最佳适应算法（选择空间浪费最少的存储块）。

②最先适应算法（选择最先找到的足够大的存储块）。

③循环最先适应算法（起始点不同的最先适应算法）。

（2）堆区存储空间碎片整理算法。程序运行一段时间后，堆区存储空间可能产生许多空闲但不适于分配给数据对象使用的碎片。在堆区存储空间的管理中，还需要用到碎片整理算法，以实现小存储块的压缩合并，使其变得可用。

【知识要点 7】过程活动记录

（1）过程活动记录是指在函数/过程调用时在运行栈上被创建，在函数/过程返回时在运行栈上被撤销的栈帧（frame）。栈帧包含局部变量、函数实参、临时值（用于表达式计算的中间单元）等数据信息以及必要的控制信息。

（2）过程活动记录中的数据通常是使用寄存器偏址寻址方式进行访问的，活动记录中数据对象的寻址方式如图 9-3 所示。

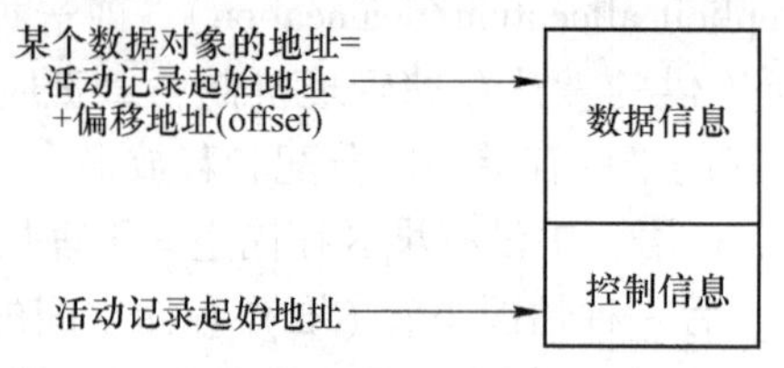

图 9-3　活动记录中数据对象的寻址方式

（3）典型的过程活动记录的结构可以用图 9-4 表示。

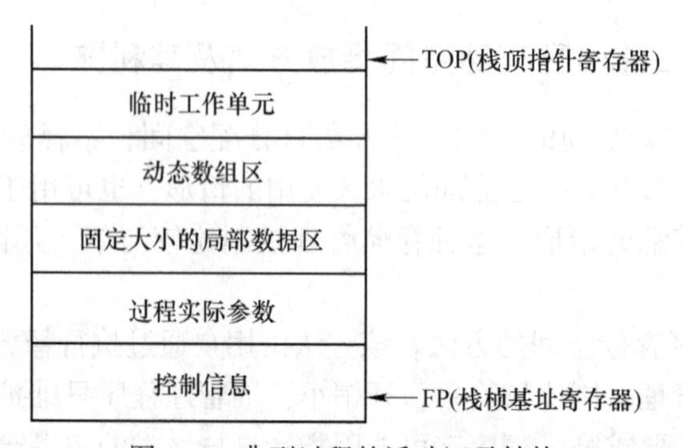

图 9-4　典型过程的活动记录结构

图 9-4 中的数据信息包括参数区、局部数据区、动态数据区、临时数据区以及函数/过程调用所需要的其他数据信息。活动记录中与过程/函数调用相关的信息如图 9-5 所示。

【知识要点 8】嵌套过程语言的栈式分配

（1）含嵌套过程说明语言的栈式分配的主要问题是解决对非局部量的引用（存取），可采用 Display 表或为活动记录增加静态链域的方法来解决此问题。

（2）采用 Display 表（或称全局 Display 表）的方法。Display 表记录各嵌套层当前过程的活动记录在运行栈上的起始位置（基地址）。当前激活过程的层次为 K（主程序的层次设为 0），则对应的 Display 表含有 K+1 个单元，依次存放着现行层、直接外层，直至最

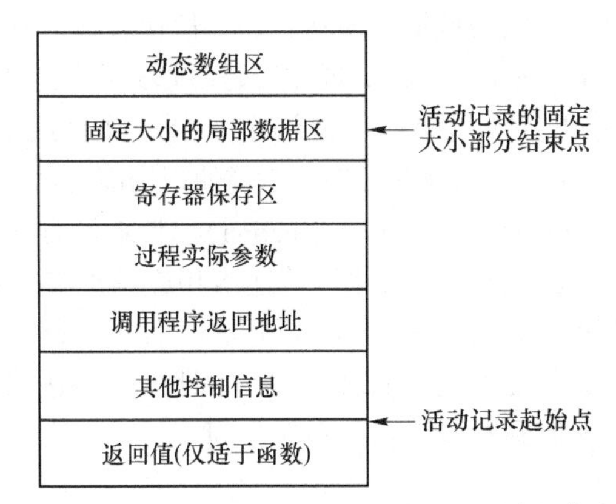

图 9-5 活动记录中与过程/函数调用相关的信息

外层的每一过程的最新活动记录的基地址。嵌套作用域规则确保每一时刻 Display 表内容的唯一性。Display 表的大小（即最多嵌套的层数）取决于具体实现。

（3）采用静态链（static link）的方法。Display 表法要用到多个存储单元或多个寄存器，但有时并不情愿这样做。一种可选的方法是采用静态链，即在所有活动记录都增加一个静态链（如在 offset 为 0 处）的域，指向定义该过程的直接外过程（或主程序）运行时最新的活动记录的基址。与静态链对应的是动态链（dynamic link）也称为控制链（control link）。在过程返回时，当前活动记录要被撤销，为回卷（unwind）到调用过程的活动记录（恢复 FP），需要用到动态链域。

【知识要点 9】 Display 表的维护方法

Display 表的维护（过程被调用和返回时的保存和恢复）方法有两种：

（1）极端的方法是把整个 Display 表存入活动记录。若过程为第 n 层，则需要保存 D[0]~D[n]。一个处于第 n 层的过程被调用时，从调用过程的 Display 表中自下向上抄录 n 个 FP 值，再加上本层的 FP 值。

（2）只在活动记录中保存一个 Display 表项，在静态存储区或专用寄存器中维护一个全局 Display 表。

【知识要点 10】 嵌套程序块的非局部量访问

一些语言（如 C 语言）支持嵌套的块，在这些块的内部也允许声明局部变量，同样要解决依嵌套层次规则进行非局部量使用（访问）的问题。对非局部量，有两种访问方法：

（1）将每个块看作为内嵌的无参过程，为它创建一个新的活动记录，称为块级活动记录。该方法代价很高。

（2）由于每个块中变量的相对位置在编译时就能确定下来，因此可以不创建块级活动记录，仅需要借用其所属过程级的活动记录就可解决问题。

【知识要点 11】 参数传递

实现过程调用时，必须考虑参数传递方式。常用的参数传递方式有如下两种：

（1）传值（call-by-value）。传值也称值调用，是最简单的参数传递方法。如果用表达式的左值代表存储该表达式值的地址，表达式的右值代表该表达式的值，那么传值方式传递的是实际参数的右值（r-value）。其实现方法是将形式参数当作过程的局部变量处理，即在被调过程的活动记录中开辟了形参的存储空间，用以存放实参调用过程计算实参的值，将其放于对应的存储空间。被调用过程执行时，就像使用局部变量一样使用这些形参单元。

（2）传地址（call-by-reference/address/location）。传地址方式传递的是实际参数的左值（l-value）。其实现方法是，把实参的地址传递给相应的形参，即调用过程把一个指向实参的存储地址的指针传递给被调用过程相应的形参。若实参是一个名字，或具有左值的表达式，则传递左值；若实参是无左值的表达式，则计算该表达式的值，将其放入一存储单元，再将此存储单元地址传到对应形参的存储空间。

9.3 例题分析

【例题 9-1】给定如下函数 p 及相关变量定义，其中 d 为动态数组，试给出函数 p 的活动记录结构。

```
static int N;
void    p(int a){
        float b;
        float c[10];
        float d[N];
        float e;
    …}
```

分析与解答：

过程活动记录是指函数/过程调用或返回时在运行栈上的栈帧（frame），它在运行栈上创建或从运行栈上消去。栈帧包含局部变量、函数实参、临时值（用于存放计算表达式所得中间结果的单元）等数据信息，以及必要的控制信息。针对题中函数及相关变量定义，函数 p 的活动记录结构如图 9-6 所示。

图 9-6 函数 p 的活动记录结构

【例题 9-2】 含嵌套过程说明语言的栈式分配的主要问题是解决对非局部量的引用（存取），可采用 Display 表或为活动记录增加静态链域的方法解决。针对下列程序中的嵌套过程，试采用 Display 表解决对非局部量的引用（存取）问题。

```
program main(I,O);
procedure P;
    procedure Q;
        procedure R;
            begin
                …R;…
            end;      /*R*/
        begin
            …R;…
        end;      /*Q*/
    begin
        …Q;…
    end;      /*P*/
procedure S;
    begin
        …P;…
    end;      /*S*/
begin
    …S;…
end.      /*main*/
```

分析与解答：

含嵌套过程说明语言的栈式分配的主要问题是解决对非局部量的引用（存取），可采用 Display 表或为活动记录增加静态链域的方法来解决此问题。其中，采用 Display 表解决对非局部量的引用（存取）问题的实现方法如下：

①用 Display 表记录各嵌套层当前过程的活动记录在运行栈上的起始位置（基地址）。

②若当前激活过程的层次为 K（主程序的层次设为 0），则对应的 Display 表含有 K+1 个单元，依次存放着现行层、直接外层，直至最外层的每一过程的最新活动记录的基地址。

③嵌套作用域规则确保每一时刻 Display 表内容的唯一性。Display 表的大小（即最多嵌套的层数）取决于具体实现。

针对本题中的嵌套过程，采用 Display 表能够解决对非局部量的引用问题。对本题中的程序，过程 R 被第一次和第二次激活后，运行栈和 Display 寄存器 D[i] 的情况分别如图 9-7(a)、(b) 所示。

Display 表的维护（过程被调用和返回时的保存和恢复）的一种极端方法，是把整个 Display 表存入活动记录，若过程为第 n 层，则需要保存 D[0]~D[n]。一个过程（处于第 n 层）被调用时，从调用过程的 Display 表中自下向上抄录 n 个 FP 值，再加上本层的 FP 值。采用该极端方法，针对本题中程序，过程 R 被第一次激活后，R 活动记录和 Q 活动记

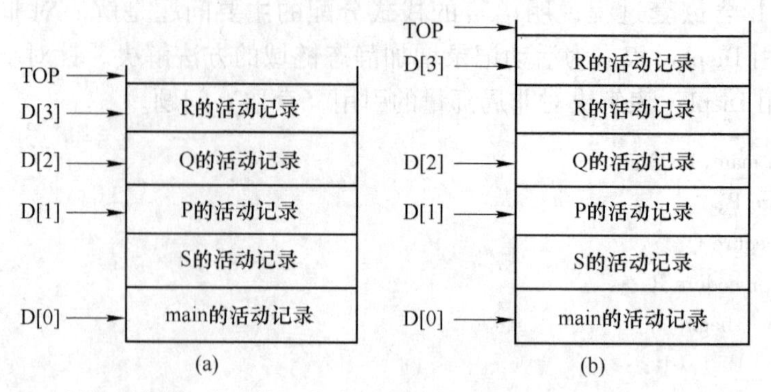

图 9-7 过程 R 被第一次和第二次激活后运行栈和 Display 寄存器 D[i] 的情况

录中 Display 表的情况如图 9-8(a) 所示；过程 R 被第二次激活后，R 的两个活动记录中 Display 表的情况如图 9-8(b) 所示。

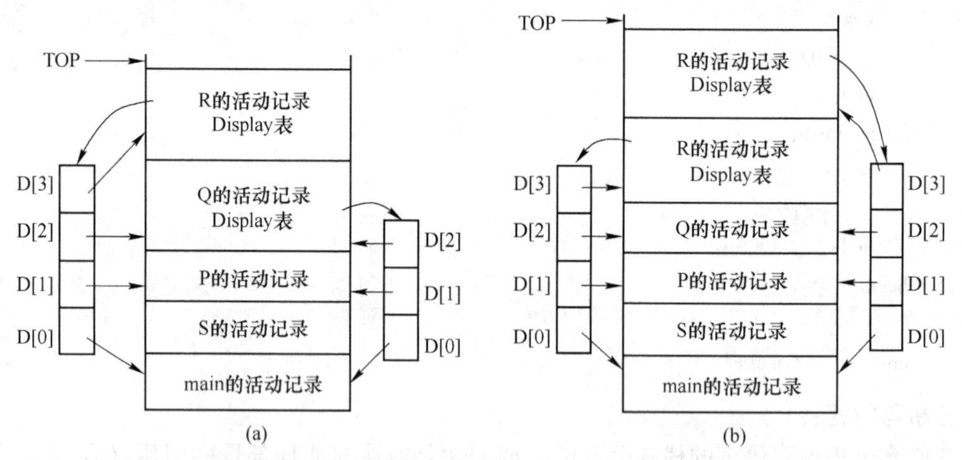

图 9-8 过程 R 被第一次和第二次激活后的 Display 表的维护情况之一

Display 表的另一种维护方法，是只在活动记录中保存一个 Display 表项，在静态存储区或专用寄存器中维护全局 Display 表。采用该种方法，针对本题中程序，过程 R 被第一次、第二次激活后，全局 Display 表以及各过程的活动记录中所保存的 Display 表项内容如图 9-9(a)、(b) 所示。

【例题 9-3】 含嵌套过程说明语言的栈式分配的主要问题是解决对非局部量的引用（存取），可采用 Display 表或为活动记录增加静态链域的方法来解决此问题。针对下列程序中的嵌套过程，试采用增加静态链域的方法来解决对非局部量的引用（存取）问题。

```
program main(I,Q);
procedure P;
    procedure Q;
        procedure R;
            begin
                …R;…
```

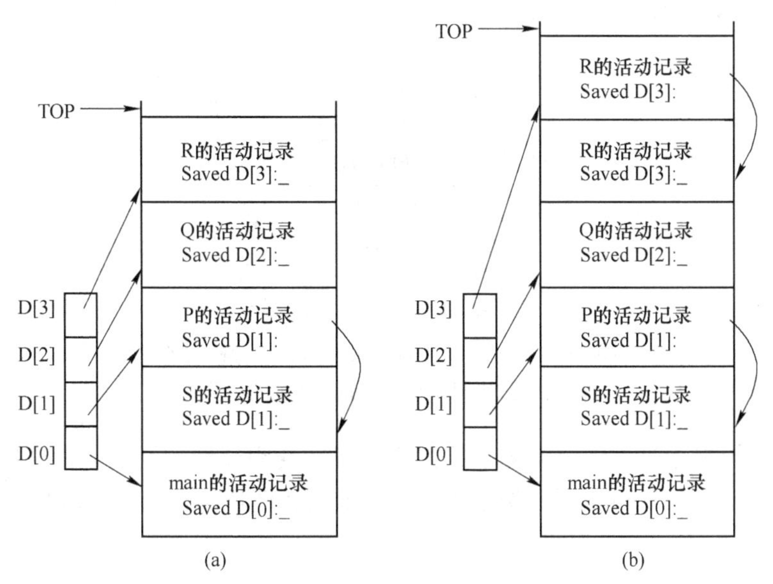

图 9-9　过程 R 被第一次和第二次激活后的 Display 表的维护情况之二

```
            end;      /*R*/
        begin
            …R;…
        end;      /*Q*/
    begin
        …Q;…
    end;      /*P*/
procedure S;
    begin
        …P;…
    end;      /*S*/
begin
    …S;…
end.      /*main*/
```

分析与解答：

含嵌套过程说明语言的栈式分配的主要问题是解决对非局部量的引用（存取），可采用 Display 表或为活动记录增加静态链域的方法来解决此问题。其中，采用静态链（static link）解决对非局部量的引用（存取）问题的实现方法如下：

①在所有活动记录都增加一个静态链（如在 offset 为 0 处）的域，指向定义该过程的直接外过程（或主程序）运行时最新的活动记录。

②与静态链对应的是动态链（dynamic link），也称为控制链（control link）。在过程返回时，当前活动记录要被撤销，为回卷（unwind）到调用过程的活动记录（恢复 FP）需要用到动态链域。

针对本题中程序，过程 R 被第一次激活后，运行栈以及各个过程的活动记录的静态链和动态链域的情况如图 9-10 所示。

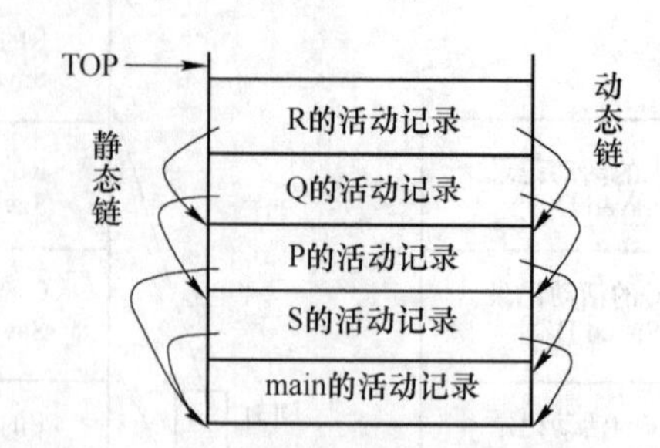

图 9-10　过程 R 被第一次激活后运行栈及各活动记录的静态链和动态链域的情况

【例题 9-4】 采用过程级活动记录的方法实现嵌套程序块的非局部量访问。列出下列程序运行至/ * here * /时 p 的过程级活动记录中嵌套程序块的存储分配情况。

```
int p(){
    int A;
     …
     {
          intB,C;
          …
     }
     {
          int D,E,F;
           …
          {
               int G;
               …/ * here * /
          }
     }
}
```

分析与解答：

嵌套程序块的非局部量访问可采用过程级活动记录的方法来实现。通常，对非局部量有两种访问方法：

（1）将每个块看作为内嵌的无参过程，为它创建一个新的活动记录，称为块级活动记录。该方法代价很高。

（2）由于每个块中变量的相对位置在编译时就能确定下来，因此可以不创建块级活动记录，仅需要过程级的活动记录就可解决问题。

针对题中嵌套程序块的非局部量访问，采用过程级活动记录的方法来实现。此时，过程级活动记录中嵌套程序块的存储分配如图 9-11 所示。从图中可以看出，当程序运行至/ * here * /时，存放 D 和 E 的空间重用了曾经存放 B 和 C 的空间。

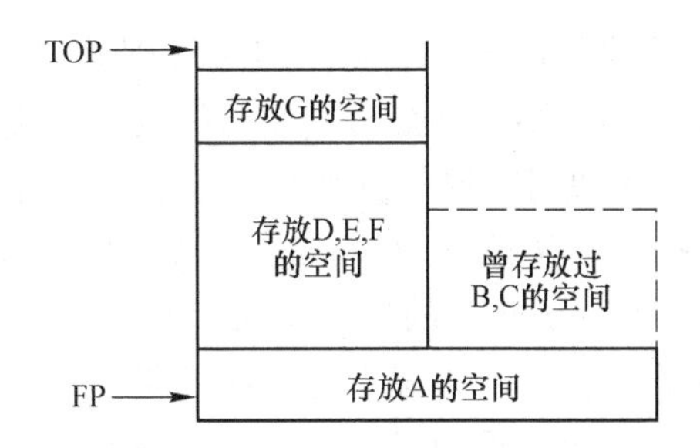

图 9-11　过程级活动记录中嵌套程序块的存储分配情况

9.4　习　　题

9-1　编译程序在代码生成前安排目标机存储资源的使用时，需要关注数据对象的表示、表达式计算、存储分配策略、过程实现等重要问题。数据对象的表示与数据对象的名字、类型、值、复合数据对象等属性相关。数据对象在________或寄存器中主要有位、字节、字、字节序列等的表示形式。表达式一般在________区计算。此时，运算数/中间结果存放于当前活动记录或通用寄存器中。针对不同作用域或不同生命周期的数据对象，需要不同的存储分配策略。过程实现涉及实现过程/函数调用以及相应的________传递方式。

9-2　目标程序运行时，典型的程序布局分为保留地址区（目标机体系结构和操作系统专用）、代码区（用于存放________）、________数据区（用于静态存放编译期间就能确定所占空间的全局数据）、共享库和分别编译模块区（静态存放这些模块的代码和全局数据），还有存放可变数据以及管理过程活动的控制信息的________。

9-3　栈式动态存储分配策略中，将数据对象运行时存储按照栈的方式来管理。栈式分配用于有效实现可动态嵌套的程序结构（如实现过程/函数，嵌套程序块），可以实现________过程/函数。________栈中的数据单元是________。

9-4　堆式存储分配中，可在任意时刻以任意次序为数据对象分配/释放存储空间，故程序运行一段时间后，堆区存储空间可能被划分为许多块。在堆区存储空间的管理中，通常需要好的存储分配算法，根据某些优化原则从多个可用的存储块选择最合适的一块分配给当前数据对象。常见的堆区存储空间存储分配算法有：________适应算法（选择浪费最少的存储块）、________适应算法（选择最先找到的足够大的存储块）和________适应算法（起始点不同的最先适应算法）。

9-5　过程活动记录是指函数/过程调用或返回时在运行栈上的________，它在运行栈上创建或从运行栈上消去。栈帧包含________、函数实参、临时值（用于表达式计算的中间单元）等数据信息以及必要的控制信息。过程活动记录中的数据通常是使用________偏址寻址方式进行访问。

9-6　含嵌套过程说明语言中解决对非局部量引用问题的一种方案，是采用 Display 表（或称全局 Display 表）。Display 表记录各嵌套层________过程的活动记录在________栈上的起始位置（基地址）。当前激活过程的层次为 K（主程序的层次设为 0），则对应的 Display 表含有 K+1 个单元，依次存放着现行层、直接外层，直至最外层的每一过程的最新活动记录的基地址。嵌套作用域规则确保每一时刻 Display 表内容的________性。Display 表的大小（即最多嵌套的层数）取决于具体实现。

9-7 含嵌套过程说明的语言解决对非局部量引用问题的一种方案，是采用静态链（static link）的方法。静态链也称访问链（access link）。即在所有活动记录都增加一个________链（如在 offset 为 0 处）的域，指向定义该过程的________外过程（或主程序）运行时最新的活动记录。与静态链对应的是动态链（dynamic link），也称为控制链（control link）。在过程返回时当前活动记录要被撤销，为回卷（unwind）到调用过程的活动记录（恢复 FP）需要用到________链域。

9-8 Display 表的维护方法有两种：一是把整个 Display 表存入活动记录，若过程为第 n 层，则需要保存 D[0]～D[n]。一个过程（处于第 n 层）被调用时，从________的 Display 表中自下向上抄录 n 个 FP 值，再加上本层的 FP 值；二是只在活动记录中保存一个 Display 表项，在________或专用________中维护全局 Display 表。

9-9 传值也称值调用，是最简单的参数传递方法。如果用表达式的左值代表存储该表达式值的地址，表达式的右值代表该表达式的值，那么，传值方式传递的是实际参数的________。其实现方法是，将形式参数当作过程的________变量处理，即在被调过程的活动记录中开辟了________的存储空间，用以存放实参调用过程计算实参的值，将其放于对应的存储空间。被调用过程执行时，就像使用局部变量一样使用这些形式单元。

9-10 传地址方式传递的是实际参数的________。其实现方法是，把实参的地址传递给相应的________，即调用过程把一个指向实参的存储地址的________传递给被调用过程相应的形参。若实参是一个名字，或具有左值的表达式，则传递左值；若实参是无左值的表达式，则计算该表达式的值，并将其放入一个存储单元，传递此存储单元地址。

9-11 简述栈式分配和堆式分配两种动态存储分配策略的异同。

9-12 简述含嵌套过程说明语言解决对非局部量引用问题的两种方案及其实现方法。

9-13 简述实现嵌套程序块中非局部量的两种访问方法。

9-14 简述实现过程调用时常用的两种参数传递方式。

9-15 下列的程序包含了传值和传地址两种参数传递方式，写出执行程序时两次输出的 a 值分别是什么？

```
myfunction(intx,int y,int z){
    y=y+1;
    z=z+x;
}
main(){
    a=2;
    b=3;
    myfunction(a+b,a,a);
    printf("a=",&a);
    myfunction(a+b,a,&a);
```

```
    printf("a=",&a);
}
```

9.5 习题解答

9-1 内存；栈；参数。

9-2 目标代码；静态；堆栈区。

9-3 递归；运行；活动记录。

9-4 最佳；最先；循环最先。

9-5 栈帧；局部变量；寄存器。

9-6 当前；运行；唯一。

9-7 静态；直接；动态。

9-8 调用过程；静态存储区；寄存器。

9-9 右值；局部；形参。

9-10 左值；形参；指针。

9-11 动态存储分配有栈式分配和堆式分配两种策略。这两种策略的对比如下：

（1）栈式分配。将数据对象的运行时存储按照栈的方式来管理。栈式分配用于有效实现可动态嵌套的程序结构（如实现过程/函数，块层次结构），可以实现递归过程/函数。运行栈中的数据单元是活动记录（activation record）。

（2）堆式分配。从数据段的堆区存储空间分配和释放数据对象的运行时存储。从堆区存储空间可灵活地为数据对象分配/释放存储，数据对象的存储分配和释放不限时间和次序。堆区存储空间可以显式的分配或释放，也可隐式的分配或释放。前一种情况下，由程序员借助编译器与（或）运行时系统所提供的默认存储管理机制，负责应用程序的（堆）存储空间管理；后一种情况下，（堆）存储空间的分配或释放不需要程序员负责，由编译器与（或）运行时系统自动完成。某些语言支持隐式的堆区存储空间释放，例如采用垃圾回收（garbage collection）机制的语言；再如不需程序员考虑对象析构的 Java 语言。

9-12 含嵌套过程说明语言中，解决对非局部量引用问题通常有如下两种方案：

（1）采用 Display 表（或称全局 Display 表）的方法。Display 表记录各嵌套层当前过程的活动记录在运行栈上的起始位置（基地址）。当前激活过程的层次为 K（主程序的层次设为 0），则对应的 Display 表含有 K+1 个单元，依次存放着现行层、直接外层，直至最外层的每一过程的最新活动记录的基地址。嵌套作用域规则确保每一时刻 Display 表内容的唯一性。Display 表的大小（即最多嵌套的层数）取决于具体实现。

（2）采用静态链（static link）的方法。Display 表方法要用到多个存储单元或多个寄存器，有时并不情愿这样做。一种可选的方法是采用静态链，即在所有活动记录都增加一个静态链（如在 offset 为 0 处）的域，指向定义该过程的直接外过程（或主程序）运行时最新的活动记录。与静态链对应的是动态链（dynamic link），也称为控制链（control link）。在过程返回时，当前活动记录要被撤销，为回卷

（unwind）到调用过程的活动记录（恢复 FP），需要用到动态链域。

9-13 一些语言（如 C 语言）支持嵌套的块，在这些块的内部也允许声明局部变量，同样要解决依嵌套层次规则进行非局部量使用（访问）的问题。嵌套程序块中对非局部量有两种访问方法：

（1）将每个块视为内嵌的无参过程，为它创建一个新的活动记录，称为块级活动记录。该方法代价很高。

（2）由于每个块中变量的相对位置在编译时就能确定下来，因此可以不创建块级活动记录，仅需要过程级的活动记录就可解决问题。

9-14 实现过程调用时，常用的参数传递方式有如下两种：

（1）传值。传值也称值调用，是最简单的参数传递方法。如果用表达式的左值代表存储该表达式值的地址，表达式的右值代表该表达式的值，那么，传值方式传递的是实际参数的右值。其实现方法是：将形式参数当作过程的局部变量处理，即在被调过程的活动记录中开辟了形参的存储空间，用以存放实参调用过程计算实参的值，将其放于对应的存储空间，被调用过程执行时，就像使用局部变量一样使用这些形式单元。

（2）传地址。传地址方式传递的是实际参数的左值。其实现方法是：把实参的地址传递给相应的形参，即调用过程把一个指向实参的存储地址的指针传递给被调用过程相应的形参。若实参是一个名字，或具有左值的表达式，则传递左值；若实参是无左值的表达式，则计算该表达式的值，并将其放入一个存储单元，传递此存储单元地址。

9-15 第一次调用 myfunction 函数时，采用的参数传递方式是传值，此时输出的 a 值为 2。第二次调用 myfunction 函数时，采用的参数传递方式是传地址，此时输出的 a 值为 7。

代码优化和目标代码生成

10.1 知识结构

本章知识结构如图 10-1 所示。

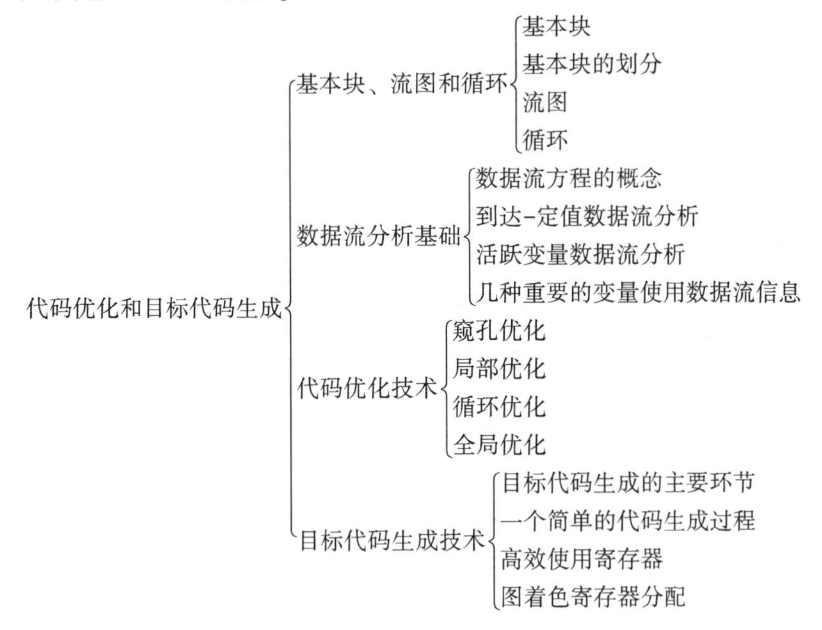

图 10-1 第 10 章知识结构图

10.2 知识要点

本章的知识要点主要包括以下内容:

【知识要点 1】代码优化的定义

所谓代码优化，是指通过各种等价变换对程序代码进行改进。程序代码可以是中间代码（如 TAC 代码），也可以是目标代码。等价的含义是指变换后的代码运行结果与变换前代码的运行结果相同。优化的含义是指最终生成的目标代码短（而运行速度快），时空效率优化。

【知识要点 2】代码优化的分类

代码优化可在编译的不同阶段进行，按阶段分为中间代码一级和目标代码一级的优化。同一阶段优化按涉及的程序范围划分为局部优化、循环优化和全局优化。

进行优化所需基础是对代码进行数据流分析和控制流分析，如划分 DAG、查找循环、分析变量的定值点和引用点等等。

【知识要点 3】局部优化与基本块的定义

(1) 基本块是指程序中一个顺序执行的语句序列，其中只有一个入口语句和一个出口语句。执行时，控制流只能从其入口语句进入，从其出口语句退出。基本块中，除入口语句外，其他语句均不可以带标号；除出口语句外，其他语句均不可能是转移或停语句。

(2) 局限于基本块范围内的优化称为基本块内的优化，也称局部优化。局部优化工作包括：将一个给定的程序划分为一系列的基本块，在各个基本块范围内分别进行优化。

【知识要点 4】基本块的划分方法

(1) 基本块的入口语句分为三种：

①程序的第一个语句；

②条件转移语句或无条件转移语句的转移目标语句；

③紧跟在条件转移语句后面的语句。

(2) 划分中间代码（TAC 程序）为基本块的算法步骤为：

①求出 TAC 程序中各个基本块的入口语句。

②对每一入口语句，构造其所属的基本块。它是由该入口语句到下一入口语句（不包括下一入口语句），或到一转移语句（包括该转移语句），或到一停语句（包括该停语句）之间的语句序列组成的。

③凡未被纳入某一基本块的语句都是程序中控制流程无法到达的语句，因而也是不会被执行到的语句，优化时可以把它们删除。

【知识要点 5】控制流程图（简称流图）的定义及表示

为构成程序的基本块增加控制流信息的方法是构造一个有向图，称之为流图或控制流图（CFG，Control-Flow Graph）。

(1) 流图可表示为三元组 $G=(N, E, n_0)$，其中，N 代表图中所有结点集，E 代表图中所有有向边集，n_0 代表首结点。

(2) 一个程序可用一个流图来表示。流图中的有限结点集 N 就是程序的基本块集，流图中的结点就是程序中的基本块。流图的首结点就是包含程序第一个语句的基本块。流图中的任何结点都是从首结点可达的。

(3) 程序流图中的有向边集 E 是这样构成的：假设流图中结点 i 和结点 j 分别对应于程序的基本块 i 和基本块 j，则当下述条件之一成立时，从结点 i 有一有向边引向结点 j：

①基本块 j 在程序中的位置紧跟在基本块 i 之后，并且基本块 i 的出口语句不是无条件转移语句 goto(S) 或停语句或返回语句。

②基本块 i 的出口语句是 goto(S) 或 if…goto(S)，且 (S) 是基本块 j 的入口语句。

【知识要点 6】循环的定义

在程序流图中，具有下列性质的结点序列称为一个循环：

①结点序列是强连通的。即，其中任意两个结点之间必有一条通路，而且该通路上各结点都属于该结点序列。如果序列只包含一个结点，则必有一有向边从该结点引到其自身。

②这些结点序列中间有且只有一个是入口结点。对于入口结点来说，或者从序列外某结点有一条有向边引到它，或者它本身就是程序流图的首结点。

因此，循环可定义为程序流图中具有唯一入口结点的强连通子图。从循环外要进入循环，必须首先经过循环的入口结点。

【知识要点 7】支配结点和支配结点集的定义

（1）在程序流图中，对任意两个结点 m 和 n，如果从流图的首结点出发，到达 n 的任一通路都要经过 m，则称 m 是 n 的支配结点，记为 m DOM n。流图中结点 n 的所有支配结点的集合，称为结点 n 的支配结点集，记为 D(n)。显然，循环的入口结点是循环中所有结点的支配结点。

（2）DOM 可以看作流图结点集上定义的一个关系，具有以下性质：

①自反性。对流图中任意结点 a，有 a DOM a。

②传递性。对流图中任意结点 a、b、c，若有 a DOM b，b DOM c，则有 a DOM c。

③反对称性。若 a DOM b 且 b DOM a，则必有 a=b。

因此，关系 DOM 是一个偏序关系。任何结点 n 的支配结点集是一个有序集。

【知识要点 8】循环的查找

（1）假设 a→b 是流图中的一条有向边，如果 b DOM a，则称 a→b 是流图中的一条回边。对于一个已知流图，只要求出各结点的支配结点集，就可以求出流图中所有的回边。

（2）如果有向边 n→d 是回边，它对应的自然循环就是由结点 d、结点 n 以及有通路到达 n 而该通路不经过 d 的所有结点组成，并且 d 是该循环的唯一入口结点。同时，因 d 是 n 的支配结点，所以 d 必可达该循环中任意结点。

【知识要点 9】数据流分析相关概念

（1）数据流信息。为做好代码生成和代码优化工作，通常需要收集整个程序流图的一些特定信息，并把这些信息分配到流图中的程序单元（如基本块、循环或单条语句等）中。这些信息称为数据流信息。

（2）数据流分析。收集数据流信息的过程称为数据流分析。实现数据流分析的一种途径，是建立和求解数据流方程（Data-Flow Equations）。

【知识要点 10】数据流方程

（1）实现数据流分析的一种途径是建立和求解数据流方程（Data-Flow Equations）。数据流方程的意思，是指当控制流通过一个语句时，在语句末尾的信息是进入这个语句中的信息扣除本语句注销的信息，并加上产生的信息。

（2）以面向基本块的某种正向数据流为例，典型的数据流方程形式为：

$$out[S]=gen[S]\cup(in[S]-kill[S])$$

上述方程的含义是：基本块 S 出口处的数据流信息（out[S]）或者是 S 内部产生的信息（gen[S]），或者是从 S 开始处进入（in[S]）但在穿过 S 的控制流时未被杀死（killed）的信息（不在 kill[S] 中）。S 还可以是其他语句块、编译区域（region）、单条语句等。某些问题，有可能不是沿着控制流前进和由 in[s] 来定义 out[S]，而是反向前进和由 out[S] 来定义 in[S]，则需要用如下方程形式：

$$in[S]=(out[S]-kill[S])\cup gen[S]$$

上述两个方程中各成分含义如下：

①in[B] 表示到达基本块 B 入口之前的各个变量的所有定值点集；

②out[B] 表示到达 B 的出口之后（紧接 B 出口之后的位置）的各变量的所有定值点集；

③gen[B] 表示 B 中定值且到达 B 出口之后的所有定值点集，即 B 所“生成”的定值点集；

④kill[B] 表示基本块 B 外满足下述条件的定值点集：这些定值点所定值的变量在 B 中已被重新定值，即 B 所“注销”的定值点集。

【知识要点 11】到达—定值数据流分析

（1）到达—定值。变量 A 的定值是一个语句（TAC），它赋值或可能赋值给 A，最普通的定值是对 A 的赋值或读值到 A 的语句。该语句的位置称作 A 的定值点。所谓变量 A 的定值点 d 到达某点 p，是指若有路径从紧跟 d 的点到达 p，并且在这条路径上 d 没有被“注销”。所谓注销，是指该变量重新被定值，也即指流图中从 d 有一条路径到达 p 且该通路上没有 A 的其他定值。到达—定值是一种正向数据流信息。

（2）到达—定值数据流分析的数据流方程如下：

$$out[B]=gen[B]\cup(in[B]-kill[B])$$
$$in[B]=\cup out[b]\ (b\in P[B])$$

其中，P[B] 为 B 的所有前驱基本块；gen[B] 为 B 中定值并可到达 B 出口处的所有定值点集合；kill[B] 为 B 之外的能够到达 B 的入口处且其定值的变量在 B 中又重新定值的那些定值点的集合；in[B] 为到 B 入口处各变量的所有可到达的定值点的集合；out[B] 为到达 B 出口处各变量的所有可到达的定值点的集合。

【知识要点 12】到达—定值数据流分析的数据流方程求解算法

对 n 个结点的流图，其到达—定值数据流分析的数据流方程求解算法描述如下：

```
for  i:=1 to n
    {  in[Bi]:=Ø;   out[Bi]:=gen[Bi];  }
change:=true;
```

```
while change{
        change:=false;
        for i:=1 to n{
                    newin:=∪out[p];  //p∈P[Bi]
                    if newin≠in[Bi]{
                          change:=ture;     in[Bi]:=newin;
                        out[Bi]:=  (in[Bi]-kill[Bi])∪gen[Bi]
                    }
        }
}
```

【知识要点 13】活跃变量数据流分析

(1) 活跃变量。对程序中的某个变量 A 和某点 p 而言，如果存在一条从 p 开始的通路，其中引用了 A 在点 p 的值，则称 A 在点 p 是活跃的。直观地，对于全局范围内的分析来说，如果存在一条路径使得一个变量被重新定值之前它的当前值还要被引用，则该变量是活跃的。

(2) 活跃变量数据流是一种反向数据流信息。

(3) 活跃变量的数据流方程如下：

```
LiveIn[B]=LiveUse[B]∪(LiveOut[B]-Def[B])
LiveOut[B]=∪(LiveIn[b])//b 属于 S[B]
```

其中，S[B] 表示基本块 B 的所有后继基本块；LiveUse[B] 表示 B 中被定值之前要引用变量的集合；Def[B] 为在 B 中定值的且定值前未曾在 B 中引用过的变量集合；LiveIn[B] 为 B 入口处为活跃的变量的集合；LiveOut[B] 为 B 的出口处的活跃变量的集合。

【知识要点 14】活跃变量数据流分析的数据流方程求解算法

对 n 个结点的流图，其到活跃变量数据流分析的数据流方程求解算法描述如下：

```
for  i:=1 to n{   LiveIn[Bi]:=LiveUse[Bi];LiveOut[Bi]:=∅;  }
change:=true;
while change{
        change:=false;
        for i:=1 to n{
   newout:=∪LiveIn[p];     //p∈S[Bi]
                    if newout≠LiveOut[Bi]{
                          change:=ture;LiveOut[Bi]:=newout;
                          LiveIn[Bi]:=(LiveOut[Bi]-Def[Bi])∪LiveUse[Bi]
                    }
        }
}
```

【知识要点15】向前流和向后流

（1）向前流。向前流中信息流的方向与控制流是一致的（如：到达—定值数据流）。向前流中，In集合和Out集合的关系如下：

$$out[B]=used[B]\cup(in[B]-killed[B])$$

（2）向后流。向后流中信息流的方向与控制流反向（如：活跃变量数据流）。向后流中，In集合和Out集合的关系如下：

$$in[B]=used[B]\cup(out[B]-killed[B])$$

【知识要点16】引用—定值链（UD链）及其计算

（1）UD链的定义。假设在程序中某点u引用了变量A的值，则把能到达u的A的所有定值点的全体，称为A在引用点u的引用—定值链。把到达—定值信息存储作为引用—定值链是比较方便的，它是所有能够到达变量的某个引用的定值表，也称之为UD链。UD链的计算可采用类似活跃变量数据流的向前流方法。

（2）UD链的计算。借助于到达—定值数据流信息in[B]计算UD链，分两种情况：

①如果在基本块B中，变量A的引用点u之前有A的定值点d，并且A在点d的定值到达u，那么A在点u的UD链就是{d}。

②如果在基本块B中，变量A的引用点u之前没有A的定值点，那么，in[B]中A的所有定值点均到达u，它们就是A在点u的UD链

【知识要点17】定值—引用链（DU链）及其计算

（1）DU链。对于一个变量A在某点p的定值，该定值能到达的对A的所有引用点的集合，称为该定值点的定值—引用链，简称DU链。或者说，假设在程序中某点u定义了变量A的值，从u存在一条到达A的某个引用点s的路径，且该路径上不存在A的其他定值点，则把所有此类引用点s的全体称为A在定值点u的定值—引用链（Definition-Use Chaining），简称DU链。

（2）DU链的计算可采用类似活跃变量数据流的向后流方法。

【知识要点18】代码优化技术的简单归类

（1）依优化对象划分。代码优化技术分为目标代码优化（面向目标代码）、中间代码优化（面向程序的中间表示）和源级优化（面向源程序）。

（2）依优化侧面划分。代码优化技术分为指令调度、寄存器分配、存储层次优化、存储布局优化、循环优化、控制流优化、过程优化。

【知识要点19】窥孔优化技术

（1）窥孔优化工作方式。窥孔优化是指在目标指令序列上滑动一个包含几条指令的窗口（称为窥孔），发现其中不够优化的指令序列，用一段更短或更有效的指令序列加以替代，使整个代码得到改进。

（2）常见的窥孔优化技术。常见的几种窥孔优化技术及其示例如下：

①删除冗余的“取”和“存”。例如，可将下列两条指令：

```
MOV R0,a
MOV a,R0
```

优化为一条指令：

```
MOV R0,a
```

②常量合并。例如，可将下列 TAC 语句：

```
A:=3*2
```

优化为：

```
A:=6
```

③常量传播。例如，可将下列 TAC 语句序列：

```
B:=8
D:=A+B
```

优化为：

```
B:=8
D:=A+8
```

④代数化简。例如，对于下列 TAC 语句序列：

```
A:=A+0
B:=A-5
B:=B*1
```

可将“A:=A+0”和“B:=B*1”直接删除，优化为：

```
B:-A-5
```

⑤控制流优化。例如，对于下列跳转语句：

```
    goto L1
    ……
L1:
    goto L2
```

可优化为：

```
    goto L2
    ……
L1:
    goto L2
```

⑥死代码删除。例如，可将下列代码序列：

```
debug:=false
```

```
if(debug)print…
……
```

优化为：

```
debug:=false
……
```

⑦强度削弱。强度削弱是指将程序中执行时间较长的运算替换为执行时间较短的运算。如将乘方换乘法，乘法换加法等。例如，可将下列代码序列：

```
x:=2.0*f
x:=f/2.0
```

优化为：

```
x:=f+f
x:=f*0.5
```

⑧使用目标机惯用指令来代替代价较高的指令。例如，某个操作数与1相加，通常用“加1”指令，而不是用“加”指令；某个定点数乘以2，可以采用“左移”指令；而除以2，则可以采用“右移”指令。

【知识要点20】局部优化技术

（1）局部优化也称为基本块内的优化，是指局限于基本块范围内的优化。对于一个给定的程序，进行局部优化的工作包括：把它划分为一系列的基本块，再在各个基本块范围内分别进行优化。

（2）常见的局部优化有常量传播、常量合并、删除公共子表达式、复写传播、删除无用赋值、代数化简等。

（3）基本块内的许多优化也可以看作是将基本块作为窗口的窥孔优化。

【知识要点21】基本块DAG及其结点形式

（1）基本块的有向无圈图（Directed Acyclic Graph，简称DAG）。基本块DAG是在结点上带有标记的DAG。其叶结点代表名字的初值，以唯一的标识符（变量名字或常数）标记（为避免混乱，用 x_0 表示变量名字x的初值），其内部结点用运算符号标记，所有结点都可有一个附加的变量名字表。

（2）假设用 n_i 表示结点编号，结点下的符号（运算符、标识符或常数）表示各结点标记，结点右边的标识符表示结点的附加标识符，则TAC按其对应结点的后继个数分为四类：0型、1型、2型和3型。

【知识要点22】TAC的基本块的DAG构造算法

设x:=y op z，x:=op y，x:=y分别为第1、2、3种TAC语句。设函数node(name)返回最近创建的关联于name的结点。首先，置DAG为空；然后，对基本块的每一TAC语句，依次进行下列步骤：

（1）若 node(y) 无定义，则创建一个标记为 y 的叶结点 node(y)；对第 1 种语句，若 node(z) 无定义，再创建标记为 z 的叶结点 node(z)。

（2）对于第 1 种语句，若 node(y) 和 node(z) 均标记为常数的叶结点，执行 y op z，令得到的新常数为 p。若 node(p) 无定义，则构造一个用 p 做标记的叶结点 n。若 node(y) 或 node(z) 是处理当前语句时新构造出来的结点，则删除它，置 node(p)=n(起到合并已知量的作用)。若 node(y) 或 node(z) 不是标记为常数的叶结点，则检查是否存在某个标记为 op 的结点，其左孩子是 node(y)，而右孩子是 node(z)；若无，则创建这样的结点。无论有无，都令该结点为 n（可起到删除多余运算的作用）。

（3）对于第 2 种语句，若 node(y) 是标记为常数的叶结点，执行 op y，令得到的新常数为 p。若 node(p) 无定义，则构造一个用 p 做标记的叶结点 n。若 node(y) 是处理当前语句时新构造出来的结点，则删除它，置 node(p)=n(这一步起到合并已知量的作用)。若 node(y) 不是标记为常数的叶结点，则检查是否存在某个标记为 op 的结点，其唯一的孩子是 node(y)；若无，则创建这样的结点。无论有无，都令该结点为 n(这一步可能起到删除多余运算的作用)。

（4）对于第 3 种语句，令 node(y) 为 n。

（5）最后，从 node(x) 的附加标识符表中将 x 删除，将其添加到结点 n 的附加变量名字表中，并置 node(x) 为 n（这一步有删除无用赋值的作用）。

【知识要点 23】DAG 在代码优化中的作用

（1）TAC 基本块的 DAG 构造过程已进行了一些基本的优化工作。此外，在根据 DAG 重新生成原基本块的语句序列时，也可进行优化。例如，在第（2）步中，如果参与运算的对象都是编译时的已知量，则它并不生成计算该结点值的内部结点，而是执行该运算，将计算结果生成一个叶结点。显然，该步骤起到了合并已知量的作用。再如，第（3）步的作用是检查公共子表达式，对具有公共子表达式的所有 TAC，它只产生一个计算该表达式值的内部结点，而把那些被赋值的变量标识符附加到该结点上，从而可删除多余运算。此外，第（4）步也具有删除无用赋值的作用。如果某变量被赋值后，在它被引用前又被重新赋值，则第（4）步把该变量从具有前一个值的结点上删除。

（2）其他优化信息。从基本块的 DAG 中还可得到一些其他优化信息。比如，在基本块外被定值并在基本块内被引用的所有标识符，就是作为叶子结点上标记的那些标识符。再如，在基本块内被定值且该值能在基本块后被引用的所有标识符，就是 DAG 各结点上的那些附加标识符。利用这些信息，根据有关变量在基本块后被引用的情况，可以进一步删除基本块中其他情况的无用赋值。

【知识要点 24】循环优化技术

（1）循环优化是对循环中的代码进行优化。代码外提和归纳变量删除是最基本的两种循环优化技术。

（2）代码外提。减少循环中代码数目的一个重要办法是循环不变量代码外提。这种变换把循环不变运算，即产生的结果独立于循环执行次数的表达式，放到循环的前面。借助于 UD 链可以查找循环不变量。

（3）归纳变量删除。归纳变量是在循环的顺序迭代中取得一系列值的变量。常见的归纳变量如循环下标及循环体内显式增量和减量的变量。通过强度削弱和变换循环控制条件，经常会带来循环中归纳变量的优化使用，甚至可以删除归纳变量。

【知识要点 25】循环不变量代码及其外提的条件

（1）循环不变量代码。对于循环内部的语句 x：=y+z，若 y 和 z 的定值点都在循环外，则 x：=y+z 为循环不变量代码。

（2）循环不变量代码外提的条件。循环不变量代码 x：=y+z 可以外提的充分条件如下：

①所在结点是循环的所有出口结点的支配结点。

②循环中其他地方不再有 x 的定值点。

③循环中 x 的所有引用点都是且仅是这个定值所能达到的。

④若 y 或 z 在循环中定值了，则只有当这些定值点的语句（一定也是循环不变量）已经被执行过代码外提，或者，在满足上述条件②、③和④的前提下，将条件①替换为下面的条件⑤。

⑤要求 x 在离开循环之后不再是活跃的。

【知识要点 26】循环不变量代码外提算法

（1）建立前置结点。为所要处理的循环建立代码外提的前置结点。实行代码外提时，在循环的入口结点（假设唯一）前面建立一个新结点（基本块），称之为循环的前置结点（假设唯一）。循环的前置结点以循环的入口结点为其唯一后继，原来流图中从循环外引到循环入口结点的有向边，改成引到循环前置结点。

（2）查看当前循环中各基本块的每条 TAC 语句，如若发现某个循环不变量，并且该循环不变量满足上述代码外提的充分条件，则将其插入到前置结点的尾部，作为前置结点的最末一条语句，并将该语句从循环中删除。

（3）重复第（2）步，直到当前循环中（不包括前置结点）不再存在任何满足上述代码外提充分条件的循环不变量为止。

【知识要点 27】归纳变量相关的优化

（1）归纳变量。若循环中对变量 I 只有唯一的形如 I：=I±C 的赋值，且其中 C 为循环不变量，则称 I 为循环中的基本归纳变量。若 I 是循环中一基本归纳变量，J 在循环中的定值总是可以划归为 I 的同一线性函数，即 $J=C_1*I\pm C_2$，其中 C_1 和 C_2 都是循环不变量，则称 J 为归纳变量，并称它与 I 同族。

（2）针对归纳变量的优化。针对归纳变量可以进行如下优化：

①削弱归纳变量的计算强度。

②因常常可以有冗余的归纳变量，可以只在寄存器中保存个别归纳变量，而不是全部。特别是经强度削弱后，往往可以删除某些归纳变量。

（3）归纳变量相关的优化算法。强度削弱与删除归纳变量的算法描述如下：

①利用循环不变运算信息，找出循环中的所有基本归纳变量。

②找出所有其他归纳变量 A，并找出 A 与已知基本归纳变量 X 的同族线性函数关系 FA（x）。

③对步骤②中找出的每一归纳变量 A 进行强度削弱。

④删除对归纳变量的无用赋值。

⑤删除基本归纳变量：若基本归纳变量 B 在循环出口之后不是活跃的，并且在循环中，除在其自身的递归赋值中被引用外，只在形如 if B rop Y goto Z 中被引用，则选取一个与 B 同族的归纳变量 M 来替换 B 进行条件控制，并删除循环中对 B 递归赋值的 TAC。

【知识要点 28】基于数据流方程的全局优化技术

全局优化是借助于针对流图的数据流分析进行的优化。利用数据流方程，可以进行常数传播、合并已知量、删除全局公共子表达式、删除全局死代码（删除从流图入口不能到达的代码）和复写传播等全局优化。

【知识要点 29】目标代码生成

（1）目标代码生成的概念。把某种高级程序设计语言，经过语法语义分析或优化后的中间代码，转换成特定机器的机器语言或汇编语言代码的过程，称为目标代码生成。

（2）指令选择、寄存器分配与指令调度是目标代码生成技术的核心问题。实际的编译器中，目标代码生成多采用启发式算法。

【知识要点 30】指令选择问题

（1）指令选择的任务。所谓指令选择，就是为每条中间语言语句选择恰当的目标机指令或指令序列。

（2）指令选择的原则。首先，要保证语义的一致性。如果目标机指令系统比较完备，为中间语言语句找到语义一致的指令序列模板是很直接的（在不必考虑执行效率的情形下）。其次，要权衡所生成代码的效率（考虑时间/空间代价）。这一点较难做到，因为执行效率往往与该语句的上下文以及目标机体系结构（如流水线）有关。选择指令模板时，可考虑指令执行的代价，例如考虑因不同的寻址方式所附加的指令执行代价。可假设每条指令在操作数准备好后执行其操作的代价均为 1，而是否会有附加的代价，则要视获取操作数时是否访问内存而定，每访问一次内存则增加代价 1。通常，通过减少产生代码的尺寸、减少目标代码的执行时间和降低目标代码的能耗等途径，可以适当提高目标代码的生成效率。

【知识要点 31】寄存器分配问题

（1）寄存器分配的工作是确定在程序的哪个点、将哪些变量或中间量的值放在寄存器中比较有益。经常使用的操作数保存在寄存器中是比较有利的。一些目标机可能具有不同类型的寄存器，对寄存器使用的一致性方面也存在一定的约束。

（2）寄存器的使用阶段。寄存器的使用可以分成两阶段：一是分配阶段，为程序的某一点选择驻留在寄存器中的一组变量；二是指派阶段，挑出变量将要驻留的具体寄存器，即寄存器赋值。

（3）寄存器分配原则。寄存器是目标计算机系统的紧缺资源。尽可能有效地使用寄存器非常重要。在寄存器分配时，一定要明确目标环境（处理器和操作系统）下有关寄存器使用的约定。寄存器分配必须坚持充分高效使用寄存器的原则。一方面，应尽量让变量的值或计算结果保留在寄存器中，直到寄存器不够分配为止；另一方面，在同一基本块内，后面不再被引用的变量所占用的寄存器应尽早释放，以提高寄存器的利用率。

（4）寄存器分配方案。选择最优的寄存器分配方案是 NP 完全问题。实际编译器中通常采用某种启发式算法，在尽可能短的时间内寻找一种较优的结果。

【知识要点 32】通用寄存器的类别

（1）可分配寄存器。该类寄存器可自由分配和释放，一旦分配给特定变量，就受到了保护，在完成特定任务之前不会再分配给其他变量，任务结束后被释放。

（2）保留寄存器。该类寄存器包括栈顶指针寄存器、栈帧指针寄存器、Display 寄存器、参数和返回值以及返回地址寄存器等。该类寄存器在整个程序内起固定作用，一般只用于约定功能。

（3）工作寄存器。该类寄存器是在目标代码生成过程中可随时短暂使用，但用完后必须马上释放的寄存器，通常有三四个就够了。

（4）伪寄存器。在寄存器分配算法中，可以假设没有寄存器数目的限制，即可以使用伪寄存器。伪寄存器由对应存储单元模拟，在实际需要物理寄存器时，可将伪寄存器中的值取到工作寄存器中。

【知识要点 33】指令调度问题

指令调度是指对指令的执行次序进行适当的调整，从而使得整个程序得到优化的执行。指令调度对于现代计算机系统结构的高效使用是十分重要的环节。

【知识要点 34】一个简单的代码生成算法

（1）算法说明。该算法借助于在基本块范围内建立变量的待用信息链和活跃信息链，用于基本块内 TAC 语句序列的简单代码生成。算法假设只有形如 A：=B op C 和 A：=B 的 TAC 语句序列，且用寄存器描述数组 RVALUE［R］描述寄存器 R 当前存放哪些变量，用变量地址描述数组 AVALUE［A］表示变量 A 的值存放在哪个寄存器中（或不在任何寄存器中）。

（2）算法遵循在基本块范围内充分利用寄存器必须坚持的三项原则：

①尽可能地让变量的值保留在寄存器中。

②尽可能引用变量在寄存器中的值。

③不再被引用的变量所占用的寄存器应尽早释放。

（3）算法描述。该算法步骤描述如下：

Step1：对每个 TAC 语句 i，依次执行下述步骤：

①以 i 为参数，调用 getreg(i)。从 getreg 返回时，得到一寄存器 R（这里先假定 R 为伪寄存器），作为存放 A 现行值的寄存器。

②利用 AVALUE［B］和 AVALUE［C］，确定出 B 和 C 现行值存放位置。如果其现行值

在寄存器中，则把寄存器取作 B′和 C′；如果其现行值不在寄存器中，则在相应指令中仍用 B 和 C 表示。

③分两种情形生成目标代码：

第 1 种情况：对于 i：A：=B op C。如果 B 现行值不在寄存器或者 B′≠R，则生成如下代码：

```
MOV B,R          /*B 和 C 都不在寄存器中*/
OP R,C
```

或：

```
MOV B,R          /*B 不在寄存器,C 在寄存器中*/
OP R,C′
```

或：

```
MOV B ′,R        /*B 在寄存器,C 不在寄存器中*/
OP R,C
```

或：

```
MOV B′,R         /*B 和 C 都在寄存器中*/
OP R,C′
```

否则，则生成：

```
OP R,C           /*B 在寄存器 R 中,C 不在寄存器中*/
```

或：

```
OP R,C′          /*B 在寄存器 R 中,C 在寄存器中*/
```

如果 B′或 C′为 R，则删除 AVALUE[B] 或 AVALUE[C] 中的 R。对每个 D≠B，D∈RVALUE[R]，并且在语句 i 之后 D 仍然是活跃变量，则在生成以上代码之前先插入一条指令：

```
MOV R,D
```

令 AVALUE[A]={R}，并令 RVALUE[R]={A}，以表示变量 A 的现行值只在 R 中并且 R 中的值只代表 A 的现行值。

第 2 种情况：对于 i：A：=B。如果 B 现行值不在寄存器中，则生成：

```
MOV B,R
```

令 AVALUE[B]={R}，并令 RVALUE[R]={A，B}。如果 B 现行值在寄存器（R）中，则将 A 加入集合 RVALUE[R]。无论何种情况，都令 AVALUE[A]={R}。

④如 B 或 C 的现行值在基本块中不再被引用，它们也不是基本块出口之后的活跃变量（由语句 i 上的附加信息知道），并且其现行值在某个寄存器 R_k 中，则删除 RVALUE[R_k] 中的 B 或 C 以及 AVALUE[B] 或 AVALUE[C] 中的 R_k，使该寄存器不再为 B 或 C 所占用。

Step2：处理完基本块中所有 TAC 语句之后，对现行值在某寄存器 R 中的每个变量 M，若它在出口之后是活跃的，则生成下列代码，将其存入主存。

```
MOVE R,M
```

（3）函数 getreg 描述。该函数的功能是以 i：A：=B op C 或 i：A：=B 为参数，返回一个伪寄存器。相应步骤描述如下：

①对于 i：A：=B op C，若 B∈RVALUE[R]，且在语句 i 之后 B 在基本块中不再被引用，同时也不是基本块出口之后的活跃变量（由 i 上的附加信息可知道），则返回 R；否则，返回一个新的伪寄存器 R′。

②对于 i：A：=B，若 B∈RVALUE[R]，则返回 R；否则，返回一个新的伪寄存器 R′。

【知识要点 35】简单的图着色物理寄存器分配算法

（1）两遍的寄存器分配过程。寄存器分配分为分配和指派两个部分，故可看成一个两遍的过程：

①第一遍，先假定可用的通用寄存器是无限数量的，完成指令选择和生成。例如，前面介绍的简单代码生成算法中的 getreg 函数返回一个伪寄存器（不管物理寄存器的个数）。

②第二遍，将物理寄存器指派到伪寄存器。物理寄存器数量不足时，会将一些伪寄存器泄露到内存。图着色算法的核心任务是使得泄露的伪寄存器数目最少。

（2）基于寄存器相干图的图着色寄存器分配算法。该算法描述如下：

①构造寄存器相干图。每一个伪寄存器对应一个结点。如果程序中存在某点，一个结点在该点被定义，而另一个结点在紧靠该定值之后的点是活跃的，则在这两个结点间连一条边。

②对相干图进行着色。使用 k（物理寄存器数量）种颜色对相干图进行着色，使任何相邻的结点具有不同的颜色（即两个相干的伪寄存器不会分配到同一个物理寄存器）。

（3）一种启发式图着色算法。一个图是否能用 k 种颜色着色的问题是 NP 完全问题，故常用启发式算法。以下是一个简单的启发式 k-着色算法：

①假设图 G 中某个结点 n 的度数小于 k，从 G 中删除 n 及其邻边得到图 G′，对 G 的 k-着色问题可转化为先对 G′进行 k-着色，然后给结点 n 分配一个其相邻结点在 G′的 k-着色中没有使用过的颜色。

②重复①的过程，从图中删除度数小于 k 的结点。如果可以到达一个空图，说明对原图可以成功实现 k-着色；否则，原图不能成功实现 k-着色，可从 G 中选择某个结点作为泄露候选，将其删除，算法继续。

10.3 例题分析

【例题 10-1】给定以下基本块 B_1，假设 T_1、T_2、T_3、T_4、T_5 为临时变量，且这些临时变量在后继基本块不再使用。试采用窥孔优化对该基本块进行优化。

$T_1:=7-5$

$T_2:=T_1/2$

$T_3:=a*T_2$

$T_4 := T_3 * T_1$
$T_5 := b+T_4$
$C := C+0$
$C := C * 1$
$C := T_5 ** 2$

分析与解答：

窥孔优化是指在目标指令序列上滑动一个包含几条指令的窗口（称为窥孔），发现其中不够优化的指令序列，用一段更短或更有效的指令序列来替代它，使整个代码得到改进。常见的局部优化技术中的常量传播、常量合并、删除公共子表达式、复写传播、删除无用赋值、代数化简等，都可以视为窥孔优化。针对本题基本块 B_1 中的 TAC 序列，可通过删除公共子表达式、强度削弱、合并已知量等技术优化为如下 TAC 序列：

B_1:
$T_1 := 2$
$T_2 := 1$
$T_3 := a$
$T_4 := a+a$
$T_5 := b+T_4$
$C := C$
$C := C$
$C := T_5 * T_5$

考虑到 T_1、T_2、T_3、T_4、T_5 为临时变量，在后继基本块不再使用，故可以进一步通过重新命名临时变量、删除无用代码等技术，将基本块 B_1 内 TAC 优化为如下结果：

$T_4 := a+a$
$T_5 := b+T_4$
$C := T_5 * T_5$

【例题 10-2】 采用窥孔优化技术，对下列基本块 B_1 和 B_2 中 TAC 代码进行优化：

B_1:
[1] $S := 100$
[2] $k := 10$

B2:
[3] $T_1 := 2 * k$
[4] $T_2 := addr(A)-2$
[5] $T_3 := T_2[T_1]$
[6] $T_4 := 2 * k$
[7] $T_5 := addr(B)-2$
[8] $T_6 := T_5[T_4]$
[9] $T_7 := T_3/T_6$
[10] $S := S+T_7$
[11] $k := k+1$

[12]if k≤100 goto[3]

分析与解答：

窥孔优化是指在目标指令序列上滑动一个包含几条指令的窗口（称为窥孔），发现其中不够优化的指令序列，用一段更短或更有效的指令序列来替代它，使整个代码得到改进。常见的局部优化技术中的常量传播、常量合并、删除公共子表达式、复写传播、删除无用赋值、代数化简等都可以视为窥孔优化。针对本题基本块 B_1 和 B_2 中的 TAC，可用删除公共子表达式、强度削弱、合并已知量、重新命名临时变量、删除无用代码等常用优化技术进行优化。

首先，在 B_2 块中，删除多余运算（2 * k），并将 B_2 块中循环不变运算（4）、（7）外提到 B_1 块，得到以下优化结果：

B_1：

[1]S：=100
[2]k：=10
[4]T_2：=addr(A)-2
[7]T_5：=addr(B)-2

B_2：

[3]T_1：=2 * k
[5]T_3：=T_2[T_1]
[6]T_4：=T_1
[8]T_6：=T_5[T_4]
[9]T_7：=T_3/T_6
[10]S：=S+T_7
[11]k：=k+1
[12]if k≤100 goto(3)

其次，在 B_2 块中进行强度削弱优化，即将 T_1 的乘法运算变为加法运算，并适当变换语句次序，得到以下优化结果：

B_1：

[1]S：=100
[2]k：=10
[4]T_2：=addr(A)-2
[7]T_5：=addr(B)-2
[3]T_1：=k+k

B_2：

[5]T_3：=T_2[T_1]
[6]T_4：=T_1
[8]T_6：=T_5[T_4]
[9]T_7：=T_3/T_6
[10]S：=S+T_7
[11]k：=k+1
[3']T_1：=T_1+2

[12]if k≤100 goto[5]

其三，在 B_2 块中通过循环控制条件变换（T_1≤200）、复写传播（$T_6:=T_5[T_1]$）等优化，并在 B_1 块中合并已知量（$T_1:=20$），得到以下优化结果：

```
B1:
    [1]S:=100
    [2]k:=10
    [4]T2:=addr(A)-2
    [7]T5:=addr(B)-2
    [3]T1:=20
B2:
    [5]T3:=T2[T1]
    [6]T4:=T1
    [8]T6:=T5[T1]
    [9]T7:=T3/T6
    [10]S:=S+T7
    [11]k:=k+1
    [3']T1:=T1+2
    [12]if k≤100 goto[5]
```

最后，删除基本块 B_1 和 B_2 中的无用赋值［2］、［6］、［11］，得最后优化结果如下：

```
B1:
    [1]S:=100
    [4]T2:=addr(a)-2
    [7]T5:=addr(B)-2
    [3]T1:=20
B2:
    [5]T3:=T2[T1]
    [8]T6:=T5[T1]
    [9]T7:=T3/T6
    [10]S:=S+T7
    [3']T1:=T1+2
    [12]if k≤100 goto[5]
```

【例题 10-3】 对如下基本块 B_1：

```
    [1]T0:=5.04
    [2]T1:=10*T0
    [3]T2:=R+r
    [4]M:=T1*T2
    [5]N:=M
    [6]T3:=10*T0
    [7]T4:=R+r;
    [8]T5:=T3*T4
```

[9]T_6:=R-r

[10]N:=T_5 * T_6

（1）构造基本块的DAG。

（2）根据DAG结点原来的构造顺序重写TAC。

（3）假设临时变量T_0，T_1，…，T_6在基本块B_1后不会再被引用，试写出优化后的TAC序列。

分析与解答：

（1）基本块B_1的DAG构造如图10-2所示。

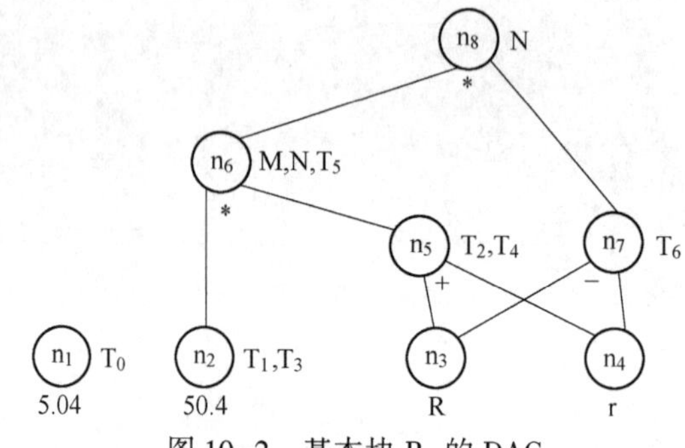

图10-2　基本块B_1的DAG

（2）根据DAG结点的构造顺序重写TAC如下：

[1]T_0:=5.04

[2]T_1:=50.4

[3]T_3:=50.4

[4]T_2:=R+r

[5]T_4:=T_2

[6]M:=50.4 * T_2

[7]T_5:=M

[8]T_6:=R-r

[9]N:=M * T_6

（3）假设T_0，T_1，…，T_6在基本块B_1后不会再被引用，则通过重新命名临时变量的基本块保结构变换，可将B_1的TAC代码进一步优化为以下TAC：

[1]S_1:=R+r;

[2]M:=50.4 * S_1;

[3]S_2:=R-r;

[4]N:=M * S_2

【例题10-4】对以下基本块B_1：

[1]B:=3;

[2]D:=A+C;

[3]E:=A * C;

[4]F:=D+E;

[5]G:=B*F;

[6]H:=A+C;

[7]I:=A*C;

[8]J:=H+I;

[9]K:=B*5;

[10]L:=K+J;

[11]M:=L

(1) 画出 B_1 的 DAG 图。

(2) 根据 DAG 结点原来的构造顺序重写 TAC。

(3) 假设在 B_1 的出口之后只有 G、L、M 要被引用，试写出优化后的 TAC 序列。

(4) 假设在 B_1 的出口之后只有 L 还要被引用，试写出优化后的 TAC 序列。

分析与解答：

(1) 基本块 B_1 的 DAG 图如图 10-3 所示。

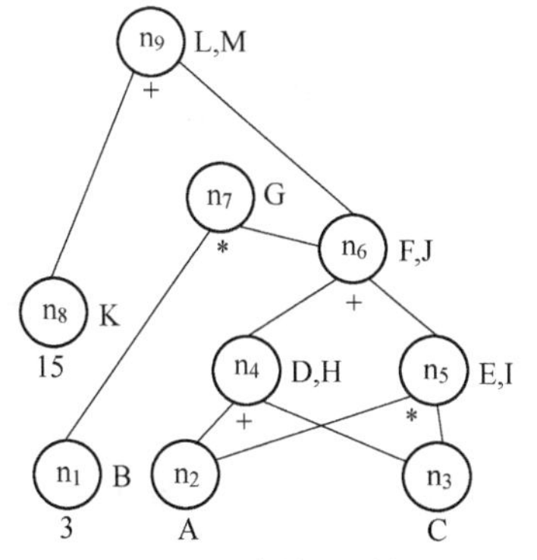

图 10-3　基本块 B_1 的 DAG

(2) 根据 DAG 结点的构造顺序重写 B_1 的 TAC 序列如下：

[1]B:=3;

[2]D:=A+C;

[3]H:=D;

[4]E:=A*C;

[5]I:=E;

[6]F:=D+E;

[7]J:=F;

[8]G:=3*F;

[9]K:=15;

[10]L:=15+J;

[11]M:=L

(3) 假设在基本块的出口之后只有 G、L、M 要被引用，则优化后的 TAC 序列如下：

[1]D:=A+C;

[2]E:=A*C;

[3]F:=D+E;

[4]G:=3*F;

[5]L:=15+F;

[6]M:=L

(4) 假设在基本块的出口之后只有 L 还要被引用，那么，优化后的 TAC 序列如下：

[1]D:=A+C;

[2]E:=A*C;

[3]F:=D+E;

[4]L:=15+F

【例题 10-5】 根据图 10-4 和图 10-5 所示的两个基本块的控制流程图 1 和流程图 2，解答下列问题。

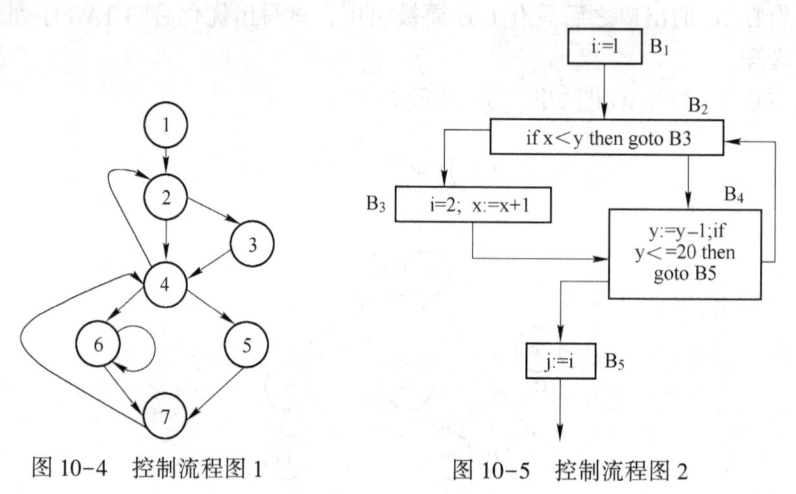

图 10-4　控制流程图 1　　图 10-5　控制流程图 2

(1) 利用回边找出两图中的所有的循环。

(2) 说明对循环进行优化的技术主要有哪些。

(3) 图 2 中 B_3 的不变运算 i:=2 是否可以外提？举例说明原因。

(4) 总结外提循环不变运算 A:=Bop C 时必须满足的条件。

分析与解答：

(1) 上面图 1 中由回边 6→6、7→4、4→2 可求出三个循环，即 {6}、{4，5，6，7}、{2，3，4，5，6，7}。

上面图 2 中由回边 B_2→B_2 可求出一个循环：{B_2，B_3，B_4}。

(2) 对循环进行优化的主要技术有：代码外提、删除归纳变量、强度削弱等。

(3) 图中 B_3 的不变运算 i:=2 不可以外提。因为 i:=2 外提会改变原来程序的运行结果。将 i:=2 外提后，j 值总为 2。而实际上当 x>y(如取 x=20，y=15) 时，j 值应为 1。

(4) 代码外提的条件：将循环不变运算 A:=Bop C 外提时，不但要求循环中其他地方不再有 A 的定值点，而且要求循环中 A 的引用点都是且仅是这个定值所能达到的。

10.4 习　　题

10-1 代码优化按阶段分为________代码优化、目标代码优化和源级优化；按程序范围分为局部（基本块）优化、________优化和全局优化。所谓优化，实质上是对代码进行等价变换，使得变换后的代码运行结果与变换前的代码运行结果相同，但运行________提高或占用空间减少。

10-2 所谓________优化，通常是指基本块内的优化。所谓基本块，是指程序中一个顺序执行的语句序列，其中只有一个入口变语句和一个出口语句。入口语句通常是程序第一个语句或转移语句的________语句，或转移语句的后继第一个语句。出口语句通常是程序________一个语句或转移语句。

10-3 从控制流图的________出发，到结点 n 的任一条通路都要经过结点 m，则称 m 是 n 的________结点，记作 m DOM n。显然，循环的入口结点是循环中所有结点的________结点。

10-4 假设 a→b 是流图中的一条有向边，如果 b DOM a，则称 a→b 是流图中的一条________。如果有向边 n→d 是________，它对应的自然循环就是由结点 d、结点 n 以及有通路到达 n 而该通路不经过 d 的________结点组成，并且 d 是该循环的唯一入口结点。同时，因 d 是 n 的支配结点，所以 d 必可达该循环中任意结点。

10-5 为做好代码生成和代码优化工作，通常需要收集整个程序流图的一些特定信息，并把它们分配到流图中的________（如基本块、循环或单条语句等）中。这些信息称为数据流信息。收集该类信息的过程称为________。实现________的一种途径是建立和求解数据流方程。

10-6 对程序中的某变量 A 和某点 p 而言，如果存在一条从 p 开始的通路，其中引用了 A 在点 p 的值，则称 A 在点 p 是________的。直观地，对于全局范围的分析来说，如果存在一条路径使得一个变量被重新________之前它的当前值还要被引用，则该变量是活跃的。活跃变量数据流是一种________数据流信息。

10-7 假设在程序中某点 u 引用了变量 A 的值，则把能到达 u 的 A 的所有________点的全体，称为 A 在________点 u 的引用—定值链，也称之为 UD 链。UD 链的计算可采用类似活跃变量数据流的________流方法。

10-8 对于一个变量 A 在某点 p 的定值，该定值能到达的对 A 的所有________点的集合，称为该________点的定值—引用链，简称 DU 链。DU 链的计算可采用类似活跃变量数据流的流方法。

10-9 ________是指在目标指令序列上滑动一个包含几条指令的窗口（称为窥孔），发现其中不够优化的指令序列，用一段更短或更有效的指令序列来替代它，使整个代码得到改进。常见的几种________技术包括删除冗余的“取”和“存”、常量合并、常量传播、________、控制流优化、死代码删除、强度削弱、使用目标机惯用指令来代替代价较高的指令等。

10-10 局限于基本块范围内的优化称为________优化。常见的基本块优化有常量传播、常量合并、删除公共子表达式、复写传播、________、代数化简等。基本块内的许多优化也可以看作是将基本块作为窗口的________。

10-11 变量被赋值或被输入值的地点称为________；变量被引用的地点称为________。将循环不变运算 S：A：= B op C 外提时，不但要求循环中其他地方不再有 A 的________，而且要求循环中 A 的引用点都有是且仅是这个定值所能达到的。

10-12 代码外提和归纳变量删除是最基本的两种循环优化技术。减少循环中代码数目的一个重要办法是________代码外提。如果循环中有“I:=I+C；J=C_1 * I+C_2”，则对于基本归纳变量I的线性增长关系（C为循环不变量）可转换成与I同族的归纳变量J的线性增长关系，从而可删除I的递归定值TAC。删除归纳变量通常在________之后进行。________是指将程序中执行时间较长的运算替换为执行时间较短的运算，如将乘方换乘法，乘法换加法等。

10-13 循环不变量代码 x:=y+z 可以外提的充分条件有三个：一是所在结点是循环的所有出口结点的________结点；二是循环中其他地方不再有 x 的________点；三是循环中 x 的所有________点都是且仅是这个定值所能达到的。若 y 或 z 是在循环中定值的，则只有当这些定值点的语句（一定也是循环不变量）已经被执行过代码外提，或者，在满足上述三个条件的前提下，将第一条替换为要求 x 在离开循环之后不再是活跃的。

10-14 把某种高级程序设计语言经过语法语义分析或优化后的中间代码转换成特定机器的机器语言或汇编语言代码的过程，称为目标代码生成。________、________与________是目标代码生成技术的核心问题。

10-15 所谓指令选择，就是为每条中间语言语句选择恰当的________指令或指令序列。指令选择首先要保证________的一致性；其次要权衡所生成代码的________（考虑时间/空间代价）。

10-16 ________分配工作是确定在程序的哪个点将哪些变量或中间量的值放在寄存器中比较有益。寄存器的使用可以分成________和________两阶段。前一阶段为程序的某一点选择驻留在寄存器中的一组变量。分配指派阶段挑出变量将要驻留的具体寄存器，即寄存器赋值。

10-17 寄存器是目标计算机系统的紧缺资源，尽可能多地有效地使用寄存器非常重要。寄存器分配必须坚持充分高效使用寄存器的原则。在一个基本块范围内，要尽可能地让变量的值或计算结果保留在________中，直到________不够分配为止，并尽可能引用变量在寄存器中的值，而且在该基本块内后面不再被引用的变量所占用的寄存器应尽早________，以提高寄存器的利用率。

10-18 通用寄存器分为可自由分配和释放的可分配寄存器、保留寄存器、工作寄存器和________。________在目标代码生成过程中可随时短暂使用，但用完后必须马上释放。在寄存器分配算法中，可以假设没有寄存器数目的限制，即可使用________寄存器。该寄存器由对应存储单元模拟，在实际需要物理寄存器时，再将其中的值取到工作寄存器中。

10-19 简述基本块的概念及基本块的划分方法。

10-20 简述窥孔优化的概念及常用的窥孔优化技术。

10-21 简述 DAG 在代码优化中的作用。

10-22 简述循环不变量代码的概念及其外提的条件。

10-23 简述循环不变量代码外提算法。

10-24 对以下基本块 B_1：

[1]A:=5
[2]B:=R+r
[3]T_0:=A+B
[4]T_1:=2 * A
[5]T_2:=B+A
[6]T_3:=A+A
[7]X_1:=T_1+T_2
[8]X_2:=T_0 * T_3

(1) 画出基本块的 DAG 图。

(2) 根据 DAG 结点原来的构造顺序重写 TAC。

(3) 假设在基本块的出口之后只有 X_1，X_2 还被引用，试写出优化后的 TAC 序列。

10-25 对以下基本块 B_1：

[1]A:=B * C
[2]D:=B/C
[3]E:=A+D
[4]F:=2 * E
[5]G:=B * C
[6]H:=B * G
[7]F:=H * G
[8]L:=F
[9]M:=L

(1) 画出基本块的 DAG 图。

(2) 根据 DAG 结点原来的构造顺序重写 TAC。

(3) 假设在基本块的出口之后只有 G、L、M 还要被引用，试写出优化后的 TAC 序列。

(4) 假设在基本块的出口之后只有 L 还要被引用，试写出优化后的 TAC 序列。

10-26 根据如下 TAC 代码序列：

[1]i:=m-1
[2]j:=n
[3]T_1:=4 * n
[4]v:=a[T_1]
[5]i:=i+1
[6]T_2:=4 * i
[7]T_3:=a[T_2]
[8]if T_3<v goto[5]
[9]j:=j-1
[10]T_5:=4 * j
[11]T_5:=a[T_4]
[12]if T_5>v goto[9]
[13]if i≥j goto[23]

[14] T_6 := 4 * i
[15] x := a[T_6]
[16] T_7 := 4 * i
[17] T_8 := 4 * j
[18] T_9 := a[T_8]
[19] A[T_7] := T_9
[20] T_{10} := 4 * j
[21] A[T_{10}] := x
[22] goto[5]
[23] T_{11} := 4 * i
[24] x := a[T_{11}]
[25] T_{12} := 4 * i
[26] T_{13} := 4 * n
[27] T_{14} := a[T_{13}]
[28] A[T_{12}] := T_{14}
[29] T_{15} := 4 * n
[30] A[T_{15}] := x

解答以下问题：

(1) 将TAC代码序列划分为基本块并画出其流图。

(2) 将每个基本块的公共子表达式删除。

(3) 找出流图中的循环。

10-27 给定图10-6所示的程序流图，问基本块 B_3 中的循环不变量 i:=2 是否可以将其提到前置结点中去？

10-28 对如图10-7所示流图，解答以下问题：

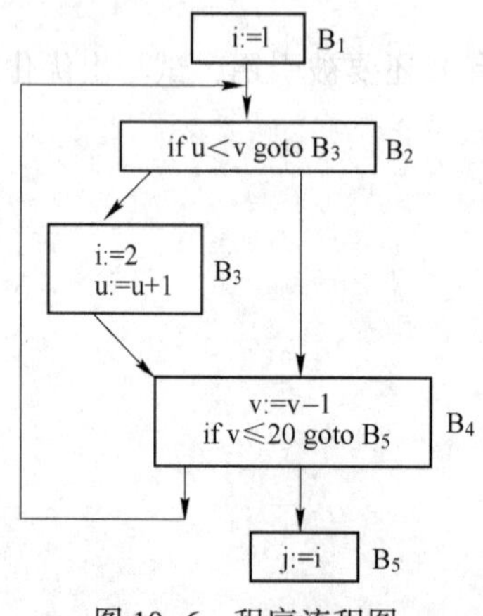

图10-6 程序流程图

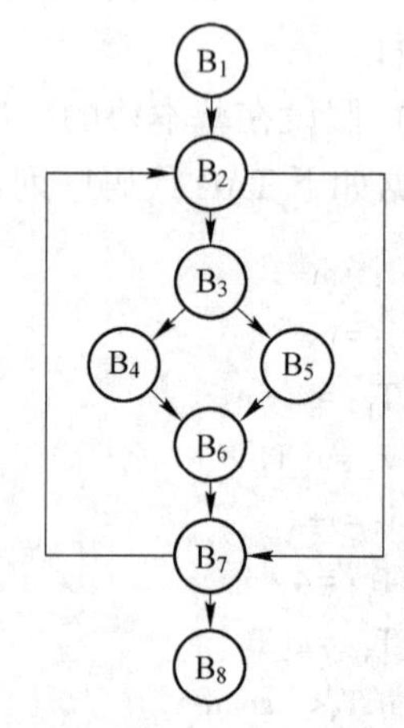

图10-7 程序流程图

(1) 求出流图中各结点n的支配结点集D(N)。

(2) 找出流图中的回边。

(3) 找出流图中的循环。

10.5 习题解答

10-1 中间；循环；速度。

10-2 局部；目标；最后。

10-3 首结点；支配；支配。

10-4 回边；回边；所有。

10-5 程序单元；数据流分析；数据流分析。

10-6 活跃；定值；反向。

10-7 定值；引用；向前。

10-8 引用；定值；向后。

10-9 窥孔优化；窥孔优化；代数化简。

10-10 基本块；删除无用赋值；窥孔优化。

10-11 定值点；引用点；定值点。

10-12 循环不变量；强度削弱；强度削弱。

10-13 支配；定值；引用。

10-14 指令选择；寄存器分配；指令调度。

10-15 目标机；语义；效率。

10-16 寄存器；分配；指派。

10-17 寄存器；寄存器；释放。

10-18 伪寄存器；工作寄存器；伪。

10-19 （1）基本块是指程序中一个顺序执行的语句序列，其中只有一个入口语句和一个出口语句。执行时，控制流只能从其入口语句进入，从其出口语句退出。

（2）划分中间代码（TAC 程序）为基本块的算法步骤描述如下：

①求出 TAC 程序中各个基本块的入口语句。

②对每一入口语句，构造其所属的基本块。它是由该入口语句到下一入口语句（不包括下一入口语句），或到一转移语句（包括该转移语句），或到一停语句（包括该停语句）之间的语句序列组成的。

③凡未被纳入某一基本块的语句，都是程序中控制流程无法到达的语句，因而也是不会被执行到的语句，可以把它们删除。

10-20 （1）所谓窥孔优化，是指在目标指令序列上滑动一个包含几条指令的窗口（称为窥孔），发现其中不够优化的指令序列，用一段更短或更有效的指令序列来替代它，使整个代码得到改进。

（2）常见的几种窥孔优化技术包括：删除冗余的“取”和“存”、常量合并、常量传播、代数化简、控制流优化、死代码删除、强度削弱和使用目标机惯用指令来代替代价较高的指令。

10-21 （1）TAC 基本块的 DAG 构造过程已进行了一些基本的优化工作。此外，在根据 DAG 重新生成原基本块的语句序列时，也可进行优化。例如，当参与运算的对象都是编译时的已知量，则它并不生成计算该结点值的内部结点，而是执行该运算，将计算结果生成一个叶结点。这起到了合并已知量的作用。又如，对具有公共子表达式的所有TAC，只产生一个计算该表达式值的内部结点，而把那些被赋值的变量标识符附加到该结点上，从而可删除多余运算。再如，某变量被赋值后，在它被引用前又被重新赋值，则会把该变量从具有前一个值的结点上删除。

（2）其他优化信息。从基本块的DAG中还可得到其他一些优化信息。比如，在基本块外被定值并在基本块内被引用的所有标识符，就是作为叶子结点上标记的那些标识符。再如，在基本块内被定值且该值能在基本块后被引用的所有标识符，就是DAG各结点上的那些附加标识符。利用这些信息，根据有关变量在基本块后被引用的情况，可以进一步删除基本块中其他情况的无用赋值。

10-22 （1）对于循环内部的语句 x：=y+z，若 y 和 z 的定值点都在循环外，则 x：=y+z 为循环不变量代码。

（2）循环不变量代码 x：=y+z 可以外提的充分条件如下：

①所在结点是循环的所有出口结点的支配结点。

②循环中其他地方不再有 x 的定值点。

③循环中 x 的所有引用点都是且仅是这个定值所能达到的。

④若 y 或 z 是在循环中定值的，则只有当这些定值点的语句（一定也是循环不变量）已经被执行过代码外提，或者在满足上述第②、③和④条的前提下，将第①条替换为：

⑤要求 x 在离开循环之后不再是活跃的。

10-23 循环不变量代码外提算法步骤描述如下：

（1）建立前置结点。为所要处理的循环建立代码外提的前置结点。实行代码外提时，在循环的入口结点（假设唯一）前面建立一个新结点（基本块），称之为循环的前置结点（假设唯一）。循环的前置结点以循环的入口结点为其唯一后继，原来流图中从循环外引到循环入口结点的有向边，改成引到循环前置结点。

（2）查看当前循环中各基本块的每条TAC语句，如若发现某个循环不变量并且该循环不变量满足上述代码外提的充分条件，则将其插入到前置结点的尾部，作为前置结点的最末一条语句，并将该语句从循环中删除。

（3）重复第（2）步，直到当前循环中（不包括前置结点）不再存在任何满足上述代码外提充分条件的循环不变量为止。

10-24 （1）基本块 B_1 的DAG如图10-8所示。

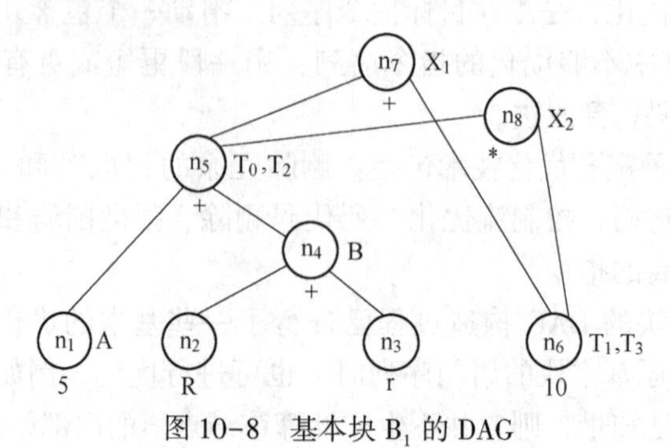

图10-8 基本块 B_1 的DAG

（2）根据 DAG 结点原来的构造顺序重写 TAC 如下：

[1]A：=5
[2]T_1：=10
[3]T3：=10
[4]B：=R+r
[5]T_0：=A+B
[6]T_2：=T_0
[7]X_1：=T_0+10
[8]X_2：=T_0 * 10

（3）假设在基本块的出口之后只有 X_1，X_2 还被引用，则通过重新命名临时变量的基本块保结构变换，可将基本块的 TAC 代码进一步优化为：

[1]C：=R+r
[2]D：=5+C
[3]X_1：=D+10
[4]X_2：=D * 10

10-25　（1）基本块的 DAG 如图 10-9 所示。

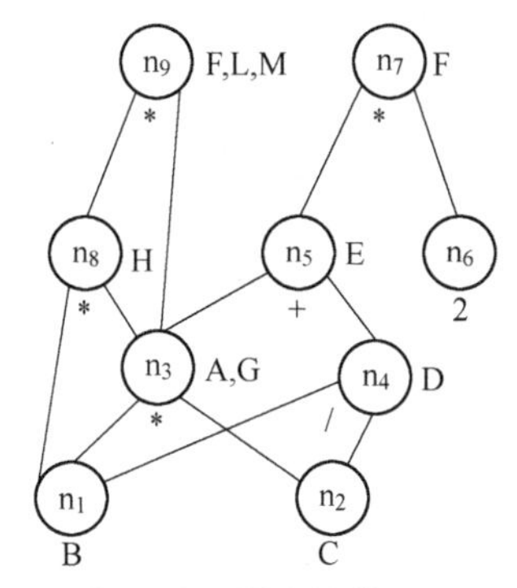

图 10-9　基本块的 DAG

（2）根据 DAG 结点原来的构造顺序重写 TAC 如下：

[1]A：=B * C
[2]G：=A
[3]D：=B/C
[4]E：=A+D
[5]H：=B * G
[6]F：=H * G
[7]L：=F
[8]M：=L

（3）假设在基本块的出口之后只有 G、L、M 还要被引用，则优化后的 TAC 序列为：

[1]G：=B * C

[2]H:=B*G

[3]F:=H*G

[4]L:=F

[5]M:=L

(4) 假设在基本块的出口之后只有L还要被引用，则优化后的TAC序列如下：

[1]G:=B*C

[2]H:=B*G

[3]F:=H*G

[4]L:=F

10-26 (1) 题中TAC形式的中间代码可划分为图10-10所示的基本块。

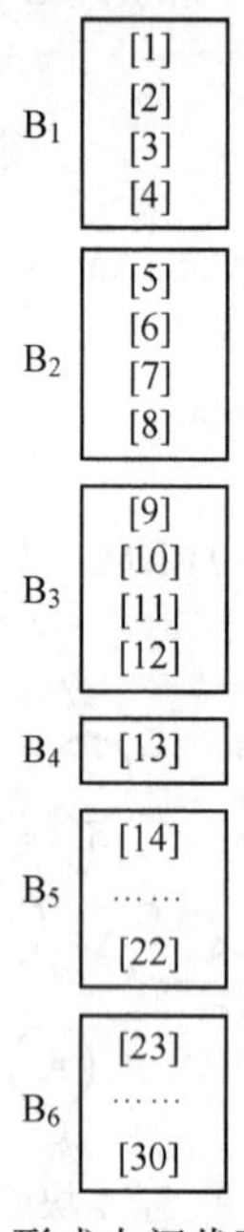

图10-10 TAC形式中间代码基本块划分图

以基本块为结点的控制流图如图10-11所示。

(2) 进行删除公共子表达式的优化

通过分析可知，基本块 B_5 中［14］和［16］是公共子表达式，［17］和［20］是公共子表达式。删除公共子表达式后，B_5 变为：

[14] T_6:=4*i

[15]x:=a[T_6]

[17] T_8:=4*j

[18] T_9:=a[T_8]

[19]a[T_6]:=T_9

[21]a[T_8]:=x

[22]goto[5]

基本块 B_6 中［23］和［25］是公共子表达式，［26］和［29］是公共子表达式，

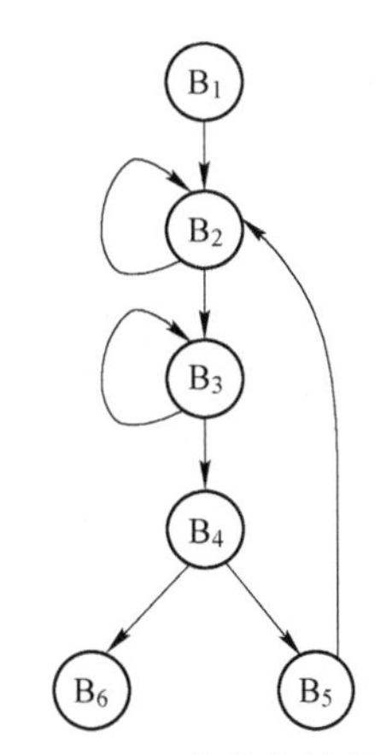

图 10-11　基本块的控制流图

删除公共子表达式后，B_6 变为：

[23] T_{11} := 4 * i

[24] x := a[T_{11}]

[26] T_{13} := 4 * n

[27] T_{14} := a[T_{13}]

[28] a[T_{11}] := T_{14}

[30] a[T_{13}] := x

（3）流图中包括以下三个循环：

① {B_2}

② {B_3}

③ {B_2, B_3, B_4, B_5}

10-27 不可以将 B_3 中的循环不变量 i:=2 提到前置结点，因为 B_3 不是循环出口 B_4 的支配结点。

10-28 （1）流图中各结点 n 的支配结点集 D(n) 计算如下：

D(1) = {1}

D(2) = {1,2}

D(3) = {1,2,3}

D(4) = {1,2,3,4}

D(5) = {1,2,3,5}

D(6) = {1,2,3,6}

D(7) = {1,2,7}

D(8) = {1,2,7,8}

（2）流图中的回边为 7→2；

（3）流图中的循环为：{2, 3, 4, 5, 6, 7}。

实验篇

SHIYAN PIAN

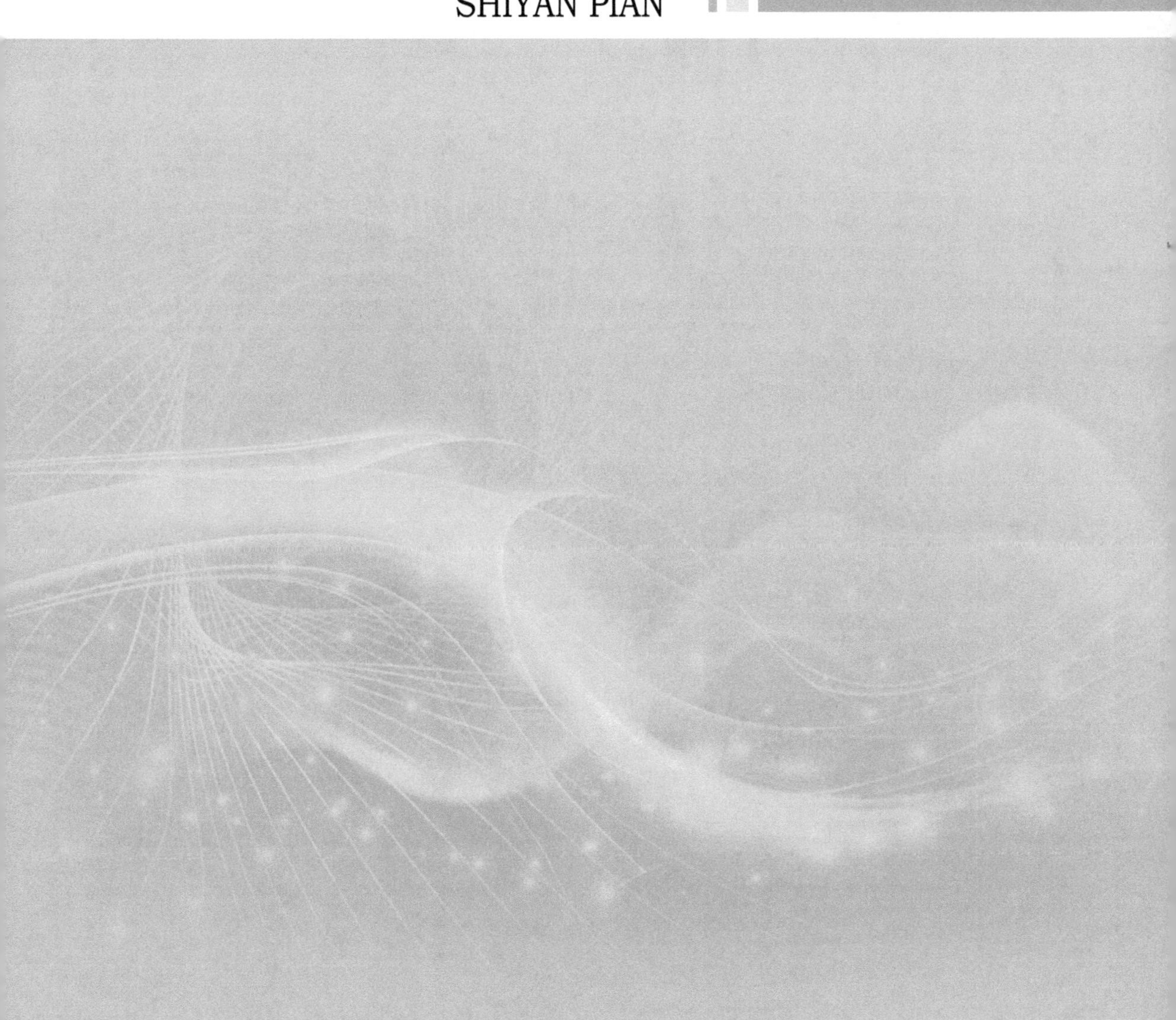

简单词法分析程序设计实验

11.1　实验指南

A　实验目的

通过本实验，让学生了解词法分析程序的基本构造原理，掌握简单词法分析程序的构造方法。

B　实验内容

根据 PASCAL 语言的说明语句结构，设计一个对 PASCAL 语言常量说明语句进行词法分析的简单程序，并用 C、C++、Java 或 Python 语言编程实现。要求程序能够对从键盘输入或从文件读入的形如“const count=10，sum=81.5，char1='f'，string1="abcds f 89h"，max=169;”的字符串进行分析处理，判断该输入串是否是一个 PASCAL 语言合法的常量说明语句。如果不是，则报错；如果是，则识别出该输入串中所说明的各种常量名、常量类型及常量值，以二元组的形式输出所有常量，并统计各种类型的常量个数。

C　实验要求

（1）要求常量说明语句从键盘输入或从文件读入，且必须以分号作为结束标志。

（2）要求具备 PASCAL 语言编译器词法分析程序的滤空格、识别常量名、识别常量类型、识别常量值等功能。

（3）要求根据从键盘输入或从文件读入的字符串的第一个单词是否为“const”来判断该字符串是否为合法的常量说明语句内容。

（4）要求常量名必须是标识符。标识符定义为以字母开头，后跟若干个字母、数字或下划线的字符串。

（5）要求根据各常量名后紧跟的等号“=”后面的内容来识别该常量的类型及常量值。其中，字符型常量定义为放在单引号内的一个字符；字符串常量定义为放在双引号内的所有内容；整型常量定义为可以带正负符号且能够以 0 开头的若干数字的组合；实型常量定义为带正负符号且能够以 0 开头的若干数字加上一个小数点再后跟若干数字的组合，或以小数点开头再后跟若干数字的组合。

（6）要求以形如“常量名（类型，值）”的二元组形式输出各常量的常量名、类型和值。

（7）要求统计并输出常量说明语句中所包含的各种类型的常量个数。

（8）要求根据常量说明语句置于 PASCAL 语言源程序中时可能出现的各种错误情况，对不同类型错误做出相应处理，并输出相应的错误提示信息。

D 运行结果示例

（1）输入如下正确的常量说明语句：

const count1 = 2180, sum1 = 6881.655, char1 = 'f', count2 = 65, max1 = 169, char2 = '@', sum2 = .0815, str1 = "abcds f 89h", max2 = 1.6229, str2 = "good night!";

输出：

```
count1(integer,2180)
sum1(float,6881.655)
char1(char,'f')
count2(integer,65)
max1(integer,169)
char2(char,'@')
sum2(float,.0815)
str1(string,"abcds f 89h")
max2(float,1.6229)
str2(string,"good night!")
int_num=3;char_num=2;string_num=2;float_num=3.
```

（2）输入类似下面的保留字 const 错误的常量说明串：

Aconstt count = 10， sum = 81.5， char1 = 'f';

输出类似下面的错误提示信息：

```
It is not a constant declaration statement!
Please input a string again!
```

（3）输入类似下面的含常量名或常量值错误的常量说明串：

const count = 10， 12sum = 81.5， char1 = ‘ab’， max = 16 78;

输出类似下面的错误提示信息：

```
count(integer,10)
12sum(Wrong! It is not a identifier!)
char1(Wrong! The format of the value string is not correct!)
max(Wrong! The format of the value string is not correct!)
int_num=1;char_num=0;string_num=0;float_num=0.
```

（4）其他错误处理情况（略）。

E 实验提示

本实验重点有三个：一是如何处理由分隔符“=”、“,”和“;”所分割的常量说明语句的各个成分；二是如何识别作为常量名的标识符以及各种类型的常量值；三是如何针对发生在不同阶段的不同类型的错误进行报错处理。

建议采用正则表达式来实现常量名、常量类型和常量值的识别。

F 总结分析与探讨

（1）如果考虑布尔型常量，且规定其值只能为 true 或 false，探讨应该如何实现布尔型常量的识别。

（2）如果允许用科学记数法表示整数和实数，探讨应该如何实现基于科学记数法表示的整型常量和实型常量的识别。

（3）探讨如何区分字符串常量中出现的普通符号“=”、“,”、“;”和作为分隔符使用的“=”、“,”、“;”。

（4）探讨如何处理常量名中出现的同名标识符。

（5）探讨如果将常量说明语句放到实际 PASCAL 语言源程序中，常量说明语句的词法分析程序设计还需要考虑哪些实际问题。

（6）探讨如何对词法分析程序做进一步的优化，以提高代码质量和运行效率。

（7）总结设计和实现词法分析程序时应重点注意的问题。

11.2 实验参考源代码（C/C++版）

```
#include<bits/stdc++.h>
using namespace std;

string name;//存放常量名
string value;//存放常量值
string type;//存放常量值类型
string errorInfo;//存放错误信息
int correctName;//0 表示常量名错误,1 表示常量名正确
int correctValue;//0 表示常量值错误,1 表示常量值正确
int int_num=0;
int string_num=0;
int float_num=0;
int char_num=0;//用于统计各种类型的常量数量

int checkName(char a[],int i);
int checkType(char a[],int i);
void Output(string s);

string trim(string s)
{
    if(s.empty())
    {
        return s;
    }
    s.erase(0,s.find_first_not_of("  "));
```

```
    s.erase(s.find_last_not_of("  ")+1);
    return s;
}

int main()
{
    cout<<("Please input a string:")<<endl;
    string s;
    getline(cin,s);
    s=trim(s);//去除首尾空格
    bool result=s.find("const")==0 && s.find_last_of(";")==s.length()-1;
    while(!result)
    {
        //如果输入字符串不是以"const"开头并且以";"结尾,则输出错误信息,并且要求重新输入
        cout<<("It is not a constant declaration statement!")<<endl;
        cout<<("Please input a string again!")<<endl;
        getline(cin,s);
        s=trim(s);
        result=s.find("const")==0 && s.find_last_of(";")==s.length()-1;
    }
    Output(s);
    return 0;
}

//判断常量名是否合法
int checkName(char a[],int i)
{
    name="";
    while(a[i]!='=')
    {
        name+=a[i];
        i++;
    }
    name=trim(name);
    //string regex="[a-zA-Z_][a-zA-Z0-9_]*";
    //bool result=name.matches(regex);
    regex r("[a-zA-Z_][a-zA-Z0-9_]*");
    bool result=regex_match(name,r);
    if(result)
    {
        correctName=1;
    }
    else
```

```
    {
        correctName=0;
    }
    return i;
}

//判断常量值的合法性与常量类型
int checkType(char a[ ],int i)
{
    value="";
    errorInfo="";
    while(a[i]!=',' && a[i]!=';')
    {
        value+=a[i];
        i++;
    }
    value=trim(value);
    if(correctName==1)
    {
        //判断该数是否为整数
        regex r1("[+|-]?[0-9]*");
        regex r2("[1-9][0-9]*");
        regex r3("[+|-]?[0-9]*[.][0-9]+");
        regex r4("[+|-]?[0-9]*[.][0-9]+e[+|-]?[0-9]*");
        if(regex_match(value,r1))
        {
            string s1=value;
            //判断符号
            if(value[0]=='+' || value[0]=='-')
            {
                s1=value.erase(0,1);
            }
            if(s1=="0" || regex_match(s1,r2))
            {
                correctValue=1;
                type="integer";
                int_num++;
            }
            else
            {
                errorInfo="Wrong! The integer can't be started with'0'.";
                correctValue=0;
            }
```

```
        }
        //判断该数是否为浮点数
        else if(regex_match(value,r3) || regex_match(value,r4))
        {
            correctValue=1;
            type="float";
            float_num++;
        }
        //判断常量值是 char 型
        else if(value.find("'")==0 && value.find_last_of("'")==value.length()-1)
        {
            if(value.length()==3)
            {
                correctValue=1;
                type="char";
                char_num++;
            }
            else
            {
                errorInfo+="Wrong! There are more than one char in''.";
                correctValue=0;
            }
        }
        //判断常量名是 string 型
        else if(value.find("\"")==0 && value.find_last_of("\"")==value.length()-1)
        {
            correctValue=1;
            type="string";
            string_num++;
        }
        //其他错误情况
        else
        {
            correctValue=0;
            errorInfo+="Wrong! The format of the value string is not correct!";
        }
    }
    return i;
}

void Output(string s)
{
    int i;
```

```
    char str[1000];
    for(i=0;i<s.length();i++)
    {
        str[i]=s[i];
    }
    str[i]='\0';
    i=5;
    while(i<strlen(str)-1)
    {
        i=checkName(str,i);
        i=checkType(str,i+1)+1;
        //常量名定义正确,继续判断常量值
        if(correctName==1)
        {
            //常量值正确,输出结果,包含常量名,常量类型以及常量值
            if(correctValue==1)
            {
                cout<<(name+"("+type+","+value+")")<<endl;
            }
            //常量值错误,给出错误类型
            else
            {
                cout<<(name+"("+errorInfo+")")<<endl;
            }
        }
        //常量名定义错误
        else
        {
            cout<<(name+"("+"Wrong! It is not a identifier!"+")")<<endl;
        }
    }
    cout<<"int_num="<<int_num<<";char_num="<<char_num<<";string_num="<<string_num<<";float_
num="<<float_num<<"."<<endl;
}
```

11.3 实验参考源代码（Java版）

```
import java.util.Scanner;

public class Main{
    static String name;//存放常量名
    static String value;//存放常量值
```

```
static String type;//存放常量值类型
static String errorInfo;//存放错误信息
static int correctName;//0 表示常量名错误,1 表示常量名正确
static int correctValue;//0 表示常量值错误,1 表示常量值正确
static int int_num=0;
static int string_num=0;
static int float_num=0;
static int char_num=0;//用于统计各种类型的常量数量

public static void main(String[] args) {
    Scanner in=new Scanner(System.in);
    System.out.println("Please input a string:");
    String s=in.nextLine();
    s=s.trim();//去除首尾空格
    boolean result=s.startsWith("const")&& s.endsWith(";");
    while(! result) {
        //如果输入字符串不是以"const"开头并且以";"结尾,则输出错误信息,并且要求重新输入
        System.out.println("It is not a constant declaration statement!");
        System.out.println("Please input a string again!");
        s=in.nextLine();
        s=s.trim();
        result=s.startsWith("const")&& s.endsWith(";");
    }
    Output(s);
    in.close();
}

//判断常量名是否合法
public static int checkName(char[] a,int i) {
    name="";
    while(a[i]! ='=') {
        name+=a[i];
        i++;
    }
    name=name.trim();
    String regex="[a-zA-Z_][a-zA-Z0-9_]*";
    boolean result=name.matches(regex);
    if(result) {
        correctName=1;
    } else {
        correctName=0;
    }
    return i;
```

```
}

//判断常量值的合法性与常量类型
public static int checkType(char a[],int i){
    value="";
    errorInfo="";
    while(a[i]!=',' && a[i]!=';'){
        value+=a[i];
        i++;
    }
    value=value.trim();
    if(correctName==1){
        //判断该数是否为整数
        if(value.matches("[+|-]?[0-9]*")){
            String s1=value;
            //判断符号
            if(value.charAt(0)=='+' || value.charAt(0)=='-'){
                s1=value.substring(1);
            }
            if(s1.equals("0") || s1.matches("[1-9][0-9]*")){
                correctValue=1;
                type="integer";
                int_num++;
            }else{
                errorInfo="Wrong! The integer can't be started with'0'.";
                correctValue=0;
            }
        }
        //判断该数是否为浮点数
        else if(value.matches("[+|-]?[0-9]*[.][0-9]+") || value.matches("[+|-]?[0-9]*
[.][0-9]+e[+|-]?[0-9]*")){
            correctValue=1;
            type="float";
            float_num++;
        }
        //判断常量值是 char 型
        else if(value.startsWith("'")&& value.endsWith("'")){
            if(value.length()==3){
                correctValue=1;
                type="char";
                char_num++;
            }else{
                errorInfo+="Wrong! There are more than one char in''.";
```

```
                correctValue=0;
            }
        }
        //判断常量名是 String 型
        else if(value.startsWith("\"")&& value.endsWith("\"")){
            correctValue=1;
            type="string";
            string_num++;
        }
        //其他错误情况
        else{
            correctValue=0;
            errorInfo+="Wrong! The format of the value string is not correct!";
        }
    }
    return i;
}
static void Output(String s){
    char[]str=s.toCharArray();
    int i=5;
    while(i<str.length-1){
        i=checkName(str,i);
        i=checkType(str,i+1)+1;
        //常量名定义正确,继续判断常量值
        if(correctName==1){
            //常量值正确,输出结果,包含常量名,常量类型以及常量值
            if(correctValue==1){
                System.out.println(name+"("+type+","+value+")");
            }
            //常量值错误,给出错误类型
            else{
                System.out.println(name+"("+errorInfo+")");
            }
        }
        //常量名定义错误
        else{
            System.out.println(name+"("+"Wrong! It is not a identifier!"+")");
        }
    }
    System.out.println("int_num="+int_num+";char_num="+char_num+";string_num="+string_num
            +";float_num="+float_num+".");
}
}
```

LL(1) 语法分析程序设计实验

12.1 实验指南

A 实验目的

通过本实验，让学生了解 LL(1) 分析器的构成，以及用确定的自顶向下 LL(1) 分析方法对表达式文法进行语法分析的方法，掌握 LL(1) 语法分析程序的手工构造方法。

B 实验内容

根据 LL(1) 语法分析算法的基本思想，设计一个对给定文法进行 LL(1) 语法分析的程序，并用 C、C++、Java 或 Python 语言编程实现。要求程序能够对从键盘输入的任意字符串进行分析处理，判断出该输入串是否是给定文法的正确句子，并针对该串给出具体的 LL(1) 语法分析过程。

C 实验要求

对给定文法 G[S]：

S→AT
A→BU
T→+AT| $
U→ * BU| $
B→(S)|m

其中，$ 表示空串。试完成如下任务：

（1）手工判断上述文法 G[S] 是否 LL(1) 文法？若不是，将其转变为 LL(1) 文法。

（2）针对转变后的 LL(1) 文法，手工建立 LL(1) 预测分析表。

（3）根据清华大学版《编译原理（第 3 版）》教材上 LL(1) 分析的算法思想及算法流程图，构造 LL(1) 分析程序。

（4）用 LL(1) 分析程序对任意键盘输入串进行语法分析，并根据栈的状态变化输出给定串的具体分析过程。

D 运行结果示例

（1）任意从键盘输入是文法句子的字符串，例如：

m+m*m#

则以表 12-2 中格形式输出字符串的分析过程，并输出“由上述分析过程可知，该串是文法的合法句子”的结论。

表 12-1 输入串 m+m＊m#的 LL(1) 分析过程

步骤	分析栈	当前输入串	推导所用产生式或匹配情况
1	#S	m+m*m#	S→AT
2	#TA	m+m*m#	A→BU
3	#TUB	m+m*m#	B→m
4	#TUm	m+m*m#	m 匹配
5	#TU	+m*m#	U→$
6	#T	+m*m#	T→+AT
7	#TA+	+m*m#	+匹配
8	#TA	m*m#	A→BU
9	#TUB	m*m#	B→m
10	#TUm	m*m#	m 匹配
11	#TU	*m#	U→＊BU
12	#TUB*	*m#	＊匹配
13	#TUB	m#	B→m
14	#TUm	m#	m 匹配
15	#TU	#	U→$
16	#T	#	T→$
17	#	#	接受

（2）任意从键盘输入不是文法句子的字符串，例如：

mm＊+m#

则以表 12-2 中形式输出字符串的分析过程，并输出“由上述分析过程可知，该串不是文法的合法句子”的结论。

表 12-2 输入串 mm*+m#的 LL(1) 分析过程

步骤	分析栈	当前输入串	推导所用产生式或匹配情况
1	#S	mm*+m#	S→AT
2	#TA	mm*+m#	A→BU
3	#TUB	mm*+m#	B→m
4	#TUm	mm*+m#	m 匹配
5	#TU	m*+m#	U→$
6	#T	m*+m#	报错

E 实验提示

本实验的重点有三个：一是如何用何种数据结构实现 LL(1) 预测分析表的存储和使

用；二是如何实现各产生式右部串的逆序入栈及查表匹配处理；三是遇到空产生式时，如何进行分析栈的出栈和入栈处理。

F 总结分析与探讨

（1）探讨如何编程实现 LL(1) 文法的判断功能。
（2）探讨如何编程实现非 LL(1) 文法到 LL(1) 文法的转换功能。
（3）探讨如何编程实现 LL(1) 预测分析表的构建功能。
（4）探讨如何对 LL(1) 语法分析程序做进一步的优化，以提高代码质量和运行效率。
（5）总结设计和实现 LL(1) 语法分析程序的一般方法。

12.2 实验参考源代码（C/C++版）

```
#include<iostream>
#include<cstdio>
#include<map>
#include<stack>
#include<vector>
#include<string>
#include<cstring>

using namespace std;

bool flag;
//标记分析结果
string s;
//语句存放
map<char,int>vn;
//first 表索引[非终结符]
map<char,int>vt;
//first 表索引[终结符]
stack<char>Stack;
//分析栈
stack<char>String;
//剩余输入串栈

void start();
void inital();
void ann();
void output_stackt();

string fir[5][6]={"","","AT","","AT","",
```

```
                    "","","BU","","BU","",
                    "+AT","","","$","","$",
                    "$","*BU","","$","","$",
                    "","","(S)","","m",""
                    };
//first 值表
int main()
//主函数,运行入口
{
    while(true)
    {
        inital();
        //初始化变量
        start();
        //开始分析,并且输出分析情况
        if(flag==true)
            printf("由上述分析过程可知,该串是文法的合法句子。\n");
        else
            printf("由上述分析过程可知,该串不是文法的合法句子。\n");
    }
    return 0;
}

void start()
{
    while(! Stack.empty())Stack.pop();
    while(! String.empty())String.pop();
    cout<<"please input the annli string:";
    cin>>s;
    cout<<"step\tstack\t\tstring\t\trule\n";
    ann();
    cout<<"\n\nthe annli is finish! \n";
}

void inital()
//初始化 first 索引及 flag 标记
{
    vn['S']=1;
    vn['A']=2;
    vn['T']=3;
    vn['U']=4;
    vn['B']=5;
    vt['+']=1;
```

```
    vt['*']=2;
    vt['(']=3;
    vt[')']=4;
    vt['m']=5;
    vt['#']=6;
    flag=true;
}

void ann()
//语法分析函数
{
    int len=0,count=0;
    char Stack_top,String_top;
    //分析栈与余串栈栈顶元素
    Stack.push('#');
    //#s 进分析栈
    Stack.push('S');
    for(len=s.length()-1;len>=0;len--)
        //输入串进剩余输出栈
        String.push(s[len]);
    while(++count)
        //一直分析,直到接受或报错
    {
        cout<<count<<"\t";
        output_stackt();
        if(Stack.empty())
            //缺"#"【基本不会出现】
            {
                printf("报错\nerror---the stack is empty\n");
                flag=false;
                break;
            }
        if(String.empty())
            //输入的串中没有"#"
            {
                printf("报错\nerror---the sting is empty\n");
                flag=false;
                break;
            }
        Stack_top=Stack.top();
        //取分析栈栈顶元素
        Stack.pop();
        //栈顶已经要处理了,现在弹出
```

```
String_top=String.top();
//取待分析串栈顶元素
if(vt[Stack_top]! =0&&Stack_top! ='#')
    //没有分析道栈底
{
    if(Stack_top==String_top)
        //能匹配字符
    {
        cout<<"'"<<Stack_top<<"'匹配\n";
        String.pop();
        continue;
    }
    else
    {
        printf("报错\nerror---Stack_top! =String_top\n");
        flag=false;
        break;
    }
}
if(Stack_top=='#')
    //分析到栈底了
{
    if(Stack_top==String_top)
        //栈底是#,接受
    {
        printf("接受");
        break;
    }
    else
    {
        printf("报错\nerror---Stack_top=='#',but Stack_top! =String_top\n");
        flag=false;
        break;
    }
}
else
{
    if(vn[Stack_top]! =0&&vt[String_top]! =0)
    {
        s=fir[vn[Stack_top]-1][vt[String_top]-1];
        if(s! ="")
        {
            if(s! ="$")
```

```
                    for(len=s.length()-1;len>=0;len--)//公式进分析栈
                        Stack.push(s[len]);
                cout<<Stack_top<<"->"<<s<<endl;
            }
            else
            {
                printf("报错\nerror---fir[vn[Stack_top]-1][vt[String_top]-1]is null! \n");
                flag=false;
                break;
            }
        }
        else
        {
            printf("报错\nerror---vn[Stack_top]==0||vt[String_top]==0\n");
            flag=false;
            break;
        }
    }
  }
}

void output_stackt()
//每一步分析都得输出 stack 和 String 的值
{
    int n;
    s.clear();
    while(! Stack.empty())
    {
        s+=Stack.top();
        Stack.pop();
    }
    n=0;
    for(n=s.length()-1;n>=0;n--)
    {
        Stack.push(s[n]);
        cout<<s[n];
    }
    cout<<"\t\t";
    s.clear();
    while(! String.empty())
    {
        s+=String.top();
        String.pop();
```

```
    }
    cout<<s<<" \t\t";
    n=0;
    for(n=s.length()-1;n>=0;n--)
        String.push(s[n]);
}
```

12.3 实验参考源代码（Java 版）

```
import java.util.*;

public class Main{
    static boolean flag;
    //标记分析结果
    static String s;
    //语句存放
    static Map<Character,Integer>vn=new HashMap<>();
    //first 表索引[非终结符]
    static Map<Character,Integer>vt=new HashMap<>();
    //first 表索引[终结符]
    static Stack<Character>stack=new Stack<Character>();
    //分析栈
    static Stack<Character>string=new Stack<Character>();

    static String fir[][]={{"","","AT","","AT",""},
            {"","","BU","","BU",""},
            {"+AT","","","$","","$"},
            {"$","*BU","","$","","$"},
            {"","","(S)","","m",""}};

    public static void inital()
//初始化 first 索引及 flag 标记
    {
        vn.put('S',1);
        vn.put('A',2);
        vn.put('T',3);
        vn.put('U',4);
        vn.put('B',5);
        vt.put('+',1);
        vt.put('*',2);
        vt.put('(',3);
        vt.put(')',4);
```

```
        vt. put(' m ',5) ;
        vt. put('#',6) ;
        flag=true;
    }

    public static void start( ) {
        while( ! stack. isEmpty( ) )
            stack. pop( ) ;
        while( ! string. isEmpty( ) )
            string. pop( ) ;
        System. out. print( " please input the annli string:" ) ;
        Scanner sc=new Scanner( System. in) ;
        s=sc. nextLine( ) ;
        System. out. print( " step\tstack\t\tstring\t\trule\n" ) ;
        ann( ) ;
        System. out. print( " \n\nthe annli is finish! \n\n" ) ;
        sc. close( ) ;
    }

    public static void ann( )
//语法分析函数
    {
        int len=0,count=0;
        char stack_top,string_top;
        //分析栈与余串栈栈顶元素
        stack. push('#') ;
        //#s 进分析栈
        stack. push(' S ') ;
        for( len=s. length( )-1;len>=0;len--)
            //输入串进剩余输出栈
            string. push( s. charAt( len) ) ;
        while( ( ++count)! =0)
        //一直分析,直到接受或报错
        {
            System. out. print( count+" \t" ) ;
            output_stackt( ) ;
            if( stack. empty( ) )
            //缺"#"【基本不会出现】
            {
                System. out. print( " 报错\nerror---the stack is empty\n" ) ;
                flag=false;
                break;
            }
```

```
if(string.empty())
//输入的串中没有"#"
{
    System.out.print("报错\nerror---the sting is empty\n");
    flag=false;
    break;
}
stack_top=(char)stack.peek();
//取分析栈栈顶元素
stack.pop();
//栈顶已经要处理了,现在弹出
string_top=(char)string.peek();
//取待分析串栈顶元素
//System.out.println(vt.containsKey('S'));
if(vt.containsKey(stack_top)&& stack_top! ='#')
//没有分析道栈底
{
    if(stack_top==string_top)
    //能匹配字符
    {
        System.out.println("'"+stack_top+"'匹配");
        string.pop();
        continue;
    }else{
        System.out.print("报错\nerror---stack_top! =string_top\n");
        flag=false;
        break;
    }
}
if(stack_top=='#')
//分析到栈底了
{
    if(stack_top==string_top)
    //栈底是#,接受
    {
        System.out.print("接受");
        break;
    }else{
        System.out.print("报错\nerror---stack_top=='#',but stack_top! =string_top\n");
        flag=false;
        break;
    }
}else{
```

```
                if(vn.containsKey(stack_top)&& vt.containsKey(string_top)){
                    s=fir[vn.get(stack_top)-1][vt.get(string_top)-1];
                    if(s! ="""){
                        if(s! =" $ ")
                            for(len=s.length()-1;len>=0;len--)//公式进分析栈
                                stack.push(s.charAt(len));
                        System.out.println(stack_top+"->"+s);
                    }else{
                        System.out.print("报错\nerror---fir[vn[stack_top]-1][vt[string_top]-1]is
null! \n");
                        flag=false;
                        break;
                    }
                }else{
                    System.out.print("报错\nerror---vn[stack_top]==0 || vt[string_top]==0\n");
                    flag=false;
                    break;
                }
            }
        }
    }

    public static void output_stackt()
//每一步分析都得输出 stack 和 string 的值
    {
        int n;
        s="";
        while(! stack.empty()){
            s+=stack.peek();
            stack.pop();
        }
        n=0;
        for(n=s.length()-1;n>=0;n--){
            stack.push(s.charAt(n));
            System.out.print(s.charAt(n));
        }
        System.out.print("\t\t");
        s="";
        while(! string.empty()){
            s+=string.peek();
            string.pop();
        }
        System.out.print(s+"\t\t");
```

```
        n=0;
        for(n=s.length()-1;n>=0;n--)
            string.push(s.charAt(n));
    }

    public static void main(String[] args){
        inital();
        //初始化变量
        start();
        //开始分析,并且输出分析情况
        if(flag==true)
            System.out.println("由上述分析过程可知,该串是文法的合法句子。");
        else
            System.out.println("由上述分析过程可知,该串不是文法的合法句子。");
    }
}
```

算符优先语法分析程序设计实验

13.1　实验指南

A　实验目的

通过本实验，让学生了解用算符优先分析算法对表达式进行语法分析的方法，掌握算符优先语法分析程序的手工构造方法。

B　实验内容

根据算符优先语法分析算法的基本思想，设计一个对给定文法进行算符优先语法分析的程序，并用 C、C++、Java 或 Python 语言编程实现。要求程序能够对从键盘输入的任意字符串进行分析处理，判断出该输入串是否是给定文法的正确句子，并针对该串给出具体的算符优先语法分析过程。

C　实验要求

（1）针对下列简单表达式文法 G[E′]，手工构造算符优先关系表。

E '→# E #
E→E+T|T
T→T * F|F
F→P/F|P
P→(E)|i

（2）根据清华大学版《编译原理（第 3 版）》教材上算符优先语法分析算法思想及算法流程，构造算符优先语法分析程序。

（3）用该算符优先语法分析程序对任意给定的键盘输入串 i+i#进行语法分析，并根据栈的变化状态输出给定串的具体分析过程。

D　运行结果示例

（1）任意从键盘输入是文法句子的字符串，例如：

i+i#

则以表 13-1 形式输出字符串的分析过程，并输出“由上述分析过程可知，该串是文法的合法句子”的结论。

表 13-1 输入串 i+i#的算符优先分析过程

步骤	分析栈	优先关系	当前输入串	移进或归约
1	#	$\lessdot$	i+i#	移进
2	#i	$\gtrdot$	+i#	归约
3	#N	$\lessdot$	+i#	移进
4	#N+	$\lessdot$	i#	移进
5	#N+i	$\gtrdot$	#	归约
6	#N+N	$\gtrdot$	#	归约
7	#N	$\doteq$	#	接受

（2）任意从键盘输入不是文法句子的字符串，例如：

ii++#

则以表 13-2 形式输出字符串的分析过程，并输出“由上述分析过程可知，该串不是文法的合法句子”的结论。

表 13-2 输入串 ii++#的算符优先分析过程

步骤	分析栈	优先关系	当前输入串	移进或归约
1	#	$\lessdot$	i++i#	移进
2	#i	$\gtrdot$	++i#	归约
3	#N	$\lessdot$	++i#	移进
4	#N+	$\gtrdot$	+i#	报错

E 实验提示

本实验有两个重点：一是采用何种适当的数据结构实现算符优先关系表的存储和使用；二是如何编程实现对单非终结符之间的归约处理过程的忽略。

F 总结分析与探讨

（1）探讨如何编程实现算符优先关系表的构建功能。

（2）探讨如何编程实现算符优先文法的判断功能。

（3）探讨如何对算符优先语法分析程序做进一步优化，以提高代码质量和运行效率。

（4）总结设计和实现算符优先语法分析程序的一般方法。

（5）根据程序运行结果，总结算符优先语法分析方法的优点和缺点。

13.2 实验参考源代码（C/C++版）

```
#include<stdio. h>
#include<string. h>
//定义非终结符的数字代号
int getstr( char s)
```

```
{
    int ans=-1;
    if(s>='A'&&s<='Z')ans=-2;
    if(s=='+')ans=0;
    if(s=='*')ans=1;
    if(s=='/')ans=2;
    if(s=='i')ans=3;
    if(s=='(')ans=4;
    if(s==')')ans=5;
    if(s=='#')ans=6;
    return ans;
}
//文法算符优先表如下
char getfirst_retable(int i,int j)
{
    char table[7][7]=
    {
        {'>','<','<','<','<','>','>'},
        {'>','>','<','<','<','>','>'},
        {'>','>','<','<','<','>','>'},
        {'>','>','>','','','>','>'},
        {'<','<','<','<','<','=',''},
        {'>','>','>','','','>','>'},
        {'<','<','<','<','<','','='},
    };
    return table[i][j];
}
int main()
{
    char str[100];//输入串
    char sta[1000];//定义栈
    int len=0;//定义栈头
    while(true)
    {
        printf("请输入字符串:");
        scanf("%s",str);
        len=0;
        char curren=0;//当前面临符号
        int start=0;//剩余输入符号的开始位置
        sta[++len]='#';
        sta[len+1]='\0';
        puts("步骤\t\t栈\t\t关系\t\t剩余输入串\t\t动作");
        for(int i=0;;i++)
```

```
{
    int z=len;
    if(getstr(sta[z])==-2)z=z-1;
    if(getstr(str[start])==-1)
    {
        printf("%2d\t\t%s\t\t%c\t\t%10s\t\t出错\n",i+1,sta+1,'',str+start);
        break;
    }
    char relation=getfirst_retable(getstr(sta[z]),getstr(str[start]));
    printf("%2d\t\t%s\t\t%c\t\t%10s\t\t",i+1,sta+1,relation,str+start);
    if(relation=='<')
        {
        printf("移进\n");
        sta[++len]=str[start];
        sta[len+1]='\0';
        start+=1;
    }
    else if(relation=='>')
    {
        int j;
        curren=sta[z];
        for(j=len-1;j>=1;j--)
        {
            if(getstr(sta[j])==-2)
            {
                continue;
            }
            else if(getfirst_retable(getstr(sta[j]),getstr(curren))=='<')
            {
                break;
            }
            curren=sta[j];
        }
        len=j;
        sta[++len]='N';
        sta[len+1]='\0';
        printf("归约\n");
    }
    else if(relation=='=')
    {
        if(sta[z]=='#'&&str[start]=='#')
        {
            printf("接受\n");
```

```
                printf("由上述分析过程可知,该串是文法的合法句子。\n");
                break;
            }
            else
            {
                printf("移进\n");
                sta[++len]=str[start];
                sta[len+1]='\0';
                start+=1;
            }
        }
        else
        {
            printf("错误\n");
            printf("由上述分析过程可知,该串不是文法的合法句子。\n");
            break;
        }
    }
  }
  return 0;
}
```

13.3 实验参考源代码（Java 版）

```
import java.io.*;

public class Main{
    private static char a[]=new char[100];
    private static char b[]=new char[100];
    private static int i,j,n,m;
    private static boolean bl;
    private static int c[][]=new int[][]{
//0 代表不存在,1 代表优先关系相等,2 代表前者比后者优先,3 代表后者比前者优先
//+,*,/,i,(,),#
                {2,3,3,3,3,2,2},
                {2,2,3,3,3,2,2},
                {2,2,3,3,3,2,2},
                {2,2,2,0,0,2,2},
                {3,3,3,3,3,1,0},
                {2,2,2,0,0,2,2},
                {3,3,3,3,3,0,1}};

        private static void shuchu(int x,int num,boolean bl){
```

```
if(bl){
    int k;
    if(num==0){
        System.out.println("步骤   栈   关系   剩余输入串   动作");
    }else{
        System.out.print("   "+num+"   ");
        for(k=0;k<=m;k++)
            System.out.print(b[k]);
        System.out.print("   "+x+"   ");
        for(k=i;k<n;k++)
            System.out.print(a[k]);
        System.out.print("   ");
        switch(x){
        case 0:
            System.out.println("报错");
            System.out.println("由上述分析过程可知,该串是文法的不合法句子");
            break;
        case 1:
            if(i==n-1){
                System.out.println("接受");
                System.out.println("由上述分析过程可知,该串是文法的合法句子");
            }else
                System.out.println("入栈");
            break;
        case 2:
            System.out.println("归约");
            break;
        case 3:
            System.out.println("入栈");
            break;
        }
    }
}else
    System.out.println("\n 输入串错误!");
}

private static int hanshu1(char x,char y){
    int x1=0,y1=0;
    switch(x){
    case '+':
        x1=0;
        break;
    case '*':
```

```
        x1=1;
        break;
    case '/':
        x1=2;
        break;
    case 'i':
        x1=3;
        break;
    case '(':
        x1=4;
        break;
    case ')':
        x1=5;
        break;
    case '#':
        x1=6;
        break;
    default:
        bl=false;
    }
    switch(y){
    case '+':
        y1=0;
        break;
    case '*':
        y1=1;
        break;
    case '/':
        y1=2;
        break;
    case 'i':
        y1=3;
        break;
    case '(':
        y1=4;
        break;
    case ')':
        y1=5;
        break;
    case '#':
        y1=6;
        break;
    default:
```

```
            bl=false;
        }
        return c[x1][y1];
    }

    public static void main(String arg[]){
        try{
            BufferedReader br=new BufferedReader(new InputStreamReader(System.in));
            for(int k=0;k<5;k++){
                String str=br.readLine();
                n=str.length();
                a=str.toCharArray();
                b[0]='#';
                m=0;
                j=0;
                int p=0,num=0;
                bl=true;
                shuchu(0,num,bl);

                for(i=0;i<n && bl;){
                    num++;
                    shuchu(hanshu1(b[p],a[i]),num,bl);
                    switch(hanshu1(b[p],a[i])){
                    case 0:{
                        bl=false;
                        break;
                    }
                    case 1:{
                        m++;
                        b[m]=a[i];
                        p=m;
                        i++;
                        break;
                    }
                    case 2:{
                        if(j! =m){
                            if(j>1 && b[j-1]=='N'){
                                j=j-1;
                            }
                        }
                        m=j;
                        b[m]='N';
                        if(j>1){
```

```
                    p=m-1;
                    for(j=j-1;j>1 && hanshu1(b[j],b[p])==1;p=j){
                        j--;
                        if(b[j]=='N'){
                            j--;
                        }
                    }
                }
                p=m-1;
                break;
            }
            case 3:{
                m++;
                p=m;
                j=m;
                b[m]=a[i];
                i++;
                break;
            }
            }
        }
    }
    }catch(IOException e){
        System.out.println(e);
    }
  }
}
```

14 LR(0) 语法分析程序设计实验

14.1 实验指南

A 实验目的

通过本实验，了解LR(0)语法分析算法的基本思想，掌握LR(0)语法分析程序的构造方法。

B 实验内容

根据LR(0)语法分析算法的基本思想，设计一个对给定文法进行LR(0)语法分析的程序，并用C、C++、Java或Python语言编程实现。要求程序能够对从键盘输入的任意字符串进行分析处理，判断出该输入串是否是给定文法的正确句子，并针对该串给出具体的LR(0)语法分析过程。

C 实验要求

(1) 已知文法G[S']:

[0] S'→E

[1] E→aA

[2] E→bB

[3] A→cA

[4] A→d

[5] B→cB

[6] B→d

手工建立文法G[S']的LR(0)的项目集规范族DFA和LR(0)分析表。

(2) 根据清华大学版《编译原理（第3版）》教材上LR(0)语法分析的算法思想及算法流程，构造LR(0)语法分析程序。

(3) 用该LR(0)语法分析程序对任意给定的键盘输入串进行语法分析，并根据栈的变化状态输出给定串的具体分析过程。如果分析成功，则输出输入串是给定文法的合法句子的结论；如果分析不成功，则输出输入串不是给定文法的句子的结论。

D 运行结果示例

(1) 任意从键盘输入是文法句子的字符串，例如：

bccd#

则以表 14-1 形式输出字符串的分析过程，并输出“由上述分析过程可知，该串是文法的合法句子”的结论。

表 14-1 输入串 bccd#的 LR(0) 分析过程

步骤	状态栈	符号栈	当前输入串	ACTION	GOTO
1	0	#	bccd#	S_3	
2	03	#b	ccd#	S_5	
3	035	#bc	cd#	S_5	
4	0355	#bcc	d#	S_{11}	
5	0355(11)	#bccd	#	r_6	9
6	03559	#bccB	#	r_5	9
7	0359	#bcB	#	r_5	7
8	037	#bB	#	r_2	1
9	01	#E	#	acc	

（2）任意从键盘输入不是文法句子的字符串，例如：

babdaa#

则以表 14-2 形式输出字符串的分析过程，并输出“由上述分析过程可知，该串不是文法的合法句子”的结论。

表 14-2 输入串 babdaa#的 LR(0) 分析过程

步骤	状态栈	符号栈	当前输入串	ACTION	GOTO
1	0	#	babdaa#	S_3	
2	03	#b	abdaa#	报错	

E 实验提示

本实验重点有三个：一是采用何种数据结构实现 LR(0) 分析表的存储和使用；二是遇到 r_j 值时如何实现项目的归约处理；三是遇到空产生式时，如何进行状态栈和符号栈的出栈和入栈处理。

F 总结分析与探讨

（1）探讨如何编程实现 LR(0) 的项目集规范族 DFA 的构建功能。

（2）探讨如何编程实现 LR(0) 分析表的构建功能。

（3）探讨如何对 LR(0) 语法分析程序做进一步优化，以提高代码质量和运行效率。

（4）总结设计和实现 LR(0) 语法分析程序的一般方法。

（5）探讨如何设计并编程实现 SLR(1)、LR(1) 和 LALR(1) 语法分析程序。

（6）总结 LR(0)、SLR(1)、LR(1) 和 LALR(1) 四种分析表在构造方法上的异同。

14.2 实验参考源代码（C/C++版）

```
#include<iostream>
#include<cstdio>
using namespace std;

char Action_char[100][144];
int Action_int[100][144];
int Goto[100][144];
int wenfa_len[7]={1,2,2,2,1,2,1};
char wenfa_left[7]={'S','E','E','A','A','B','B'};

void getAction()
{
    for(int i=0;i<100;i++)
    {

        for(int j=0;j<144;j++)
        {
            Action_char[i][j]='';
            Action_int[i][j]=-1;
        }
    }
    Action_char[0]['a']='S';
    Action_int[0]['a']=2;
    Action_char[0]['b']='S';
    Action_int[0]['b']=3;
    Action_char[1]['#']='y';
    Action_int[1]['#']=-2;
    Action_char[2]['c']='S';
    Action_int[2]['c']=4;
    Action_char[2]['d']='S';
    Action_int[2]['d']=10;
    Action_char[3]['c']='S';
    Action_int[3]['c']=5;
    Action_char[3]['d']='S';
    Action_int[3]['d']=11;
    Action_char[4]['c']='S';
    Action_int[4]['c']=4;
    Action_char[4]['d']='S';
    Action_int[4]['d']=10;
```

```
Action_char[5]['c']='S';
Action_int[5]['c']=5;
Action_char[5]['d']='S';
Action_int[5]['d']=11;
Action_char[6]['a']='r';
Action_int[6]['a']=1;
Action_char[6]['b']='r';
Action_int[6]['b']=1;
Action_char[6]['c']='r';
Action_int[6]['c']=1;
Action_char[6]['d']='r';
Action_int[6]['d']=1;
Action_char[6]['e']='r';
Action_int[6]['e']=1;
Action_char[6]['#']='r';
Action_int[6]['#']=1;
Action_char[7]['a']='r';
Action_int[7]['a']=2;
Action_char[7]['b']='r';
Action_int[7]['b']=2;
Action_char[7]['c']='r';
Action_int[7]['c']=2;
Action_char[7]['d']='r';
Action_int[7]['d']=2;
Action_char[7]['e']='r';
Action_int[7]['e']=2;
Action_char[7]['#']='r';
Action_int[7]['#']=2;
Action_char[8]['a']='r';
Action_int[8]['a']=3;
Action_char[8]['b']='r';
Action_int[8]['b']=3;
Action_char[8]['c']='r';
Action_int[8]['c']=3;
Action_char[8]['d']='r';
Action_int[8]['d']=3;
Action_char[8]['e']='r';
Action_int[8]['e']=3;
Action_char[8]['#']='r';
Action_int[8]['#']=3;
Action_char[9]['a']='r';
Action_int[9]['a']=5;
Action_char[9]['b']='r';
```

```
    Action_int[9]['b']=5;
    Action_char[9]['c']='r';
    Action_int[9]['c']=5;
    Action_char[9]['d']='r';
    Action_int[9]['d']=5;
    Action_char[9]['e']='r';
    Action_int[9]['e']=5;
    Action_char[9]['#']='r';
    Action_int[9]['#']=5;
    Action_char[10]['a']='r';
    Action_int[10]['a']=4;
    Action_char[10]['b']='r';
    Action_int[10]['b']=4;
    Action_char[10]['c']='r';
    Action_int[10]['c']=4;
    Action_char[10]['d']='r';
    Action_int[10]['d']=4;
    Action_char[10]['e']='r';
    Action_int[10]['e']=4;
    Action_char[10]['#']='r';
    Action_int[6]['#']=4;
    Action_char[11]['a']='r';
    Action_int[11]['a']=6;
    Action_char[11]['b']='r';
    Action_int[11]['b']=6;
    Action_char[11]['c']='r';
    Action_int[11]['c']=6;
    Action_char[11]['d']='r';
    Action_int[11]['d']=6;
    Action_char[11]['e']='r';
    Action_int[11]['e']=6;
    Action_char[11]['#']='r';
    Action_int[11]['#']=6;
}

void getGoto()
{
    for(int i=0;i<100;i++)for(int j=0;j<144;j++)Goto[100][144]=-1;
    Goto[0]['E']=1;
    Goto[1]['A']=6;
    Goto[3]['B']=7;
    Goto[4]['A']=8;
    Goto[5]['B']=9;
```

```
}

int status[15],len=0,T=20;
char sign[15];
int Siz=0;
void Print(int test,char input[],int curren,char S,int d,int G)
{
    printf("%02d\t",test);
    for(int i=1;i<=len;i++)
    {
        if(status[i]<=9)
        {
            printf("%d",status[i]);
            --T;
        }
        else
        {
            printf("(%d)",status[i]);
            T=T-4;
        }
    }
    for(int i=1;i<=T;i++)
    {
        printf("  ");
    }
    printf("%-10s",sign+1);
    printf("%10s",input+curren);
    printf("\t");
    if(S! ='y')
        printf("%c%d\t",S,d);
    else
    {
        if(d==-2)
        {
            printf("acc\t\t");
            printf("\n 由上述分析过程可知,该串是文法的合法句子。\n");
        }
        else
        {
            printf("报错");
            printf("\n 由上述分析过程可知,该串不是文法的合法句子。\n");
        }
    }
```

```
    if(G! =-1)
    {
        printf("%d",G);
    }
    else printf("");
    printf("\n");
}

void LR0(char input[])
{
    len=Siz=0;
    status[++len]=0;
    sign[++Siz]='#';
    sign[Siz+1]='\0';
    int curren=0;
    int a;
    char c;
    printf("步骤   状态栈\t   符号栈   输入串   ACTION   GOTO\t\n");
    int test=1;
    while(test)
    {
        c=input[curren];
        a=status[len];
        T=20;
        if(Action_char[a][c]=='S')
        {
            Print(test,input,curren,'S',Action_int   [a][c],-1);
            sign[++Siz]=c;
            sign[Siz+1]='\0';
            status[++len]=Action_int[a][c];
            ++curren;
        }
        else if(Action_char[a][c]=='y')
        {
            Print(test,input,curren,'y',Action_int[a][c],-1);
            break;
        }
        else if(Action_char[a][c]=='')
        {
            Print(test,input,curren,'y',-3,-1);
            break;
        }
        else if(Action_char[a][c]=='r')
```

```
        {
            int lenth=wenfa_len[Action_int[a][c]];
            char A=wenfa_left[Action_int[a][c]];
            int n=status[len-lenth];
            Print(test,input,curren,'r',Action_int[a][c],Goto[n][A]);
            for(int i=1;i<=lenth;i++)
            {
                --len;
                --Siz;
            }
            status[++len]=Goto[n][A];
            sign[++Siz]=A;
            sign[Siz+1]='\0';
        }
        test++;
    }
}

int main()
{
    char input[15];
    getAction();
    getGoto();
    while(true)
    {
        printf("请输入字符串:");
        scanf("%s",input);
        LR0(input);
    }
    return 0;
}
```

14.3 实验参考源代码（Java 版）

```
import java.io.*;

public class Main{
    private static char a[]=new char[100];
    private static char b[]=new char[100];
    private static char c[]=new char[100];
    private static int len,n,go;
    private static String action;
```

```
private static boolean bl,bl2;

private static void shuchu(int i,int m){
    int j;
    if(i==0)
        System.out.println("步骤    状态栈    符号栈    输入串    ACTION    GOTO");
    else{
        System.out.print("    "+i+"    ");
        for(j=0;j<=n;j++)
            System.out.print(a[j]);
        System.out.print("    ");
        for(j=0;j<=n;j++)
            System.out.print(b[j]);
        System.out.print("    ");
        for(j=m;j<len;j++)
            System.out.print(c[j]);
        System.out.print("    "+action);
        if(go!=0)
            System.out.println("    "+go);
        else
            System.out.println();
    }
}

private static void action(int m){
    if(action=="S0"){
        a[n]='0';
        b[n]='#';
        n++;
    }else if(action=="S1"){
        a[n]='1';
        b[n]='E';
        n++;
    }else if(action=="S2"){
        a[n]='2';
        b[n]='a';
        n++;
    }else if(action=="S3"){
        a[n]='3';
        b[n]='b';
        n++;
    }else if(action=="S4"){
        a[n]='4';
```

```
        b[n]='c';
        n++;
    } else if(action=="S5") {
        a[n]='5';
        b[n]='c';
        n++;
    } else if(action=="S6") {
        a[n]='6';
        b[n]='A';
        n++;
    } else if(action=="S7") {
        a[n]='7';
        b[n]='B';
        n++;
    } else if(action=="S8") {
        a[n]='8';
        b[n]='A';
        n++;
    } else if(action=="S9") {
        a[n]='9';
        b[n]='B';
        n++;
    } else if(action=="S10") {
        a[n]='a';
        b[n]='d';
        n++;
    } else if(action=="S11") {
        a[n]='b';
        b[n]='d';
        n++;
    }
    switch(a[n-1]) {
    case'0':
        if(c[m]=='a')
            action="S2";
        else if(c[m]=='b')
            action="S3";
        else
            bl=false;
        break;
    case'1': {
        if(c[m]=='#') {
            action="acc";
```

```
    } else
        bl=false;
    break;
}
case '2':{
    if(c[m]=='c')
        action="S4";
    else if(c[m]=='d')
        action="S10";
    else
        bl=false;
    break;
}
case '3':{
    if(c[m]=='c')
        action="S5";
    else if(c[m]=='d')
        action="S11";
    else
        bl=false;
    break;
}
case '4':{
    if(c[m]=='c')
        action="S4";
    else if(c[m]=='d')
        action="S10";
    else
        bl=false;
    break;
}
case '5':{
    if(c[m]=='c')
        action="S5";
    else if(c[m]=='d')
        action="S11";
    else
        bl=false;
    break;
}
case '6':{
    if(c[m]=='a'||c[m]=='b'||c[m]=='c'||c[m]=='d'||c[m]=='#'){
        action="r1";
```

```
            go=1;
        }else
            bl=false;
        break;
    }
    case'7':{
        if(c[m]=='a'||c[m]=='b'||c[m]=='c'||c[m]=='d'||c[m]=='#'){
            action="r2";
            go=1;
        }else
            bl=false;
        break;
    }
    case'8':{
        if(c[m]=='a'||c[m]=='b'||c[m]=='c'||c[m]=='d'||c[m]=='#'){
            action="r3";
            if(a[n-3]=='2')
                go=6;
            else if(a[n-3]=='4')
                go=8;
            else
                bl=false;
        }else
            bl=false;
        break;
    }
    case'9':{
        if(c[m]=='a'||c[m]=='b'||c[m]=='c'||c[m]=='d'||c[m]=='#'){
            action="r5";
            if(a[n-3]=='3')
                go=7;
            else if(a[n-3]=='5')
                go=9;
            else
                bl=false;
        }else
            bl=false;
        break;
    }
    case'a':{
        if(c[m]=='a'||c[m]=='b'||c[m]=='c'||c[m]=='d'||c[m]=='#'){
            action="r4";
            if(a[n-2]=='2')
```

```
                go=6;
            else if(a[n-2]=='4')
                go=8;
            else
                bl=false;
        }else
            bl=false;
        break;
    }
    case 'b':{
        if(c[m]=='a'||c[m]=='b'||c[m]=='c'||c[m]=='d'||c[m]=='#'){
            action="r6";
            if(a[n-2]=='3')
                go=7;
            else if(a[n-2]=='5')
                go=9;
            else
                bl=false;
        }else
            bl=false;
        break;
    }
    default:
        bl=false;
    }
}

private static void GOTO(){
    switch(go){
    case 1:{
        if(action=="r1" || action=="r2"){
            n--;
            a[n]='1';
            b[n]='E';
            action="acc";
            go=0;
        }else
            bl2=false;
        break;
    }
    case 6:
    case 8:
        if(action=="r3"){
```

```
        n--;
        if(a[n-1]=='2')
            a[n]='6';
        else if(a[n-1]=='4')
            a[n]='8';
        b[n]='A';
        if(a[n]=='6'){
            action="r1";
            go=1;
        }else{
            action="r3";
            if(a[n-2]=='2')
                go=6;
            else
                go=8;
        }
    }else if(action=="r4"){
        if(a[n-1]=='2')
            a[n]='6';
        else if(a[n-1]=='4')
            a[n]='8';
        b[n]='A';
        if(a[n]=='6'){
            action="r1";
            go=1;
        }else{
            action="r3";
            if(a[n-2]=='2')
                go=6;
            else
                go=8;
        }
    }else
        bl2=false;
    break;
case 7:
case 9:
    if(action=="r5"){
        n--;
        if(a[n-1]=='3')
            a[n]='7';
        else if(a[n-1]=='5')
            a[n]='9';
```

```
            b[n]='B';
            if(a[n]=='9'){
                action="r5";
                if(a[n-2]=='5')
                    go=9;
                else
                    go=7;
            }else{
                action="r2";
                go=1;
            }
        }else if(action=="r6"){
            if(a[n-1]=='3')
                a[n]='7';
            else if(a[n-1]=='5')
                a[n]='9';
            b[n]='B';
            if(a[n]=='9'){
                action="r5";
                if(a[n-2]=='5')
                    go=9;
                else
                    go=7;
            }else{
                action="r2";
                go=1;
            }
        }else
            bl2=false;
        break;
    default:
        bl2=false;
    }
}

public static void main(String arg[]){
    try{
        BufferedReader br=new BufferedReader(new InputStreamReader(System.in));
        String str;
        int num;
        for(int i=0;i<5;i++){
            str=br.readLine();
            len=str.length();
```

```
            c=str.toCharArray();
            num=0;
            n=0;
            for(int k=0;k<100;k++){
                a[k]='\0';
                b[k]='\0';
            }
            action="S0";
            go=0;
            bl=true;
            shuchu(num,0);
            for(int j=0;j<len && bl==true;j++){
                action(j);
                num++;
                shuchu(num,j);
            }
            n--;
            for(bl2=true;bl2==true;){
                GOTO();
                if(bl2){
                    num++;
                    shuchu(num,len-1);
                }
            }
            System.out.println();
            if(action=="acc")
                System.out.println("由上述分析过程可知,该串是文法的合法句子");
            else
                System.out.println("由上述分析过程可知,该串不是文法的合法句子");
        }
    }catch(IOException e){
        System.out.println(e);
    }
  }
}
```

基于语法制导翻译的表达式转换编译器设计实验

15.1 实验指南

A 实验目的

通过本实验，了解语法制导翻译技术的基本思想，掌握表达式转换编译器的构造方法。

B 实验内容

根据语法制导翻译技术的基本思想，采用语法制导翻译模式，设计一个将中缀表达式转换为后缀表达式的完整编译器。编译器需要包含词法分析、语法分析、符号表管理、错误处理及输出等功能模块。该翻译器的规格说明如下：

```
start→list eof
list→expr;list | ε
expr→expr+term          {print('+')}
      |expr-term        {print('-')}
      |term
term→term * factor      {print('*')}
      |term/factor      {print('/')}
      |term div factor  {print('DIV')}
      |term mod factor  {print('MOD')}
factor→(expr)
      |id               {print(id.name)}
      |num              {print(num.value)}
```

C 实验要求

（1）使用模块化设计思想来设计该编译器。

（2）词法分析模块用于读入输入串，并将其转换成供语法分析模块使用的记号流。该模块主要实现滤空格及注释、识别常数、识别标识符和关键字等功能。

（3）在语法分析模块中利采用语法制导翻译技术实现中缀表达式到后缀表达式的转换功能，其中包括按照前述翻译器规格说明来构建对应表达式、项、因子的非终结符 expr、term 和 factor 的函数以及检查记号是否匹配的函数，并在不匹配时调用错误处理模块。

（4）在符号表管理模块中实现符号表对应数据结构的设计和存储管理。
（5）在错误处理模块中报告各种错误信息及位置，并终止分析过程。
（6）在输出模块中完成翻译所得的后缀表达式的输出。

D 运行结果示例

（1）从键盘输入任意中缀表达式，如：

```
4-5*6 DIV 4+8 MOD 2
```

则输出形如下面形式的相应提示及后缀表达式：

```
456*4DIV-82MOD+
```

（2）从键盘输入串为非中缀表达式时，如：

```
4！ +*5-6 DIV 4+8 MOD 2
```

则输出形如下面形式的语法错误报告信息，并停止语法分析：

```
Line1:Wrong! The input string is a non-infix expression.
```

E 实验提示

（1）将各功能模块设计为独立的源程序文件。
（2）建立一个全局头文件，将本设计所需要用到的一些宏定义和全局变量的声明信息放在该全局头文件中。
（3）将本设计所有文件加入一个工程文件中。

F 总结分析与探讨

（1）探讨如何修改错误处理模块，使得编译器在发现错误后能跳过出错语句继续进行语法分析。
（2）仔细研读清华大学版《编译原理（第3版）》教材第1章、第11章及附录A有关PL/0编译器设计的相关内容，借鉴PL/0编译器的设计思路和具体实现方法，对本实验的代码进行优化。
（3）总结设计及实现简单编译器的一般方法。

15.2 实验参考源代码（C/C++版）

```
/ ******** 全局头文件 global.h 用于存放需加载的头文件、宏定义、全局变量 **** /

#include<stdio.h>
#include<ctype.h>
#include<stdlib.h>
#include<string.h>
#define BSIZE 128
#define NONE-1
```

```
#define EOS  '\0'
#define stack_maxsize 80
#define NUM 256
#define DIV 257
#define MOD 258
#define ID 259
#define DONE 260
int tokenval;
int lineno;
struct entry
{
    char * lexptr;
    int token;
};

struct entry symtable[ ];
FILE * fp1, * fp2;      //定义两个文件指针
int flag;               //当要进行求值操作的时候 flag=0;要进行后缀表达式输出操作 flag=1;
int wflag;      //当 wflag=1 时表示表达式含标识符,否则为 0

struct stack      //定义栈以进行求值操作
{
    int data[stack_maxsize];
    int top;
}expstack;

char lexbuf[ ];
```

/ **************** 主程序 mian. c ********************************** /

```
#include"global. h"

void initstack( )             //栈的初始化操作
{
    expstack. top=0;
}

int push( int e)               //栈的插入操作
{
    expstack. data[expstack. top]=e;
    expstack. top++;
    return e;
}
```

```
int pop()                    //栈的弹出操作
{
    if(expstack.top==0)printf("栈空\n");
    return expstack.data[--expstack.top];
}

main(int argc,char * argv[])//主函数带命令行参数
{
    if((fp1=fopen("input.txt","r"))==NULL)          //以读的形式打开 fp1 所指示的文件
    {
        printf("cannot open this file\n");
        exit(0);
    }
    if((fp2=fopen("output.txt","w"))==NULL)     //以写的形式打开 fp2 所指示的文件
    {
        printf("cannot open this file\n");
        exit(0);
    }
    flag=1;
    init();
    parse();
    fclose(fp1);              //关闭文件
    fclose(fp2);
    exit(0);
}
/ **************** 在符号表中填入关键字程序 init.c ****************** /
#include"global.h"
struct entry keywords[] =
{
    "DIV",DIV,
    "MOD",MOD,
    0,  0
};

init()
{
    struct entry * p;
    for(p=keywords;p->token;p++)
        insert(p->lexptr,p->token);
}
/ **************** 语法分析程序 paserx.c ******************************** /
```

```
#include" global. h"
int lookahead;

parse( )
{
    int t;
    lookahead=lexan( );
    while(lookahead! =DONE){
        expr( );
        if(flag= =0)//欲进行求值操作
        {
            if(wflag! =1)//不含标志符的表达式
                fprintf(fp2,"%d",pop( ));
            fprintf(fp2,"\n");
        }
        else
            fprintf(fp2,"\n");
        initstack( );
        wflag=0;
    }
}

expr( )
{
    int t;
    term( );
    while(1)
        switch(lookahead)
        {
        case '+':
        case '-':
            t=lookahead;
            match(lookahead);
            term( );
            emit(t,NONE);
            continue;
        default:
            return;
        }
}

term( )
{
```

```
    int t;
    factor();
    while(1)
        switch(lookahead)
        {
        case '*':
        case '/':
        case DIV:
        case MOD:
            t=lookahead;
            match(lookahead);
            factor();
            emit(t,NONE);
            continue;
        default:
            return;
            }
}

factor()
{
    switch(lookahead)
    {
    case '(':
        match('(');
        expr();
        match(')');
        break;
    case NUM:
        emit(NUM,tokenval);
        match(NUM);
        break;
    case ID:
        emit(ID,tokenval);
        match(ID);
        break;
    default:
        error("Wrong! The input string is a non-infix expression.");
    }
}

match(t)
int t;
```

```
{
    if(lookahead==t){
        lookahead=lexan();
    }
    else error("syntax error");
}
```

/ **************** 词法分析程序 lex. c ********************************** /

```
#include"global. h"
char lexbuf[BSIZE];
int lineno=1;
int tokenval=NONE;
int wflag=0;//初始令 wflag=0

int lexan()
{
    int t;
    while(1){
        t=fgetc(fp1);
        if(t=='' || t=='\t')
            ;
        else if(t=='\n'){
            lineno=lineno+1;
        }
        else if(isdigit(t)){
            ungetc(t,fp1);
            fscanf(fp1,"%d",&tokenval);
            return NUM;
        }
        else if(isalpha(t)){
            int p,b=0;
            while(isalnum(t)){
                lexbuf[b]=t;
                t=fgetc(fp1);
                b=b+1;
                if(b>=BSIZE)
                    error("compiler error");
                wflag=1;//表达式含标识符,wflag=1
            }
            lexbuf[b]=EOS;
            if(t! =EOF)
                ungetc(t,fp1);
            p=lookup(lexbuf);
```

```
                if(p==0)
                    p=insert(lexbuf,ID);
                tokenval=p;
                return symtable[p].token;
            }
            else if(t==EOF)
                return DONE;
            else{
                tokenval=NONE;
                return t;
            }
        }
}
```

/ **************** 符号表处理程序 symbol. c ***************************** /

```
#include"global.h"
#define STRMAX 999
#define SYMMAX 100
char lexemes[STRMAX];
int lastchar=-1;
struct entry symtable[SYMMAX];
int lastentry=0;
int lookup(s)

char s[];
{
    int p;
    for(p=lastentry;p>0;p=p-1)
    {
        if(strcmp(symtable[p].lexptr,s)==0)
            return p;
    }
    return 0;
}

int insert(s,tok)
char s[];
int tok;
{
    int len;
    len=strlen(s);
    if(lastentry+1>=SYMMAX)
        error("symbol table full");
```

```
    if(lastchar+len+1>=STRMAX)
        error("lexemes array full");
    lastentry=lastentry+1;
    symtable[lastentry].token=tok;
    symtable[lastentry].lexptr=&lexemes[lastchar+1];
    lastchar=lastchar+len+1;
    strcpy(symtable[lastentry].lexptr,s);
    return lastentry;
}
```

/ **************** 输出程序 emitter. c ************************************ /

```
#include"global.h"
emit(t,tval)
int t,tval;
{
    if(flag==1)      //输出表达式操作
    {
        switch(t)
        {
        case '+':
        case '-':
        case '*':
        case '/':
            fprintf(fp2,"%c",t);
            break;
        case DIV:
            fprintf(fp2,"DIV");
            break;
        case MOD:
            fprintf(fp2,"MOD");
            break;
        case NUM:
            fprintf(fp2,"%d",tval);
            break;
        case ID:
            fprintf(fp2,"rvalue %s\n",symtable[tval].lexptr);
            break;
        default:
            fprintf(fp2,"token %d,tokenval %d\n",t,tval);
        }
    }
    else if(flag==0)//求值操作
    {
```

```
if(wflag==1)//表达式含标识符的只进行后缀表达式输出操作
{
    switch(t)
    {
    case '+':
    case '-':
    case '*':
    case '/':
        fprintf(fp2,"%c",t);
        break;
    case DIV:
        fprintf(fp2,"DIV");
        break;
    case MOD:
        fprintf(fp2,"MOD");
        break;
    case NUM:
        fprintf(fp2,"%d",tval);
        break;
    case ID:
        fprintf(fp2,"%s",symtable[tval].lexptr);
        break;
    default:
        fprintf(fp2,"\ntoken %d,tokenval %d\n",t,tval);
    }
}
else //对不含标识符的表达式利用栈的相关操作进行求值
{
    int a,b;
    switch(t)
    {
    case '+':
        a=pop();
        b=pop();
        push(a+b);
        break;
    case '-':
        a=pop();
        b=pop();
        push(a-b);
        break;
    case '*':
        a=pop();
```

```
            b=pop();
            push(a * b);
            break;
        case '/':
            a=pop();
            b=pop();
            push(a/b);
            break;
        case DIV:
            a=pop();
            b=pop();
            push(a/b);
            break;
        case MOD:
            a=pop();
            b=pop();
            push(a%b);
            break;
        case NUM:
            push(tval);
            break;
        default:
            printf("token %d,tokenval %d\n",t,tval);
            }
        }
    }
}
```

/ **************** 错误处理程序 error. c ****************************** /

```
#include"global.h"
error(m)
char * m;
{
    fprintf(stderr,"line %d:%s\n",lineno,m);
    exit(1);
}
```

参 考 文 献

[1] 王生原，董渊，张素琴，等．编译原理［M］．3 版．北京：清华大学出版社，2015.

[2] 张素琴，吕映芝，蒋维杜．编译原理［M］．2 版．北京：清华大学出版社，2005.

[3] Alfred V Aho，Monica S Lam，Ravi Sethi，et al. Compilers：Principles，Techniques，and Tools［M］. 2nd ed. Addison Wesley，2007；北京：机械工业出版社影印，2011.

[4] Charles N Fischer，Ronlad K Cytron，Richard J Leblanc，Jr. Crafting a Compiler［M］. Addison Wesley，2009；北京：清华大学出版社影印，2010.

[5] 陈火旺，刘春林，谭庆平．程序设计语言编译原理［M］．3 版．长沙：国防工业出版社，2006.

[6] 李文生．编译原理与技术［M］．2 版．北京：清华大学出版社，2016.

[7] 李文生．编译原理与技术（第 2 版）学习指导与习题解析［M］．北京：清华大学出版社，2018.

[8] 陈意云，张昱．编译原理［M］．3 版．北京：高等教育出版社，2014.

[9] 陈意云，张昱．编译原理习题精选［M］．3 版．北京：高等教育出版社，2014.

[10] 胡元义，邓亚玲，谈姝辰，等．编译原理教程［M］．4 版．西安：电子科技大学出版社，2015.

[11] 胡元义．编译原理教程（第 4 版）习题解析与上机指导［M］．西安：电子科技大学出版社，2017.

[12] 莫礼平，庹清，张兆海，等．编译原理学习指导［M］．北京：冶金工业出版社，2012.

[13] 许畅，陈嘉，朱晓瑞．编译原理实践与指导教程［M］．北京：机械工业出版社，2015.

[14] 金登男，何高奇，杨建国．编译原理学习与实践指导［M］．上海：华东理工大学出版社，2013.

[15] 刘刚，赵鹏翀．编译原理实验教程［M］．北京：清华大学出版社，2017.

[16] 王磊，胡元义．编译原理习题解析与上机指导［M］．北京：科学出版社，2018.

冶金工业出版社部分图书推荐